高职高专“十二五”规划教材

土建专业系列

建筑工程测量

（第 2 版）

主　编　王先恕　周　鹏　朱　宝
副主编　李发珍　张　勇　王　睿
　　　　吴　岚
参　编　李晶晶

南京大学出版社

内容提要

《建筑施工测量》按项目化教学进行编写，主要介绍建筑施工测量方面的知识，其内容涵盖六个部分，主要包括测量基本知识、平面控制测量、水准测量、GPS控制测量、地形图测量、施工测量主要内容。在编写过程中，考虑到高职高专学生的教学要求及特点，力求使教材内容充实、精炼、突出重点，文字通俗易懂，便于教学。每个项目都有项目概述、项目导图、知识目标、技能目标以及知识拓展和注意事项等内容，使教材具有较强的实用性和针对性。

《建筑施工测量》主要作为高职高专建筑工程技术、工程监理、工程造价等专业的教材，也可作为建筑施工技术人员的参考书。

图书在版编目(CIP)数据

建筑工程测量／王先恕，周鹏，朱宝主编. —2版.—南京：南京大学出版社，2015.7(2017.1重印)
高职高专“十二五”规划教材. 土建专业系列
ISBN 978-7-305-15466-9

Ⅰ.①建… Ⅱ.①王… ②周… ③朱… Ⅲ.①建筑测量-高等职业教育-教材 Ⅳ.①TU198

中国版本图书馆CIP数据核字(2015)第144248号

出版发行 南京大学出版社
社　　址 南京市汉口路22号　　邮　编 210093
出 版 人 金鑫荣

丛 书 名 高职高专“十二五”规划教材·土建专业系列
书　　名 建筑工程测量(第二版)
主　　编 王先恕　周　鹏　朱　宝
责任编辑 胥橙庭　蔡文彬　　编辑热线 025-83597482

照　　排 南京南琳图文制作有限公司
印　　刷 丹阳市兴华印刷厂
开　　本 787×1092 1/16 印张14.75 字数359千
版　　次 2015年7月第2版 2017年1月第2次印刷
ISBN 978-7-305-15466-9
定　　价 35.00元

网址：http://www.njupco.com
官方微博：http://weibo.com/njupco
官方微信号：njupress
销售咨询热线：(025)83594756

前言

建筑施工测量是高职高专土建类专业必修的一门专业课程。本教材根据全国高职高专教育土建类专业教学指导委员会制定的教学标准和培养方案，以最新工程测量规范为依据进行编写。主要讲解建筑施工测量的基本理论、基本方法和基本技能，结合高职高专学生的特点，以应用性、普及性和先进性为出发点，培养学生的动手、实践和创新能力。

本教材吸收了近年来教学改革和行业发展的阶段性成果，借鉴了同类教材的相关内容，融入了编者多年的专业实践经验以及教学体会。全书按项目化教学进行编写，内容涵盖六个部分，主要包括测量基本知识、平面控制测量、水准测量、GPS控制测量、地形图测量、施工测量主要内容，体现了项目化教学中"以学生为本、以项目为中心"的主导思想，注重测量知识系统性和条理性，达到"理实一体化"的要求。

本书由王先恕、周鹏、朱宝担任主编，李发珍、张勇、王睿、吴岚担任副主编。李晶晶参与了本书资料收集工作；本书具体章节编写分工为：周鹏、吴岚负责项目1编写；朱宝负责项目2和项目4编写；张勇负责项目3编写；陈燕负责项目5和项目6编写；李发珍负责项目5编写；王先恕、王睿负责项目6编写。全书由王先恕统稿。

本书在编写过程中，参考和引用了国内外大量文献资料，在此谨向原书作者表示衷心感谢。由于编者水平有限，本书难免存在不足和疏漏之处，敬请各位读者批评指正。

编　者

2015年3月

前言

目 录

项目1　测量基本知识

项目概述

介绍了测量学的定义、分类和内容，以及建筑工程测量的任务。概述了测量的三项基本工作，并介绍了测量工作的基本原则和基本要求，列出了测量工作中常用的度量单位。讲解了测量工作的基准面和基准线，从而引入地面点位置的确定。

知识目标

◆ 了解测量学的定义、分类；
◆ 熟悉测量的内容、任务和基本工作；
◆ 掌握测量工作的基本原则和基本要求；
◆ 掌握地面地位的确定。

技能目标

◆ 能够分辨测定和测设；
◆ 能够图解点的平面坐标；
◆ 能够图解点的高程；
◆ 能够进行高差和高程的计算。

学时建议

4课时

项目导图

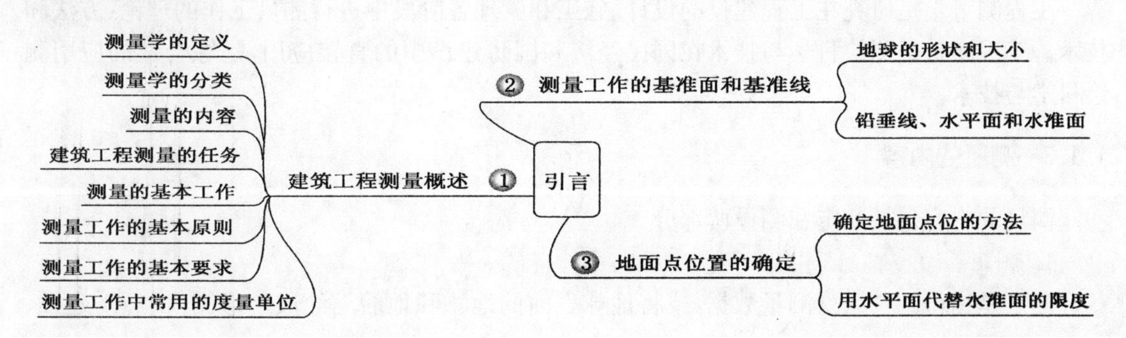

工程导入

世界最高峰珠穆朗玛峰的精确高度，多年来一直为世人关注。2005 年 10 月 9 日上午 10 时，在国务院新闻办公室举行的新闻发布会上，中国向世界宣布——珠穆朗玛峰的高度为 8 844.43 米！珠穆朗玛峰峰顶岩石面海拔高程为 8 844.43 米，测量精度为±0.21 米；峰顶冰雪深度为 3.50 米。我国于 1975 年公布的珠峰高程数据 8 848.13 米停止使用。

这是迄今为止国内乃至国际上历次珠峰测量中最为精确的数据，采用了经典测量与现代 GPS 卫星导航定位测量方法，并运用"冰雪深度雷达测厚仪"找到了珠峰顶准确的冰雪厚度。科学与计量的完美结合，为人们揭开了大自然的神秘面纱。

1.1 建筑工程测量概述

1.1.1 测量学的定义

测量学是研究地球形状、大小和确定地球表面空间点位，以及对空间点位信息进行采集、处理、储存、管理的科学。其核心问题是研究如何测定点的空间位置。

1.1.2 测量学的分类

按照研究的范围、对象及技术手段不同，有以下分支学科。

1. 大地测量学

研究和确定地球形状、大小、重力场、整体与局部运动和地表面点的几何位置以及它们的变化的理论和技术的学科。按照测量手段的不同，大地测量学又分为常规大地测量学、卫星大地测量学及物理大地测量学等。

2. 摄影测量学

研究利用航空和航天对地面摄影或遥感，以获取地物和地貌的影像和光谱，并进行分析处理，从而绘制成地形图的基本理论和方法的学科。根据获得影像的方式及遥感距离的不同，本学科又分为地面摄影测量学、航空摄影测量学和航天遥感测量等。

3. 地形测量学

研究将地球表面局部地区的自然地貌、人工建筑和行政权属界线等测绘成地形图、地籍图的基本理论和方法的学科。

4. 工程测量学

工程测量学是研究在工程建设的设计、施工和管理各阶段中进行测量工作的理论、方法和技术。工程测量是测绘科学与技术在国民经济和国防建设中的直接应用，是综合性的应用测绘科学与技术。

1.1.3 测量的内容

测量的内容包括测定和测设两部分。

1. 测定

测定是指得到一系列测量数据，或将地球表面的地物和地貌缩绘成地形图，供经济建设、国防建设、规划设计及科学研究使用。

2. 测设

测设是指将设计图纸上规划设计好的建筑物位置在实地标定出来，作为施工的依据。

1.1.4　建筑工程测量的任务

1. 地形图测绘

运用测量学的理论、方法和工具，将小范围内地面上的地物和地貌测绘成大比例尺地形图等，这项任务简称为测图。为工程建设的规划设计，从地形图中获取所需要的资料，例如，量取点的坐标和高程、两点间的距离、地块的面积、图上设计线路、绘制纵断面图和进行地形分析等，这项任务称为地形图的应用。

地形图测绘也可用来绘制竣工总平面图。为了检查工程施工、定位质量等，在工程竣工后，必须对建(构)筑物、各种生产生活管道等设施，特别是对隐蔽工程的平面位置和高程位置进行竣工测量，绘制竣工总平面图。为建(构)筑物交付使用前的验收以及以后的改建、扩建和使用中的检修提供必要资料。

2. 施工放样

把图上设计的工程结构物的位置在实地标定出来，作为施工的依据，这项任务简称为测设或放样。另外，在建筑物施工和设备的安装过程中，也要进行各种测量工作，以配合和指导施工，确保施工和安装的质量。

3. 变形观测

观测建筑物的沉降、变形。在建筑物施工和使用阶段，为了监测其基础和结构的安全稳定状况，了解设计施工是否合理，必须定期对其位移、沉降、倾斜以及摆动进行观测，为工程质量的鉴定、工程结构和地基基础的研究以及建筑物的安全保护等提供资料。

1.1.5　测量的基本工作

测量工作的主要目的是确定点的坐标和高程。在实际工作中，常常不是直接测量点的坐标和高程，而是观测坐标和高程已知的点与坐标、高程未知的待定点之间的几何位置关系，然后推算出待定点的坐标和高程。

如图 1-1 所示，设地面点 A 坐标和高程已知，要确定 B 点的位置，需要确定在水平面上 B 点到 A 点的水平距离 D_{AB} 和 B 点位于 A 点的方位。图上 ab 的方向可以用通过 a 点的指北方向线与 ab 的夹角(水平角)α 表示，有了 D_{AB} 和 α，B 点在图上的空间就可以确定，但要进一步确定 B 点的空间位置，除了 B 点的平面位置外，还要知道 A、B 两点的高低关系，即 A、B 两点间的高差 h_{AB}，这样 B 点的空间位置就可以唯一确定了。同理，可以确定 C 点的空间位置。

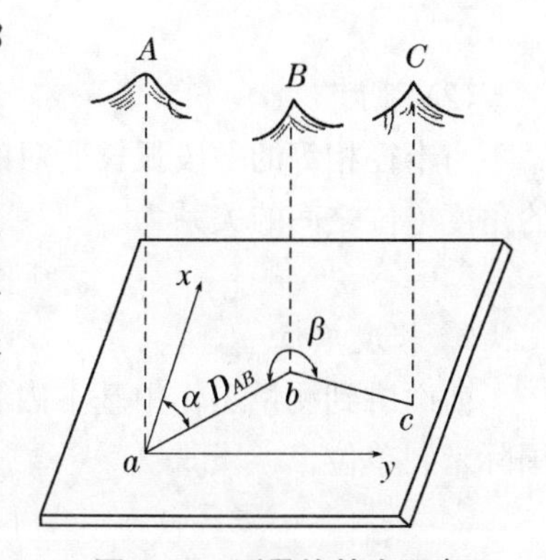

图 1-1　测量的基本要素

高差测量、角度测量、距离测量是测量的基本工作。

测量工作一般分外业和内业两种。外业工作的内容包括应用测量仪器和工具在测区内所进行的各种测定和测设工作。内业工作是将外业观测的结果加以整理、计算，并绘制成图，以便使用。

1.1.6 测量工作的基本原则

进行建筑工程测量时，需要测定（或测设）许多特征点（也称碎部点）的坐标和高程。如果从一个特征开始到下一个特征点进行施测，虽可得到各点的位置，但由于测量中不可避免地存在误差，会导致前一点的测量误差传递到下一点，这样累计起来可能会使点的误差达到不可容许的程度，另外逐点传递的测量效率也很低。因此，测量工作必须按照一定的原则进行。

"从整体到局部、先控制后碎部"是测量工作应遵循的基本原则之一，也就是先在测区选择一些有控制作用的点（称控制点），把它们的坐标和高程精确测定出来，然后分别以这些控制点为基础，测定出附近碎部点的位置。这种方法不但可以减少碎部点测量误差积累，而且可以同时在各个控制点上进行碎部测量，提高工作效率。

在控制测量或碎部测量工作中都有可能发生错误，小错误影响成果质量，严重错误则造成返工浪费，甚至造成不可挽回的损失。为了避免出错，测量工作就必须遵循"前一步工作未做检核，不进行下一步工作"的原则。

1.1.7 测量工作的基本要求

建筑工程测量过程中，为确保建筑工程测量工作的顺利进行，测量人员必须坚持"质量第一"的观点，以严肃认真的工作态度，保证测量成果的真实、客观和原始性，同时要爱护测量仪器与工具。

1.1.8 测量工作中常用的度量单位

测量工作中，常用的度量单位有角度、长度和面积三种度量单位。如要进行土方量计算，则要用到体积单位。

1. 角度单位

测量工作中常用到的角度单位有六十进位制的度和弧度两种。

(1) 六十进位制的度

$$1\text{圆周角}=360^\circ(\text{度})$$
$$1^\circ(\text{度})=60'(\text{分})$$
$$1'(\text{分})=60''(\text{秒})$$

(2) 弧度

与半径相等的一段弧长所对的圆心角作为度量角的单位，称为1弧度。弧度与六十进制的角度单位之间的关系为

$$1\text{圆周角}=2\pi(\text{弧度})=360^\circ(\text{度})$$

2. 长度单位

前面讲到测量工作中基本内容有高差测量、距离测量，所用的长度单位，按我国规定采用国际米制单位。

$$1\ \text{km}(\text{千米})=1\,000\ \text{m}(\text{米})$$
$$1\ \text{m}(\text{米})=10\ \text{dm}(\text{分米})=100\ \text{cm}(\text{厘米})=1\,000\ \text{mm}(\text{毫米})$$

3. 面积单位

面积单位一般为m^2（平方米），如面积较大，可用km^2（平方千米）或公顷。

$$1\ km^2(\text{平方千米})=1\ 000\ 000\ m^2(\text{平方米})=100\ \text{公顷}$$

$$1\ \text{公顷}=10\ 000\ m^2(\text{平方米})$$

4. 体积单位

测量工作中，有时要进行土方量的计算，常用 m^3（立方米）。

1.2　测量工作的基准面和基准线

1.2.1　地球的形状和大小

测量工作是在地球表面进行的，欲确定地表上某点的位置，必须建立一个相应的基准面和基准线作为依据。测量工作是在地球表面进行的，那测量工作的基准面和基准线就和地球的形状和大小有关。

众所周知，地球的自然表面是很不规则的，其上有高山、深谷、丘陵、平原、江、湖、海洋等，最高的珠穆朗玛峰高出海平面 8 844.43 m，最深的太平洋马里亚纳海沟低于海平面 11 022 m，其相对高差不足 20 km，与地球的平均半径 6 371 km 相比，是微不足道的。就整个地球表面而言，陆地面积仅占 29%，而海洋面积占了 71%。

因此，我们可以设想地球的整体形状是被海水所包围的球体，即设想将静止的海水向整个陆地延伸，用所形成的封闭曲面来代替地球表面，如图 1－2 所示，此封闭曲面称为大地水准面。由大地水准面所包围的形体称为大地体，通常用大地体来代表地球的真实形状和大小。研究地球形状和大小，就是研究大地水准面的形状和大地体的大小。

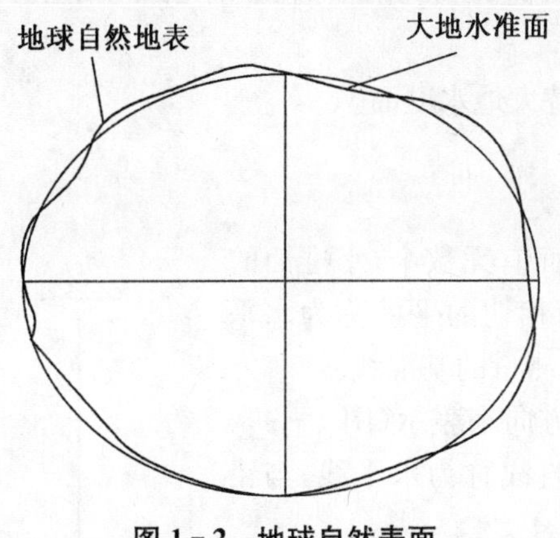

图 1－2　地球自然表面

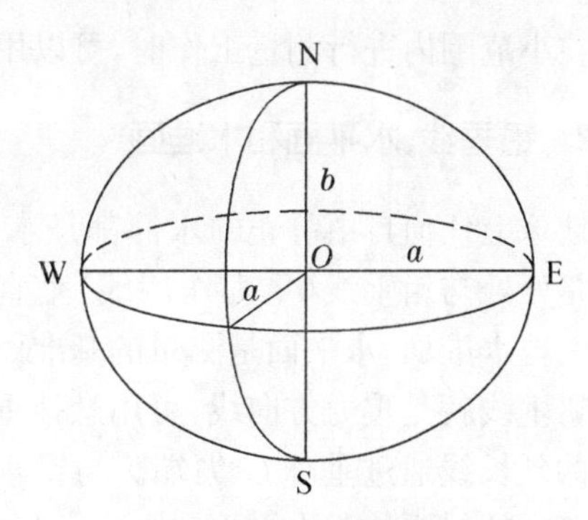

图 1－3　旋转椭球体

由于地球内部质量分布不均匀，致使地面上各点的铅垂线方向产生不规则变化，所以大地水准面是一个不规则的无法用数学式表述的曲面，在这样的面上是无法进行测量数据的计算及处理的。因此人们进一步设想，用一个与大地体非常接近的、又能用数学式表述的规则球体即旋转椭球体来代表地球的形状。这个几何体是由椭圆 NESW 绕短轴 NS 旋转而成的旋转椭球体，又称旋转椭球体，如图 1－3 所示。各坐标系旋转椭球体参数值见表 1－1。

表 1-1　旋转椭球体参数值

坐标系名称	椭球体名称	长半轴 a/m	参考椭球体扁率 α	推算年代和国家
1954 北京坐标系	克拉索夫斯基	6 387 245	1∶298.3	1940 年苏联
1980 西安坐标系	IUGG—75	6 378 140	1∶298.257	1975 年国际大地测量与地球物理联合会
2000 国家大地坐标系(GPS)	CGCS 2000	6 378 137	1∶298.257 223 563	2008 年中国
WGS—84 坐标系(GPS)	WGS—84	6 378 137	1∶298.257 223 563	1984 年美国

决定地球椭球体形状和大小的参数：椭圆的长半径 a、短半径 b 及扁率 α，其关系式为

$$\alpha=\frac{a-b}{a} \tag{1-1}$$

知识拓展

国家测绘局于 2008 年 6 月 18 日发布 2 号公告，宣布我国自 2008 年 7 月 1 日起启用 2000 国家大地坐标系。2000 国家大地坐标系是全球地心坐标系在我国的具体体现，其原点为包括海洋和大气的整个地球的质量中心。我国目前采用的地球椭球体的参数值为

$$a=6\ 378\ 140\ \text{m},b=6\ 356\ 755\ \text{m},\alpha=1/298.257$$

由于地球椭球体的扁率 α 很小，当测区面积不大时，可将地球当作半径为 6 371 km 的圆球体。

在小范围内进行测量工作时，可以用水平面代替大地水准面。

1.2.2　铅垂线、水平面和水准面

地球上任何自由静止的水面都是水准面，水准面有无数个，水准面的特性是处处与铅垂线(重力作用线)垂直，与水准面相切的平面称为水平面。大地水准面、水平面是测量的基准面，铅垂线是测量的基准线。

铅垂线就是重力方向线，可用悬挂垂球的细线方向来表示(图 1-4)，细线的延长线通过垂球 G 尖端。与铅垂线正交的直线称为水平线，与铅垂线正交的平面称为水平面。

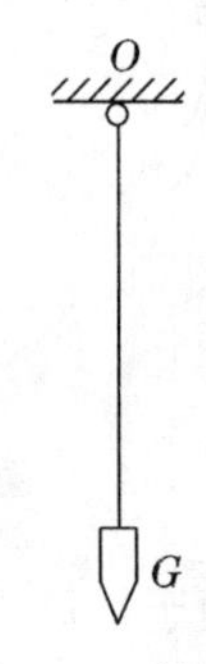

图 1-4　铅垂线

处处与重力方向垂直的连续曲面称为水准面。任何自由静止的水面都是水准面。

水准面因其高度不同而有无数个，其中与不受风浪和潮汐影响的静止海水面相吻合的水准面称为大地水准面(图 1-5)。

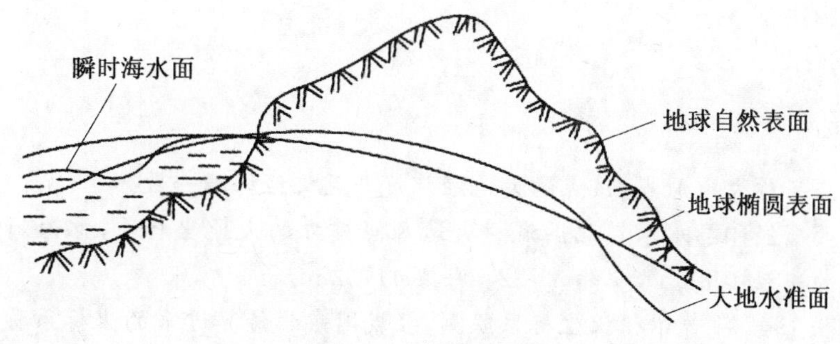

图1-5　大地水准面

1.3　地面点位置的确定

1.3.1　确定地面点位的方法

一个点的位置需用三个独立的量来确定。在测量工作中，这三个量通常用该点在参考椭球面上的铅垂投影位置和该点沿投影方向到大地水准面的距离来表示。其中，前者由两个量构成，称其为坐标；后者由一个量构成，称其为高程。也就是说，我们用地面点的坐标和高程来确定其位置。

1. 地面点的坐标

(1) 大地坐标

以参考椭球面为基准面，地面点沿椭球面的法线投影在该基准面上的位置，称为该点的大地坐标(又称地理坐标)。该坐标用大地经度和大地纬度表示，简称经度(λ)、纬度(φ)，它适用于在地球椭球面上确定点位。

如图1-6所示，以O为中心的大地椭球体，地球北极N与南极S的连线称为地轴NS。过地面点P和地轴NS组成的平面称为子午面，子午面与地球表面的交线称为子午线(或称为经线)。其中经过英国伦敦格林威治天文台的子午面称为首子午面，相应的子午线称为首子午线(零子午线)，其经度为0°。地面上任意一点P的子午面N$PKSO$与首子午面间所夹的二面角λ称为P点的经度。经度由首子午面向东、向西各由0°～180°度量，在首子午线以东称为东经，以西称为西经。通过地心且垂直于地轴的平面称为赤道面，赤道面与地球表面的交线称为赤道；地面点P的铅垂线与赤道面所形成的夹角φ称为P点的纬度。由赤道面北极度量称为北纬，向南极度量称为南纬，其取值范围为0°～90°。例如北京某点的大地坐标为东经116°28′，北纬39°54′。

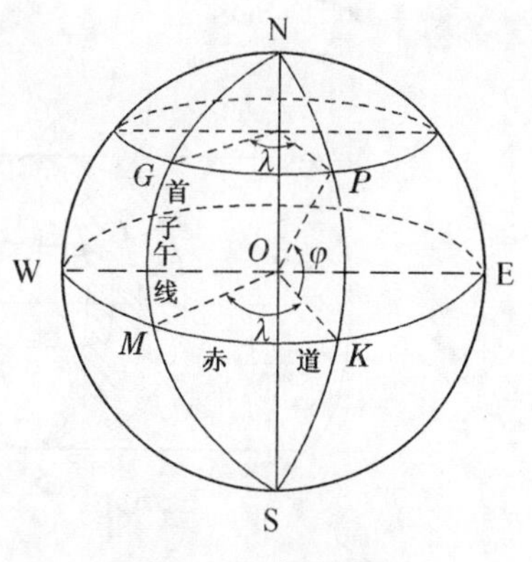

图1-6　大地坐标

地面点的大地经度和大地纬度可以通过大地测量的方法确定。

地理坐标是球面坐标，若直接用于工程建设规划、设计、施工，会带来很多计算和测量的不便。为此，需将球面坐标按一定的数学法则归算到平面上，即测量工作中所称的投影。我国采用的是高斯投影法。

知识拓展

起始大地点又称大地原点，该点的大地经纬度与天文经纬度一致。

我国以陕西省泾阳县永乐镇北洪流村大地原点建立的大地坐标系，称为“1980 西安坐标系”，地理坐标为东经 108°55′，北纬 34°32′，海拔 417.2 m。

通过与苏联 1942 年普尔科沃坐标系联测，经我国东北传算过来的坐标系称“1954 北京坐标系”，其大地原点位于苏联列宁格勒天文台中央。

（2）高斯平面直角坐标

大地坐标建立在球面基础上，不能直接用于测图、工程建设规划、设计、施工，因此测量工作最好在平面上进行。所以，需要将球面坐标按一定的数学算法归算到平面上去，即按照地图投影理论（高斯投影）将球面坐标转化为平面直角坐标。

从几何意义上看，就是假设一个椭圆柱横套在地球椭球体外并与椭球面上的某一条子午线相切，这条相切的子午线称为中央子午线。假想在椭球体中心放置一个光源，通过光线将椭球面上一定范围内的物象映射到椭圆柱的内表面上，然后将椭圆柱面沿一条母线剪开并展成平面，即获得投影后的平面图形，如图 1－7 所示。

该投影的经纬线图形有以下特点：

① 投影后的中央子午线为直线，无长度变化。其余的经线投影为凹向中央子午线的对称曲线，长度较球面上的相应经线略长。

② 赤道的投影也为一直线，并与中央子午线正交。其余的纬线投影为凸向赤道的对称曲线。

③ 经纬线投影后仍然保持相互垂直的关系，说明投影后的角度无变形，为等角投影。

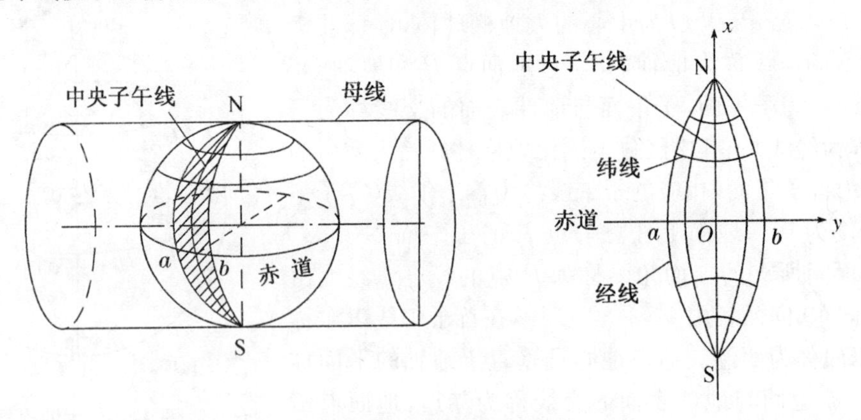

图 1－7　高斯投影概念

高斯投影没有角度变形，但有长度变形和面积变形，离中央子午线越远，变形就越大。为了对变形加以控制，测量中采用限制投影区域的办法，即将投影区域限制在中央子午线两侧一定的范围，这就是所谓的分带投影，如图 1－8 所示。投影带一般分为 6°带和 3°带两种，如图 1－9所示。

图1-8　投影分带

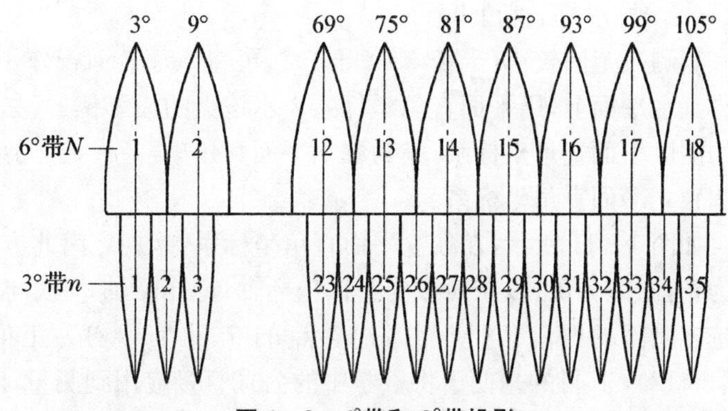

图1-9　6°带和3°带投影

6°带投影是从英国格林尼治起始子午线开始，自西向东，每隔经差6°分为一带，将地球分成60个带，其编号分别为1、2、…、60。每带的中央子午线经度计算如下：

$$\lambda_0^6=6n-3 \tag{1-2}$$

式中，n为6°带的带号。6°带的最大变形在赤道与投影带最外一条经线的交点上，长度变形为0.14%，面积变形为0.27%。

已知某点大地经度L，该点所属的带号计算如下：

$$n=L/6(\text{整数商})+1(\text{有余数时}) \tag{1-3}$$

3°投影带是在6°带的基础上划分的。每3°为一带，共120带，其中央子午线在奇数带时与6°带中央子午线重合，每带的中央子午线经度计算如下：

$$\lambda_0^3=3n' \tag{1-4}$$

式中n'为3°带的带号。3°带的边缘最大变形现缩小为长度0.04%，面积0.14%。我国领土位于东经72°～136°之间，共包括了11个6°投影带，即13～23带；22个3°投影带，即24～45带。

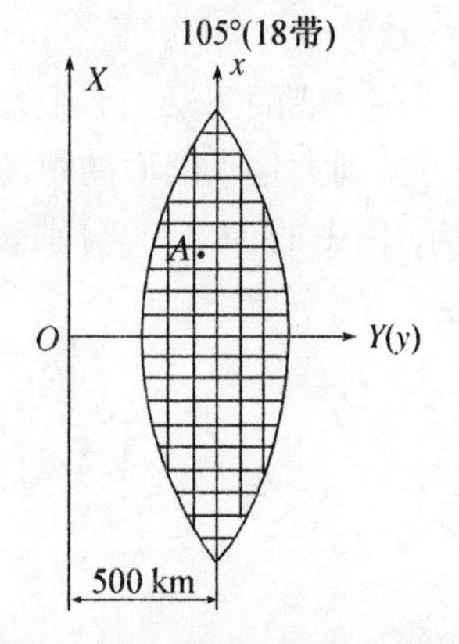

图1-10　高斯平面直角坐标

通过高斯投影，将中央子午线的投影作为纵坐标轴，用x表示，将赤道的投影作为横坐标轴，用y表示，两轴的交点作为坐标原点，由此构成的平面直角坐标系称为高斯平面直角坐标系，如图1-10所示。对应于每一个投影带，就有一个独立的高斯平面直角坐标系，区分各带坐标系则利用相应投影带的带号。

在每一投影带内，y坐标值有正有负，这对计算和使用均不方便，为了使y坐标都为正值，故将纵坐标轴向西平移500 km（半个投影带的最大宽度不超过500 km），并在y坐标前加上投影带的带号。

按高斯直角坐标定义，可知x轴西边各点的y值均为负。为使y值为正值，将y实际均加500 km，称y的通用横坐标，即

$$Y_{\text{通用}}=\text{带号}(y_{\text{实际}}+500\ \text{km}) \tag{1-5}$$

如图1-10中的A点位于18投影带，其实际坐标为$x=3\,395\,451$ m，$y=-82\,261$ m，它在18带中的高斯通用坐标则为$X=3\,395\,451$ m，$Y=18\,417\,739$ m。

地面点在该坐标系内的坐标称为高斯平面直角坐标系。

(3) 独立平面直角坐标

当测区范围较小(半径≤10 km)时,可将地球表面视作平面,直接将地面点沿铅垂线方向投影到水平面上,用平面直角坐标系表示该点的投影位置,如图 1-11 所示。在这个平面上建立的测区平面直角坐标系,称为独立平面直角坐标系。在局部区域内确定点的平面位置,可以采用独立平面直角坐标系。

如图 1-11 所示,在独立平面直角坐标系中,规定南北方向为纵坐标轴,记作 x 轴,x 轴向北为正,向南为负;以东西方向为横坐标轴,记作 y 轴,y 轴向东为正,向西为负;坐标原点 O 一般选在测区的西南角,使测区内各点的 x、y 坐标均为正值;坐标象限按顺时针方向编号(图1-12),其目的是便于将数学中的公式直接应用到测量计算中,而不需作任何变更。

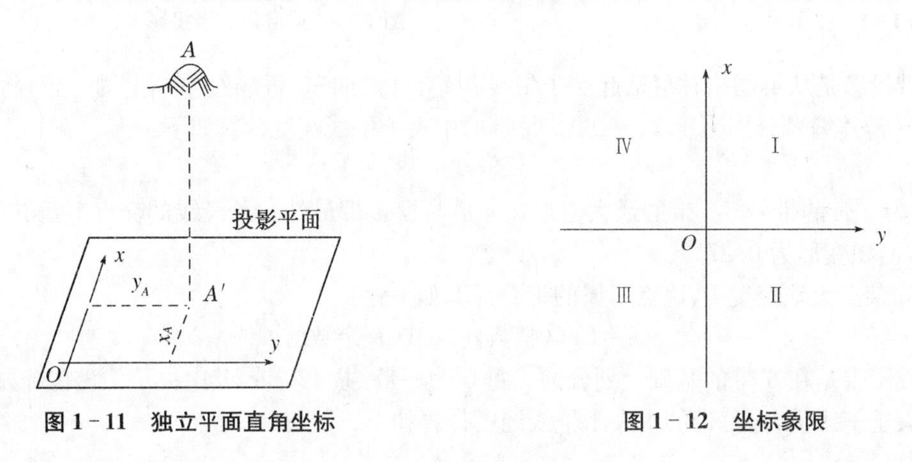

图 1-11 独立平面直角坐标　　图 1-12 坐标象限

2. 地面点的高程

(1) 绝对高程

在一般的测量工作中都以大地水准面作为高程起算的基准面。因此,地面任一点沿铅垂线方向到大地水准面的距离就称为该点的绝对高程或海拔,简称高程,用 H 表示。如图 1-13 所示,图中的 H_A、H_B 分别表示地面上 A、B 两点的高程。

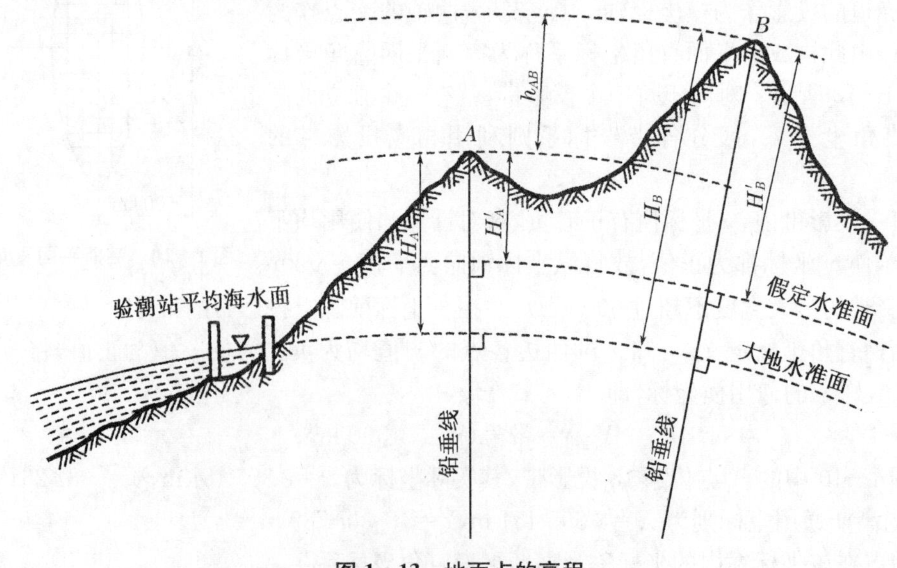

图 1-13 地面点的高程

我国规定以 1950—1956 年间青岛验潮站多年记录的黄海平均海水面作为我国的大地水准面，由此建立的高程系统称为“1956 年黄海高程系统”。新的国家高程基准面是根据青岛验潮站 1952—1979 年间的验潮资料计算确定的，依此基准面建立的高程系统称为“1985 国家高程基准”，并于 1987 年开始启用。1985 国家高程基准中我国的水准原点高程为 72.260 m。

知识拓展

我国于 1956 年规定以黄海（青岛）的多年平均海平面作为统一基面，叫“1956 年黄海高程系统”，为中国第一个国家高程系统，从而结束了过去高程系统繁杂的局面。但由于计算这个基面所依据的青岛验潮站的资料系列（1950—1956 年）较短等原因，中国测绘主管部门决定重新计算黄海平均海面，以青岛验潮站 1952—1979 年的潮汐观测资料为计算依据，叫“1985 国家高程基准”，并用精密水准测量位于青岛的中华人民共和国水准原点，得出 1985 年国家高程基准高程和 1956 年黄海高程的关系：1985 年国家高程基准高程＝1956 年黄海高程－0.029 m。1985 年国家高程基准已于 1987 年 5 月开始启用，1956 年黄海高程系统同时废止。1956 黄海高程水准原点的高程是 72.289 米。1985 国家高程系统的水准原点的高程是 72.260 米。习惯说法是“新的比旧的低 0.029 m”，黄海平均海平面是“新的比旧的高”。

常见换算：

1985 国家高程基准＝1956 年黄海高程－0.029 m；

1985 国家高程基准＝吴凇高程基准－1.717 m；

1985 国家高程基准＝珠江高程基准＋0.557 m；

1985 国家高程基准＝废黄河零点高程－0.19 m；

1985 国家高程基准＝大沽零点高程－1.163 m；

1985 国家高程基准＝渤海高程＋3.048 m。

(2) 相对高程

当测区附近暂没有国家高程点可联测时，也可临时假定一个水准面作为该区的高程起算面。地面点沿铅垂线至假定水准面的距离，称为该点的相对高程或假定高程。如图 1-13 中的 H'_A、H'_B分别为地面上 A、B 两点的假定高程。

(3) 高差

地面两点之间的高程之差称为高差，用 h 表示。高差有方向和正负。

A、B 两点之间的高差为

$$h_{AB}=H_B-H_A=H'_B-H'_A \tag{1-6}$$

当 h_{AB} 为正时，B 点高于 A 点；当 h_{AB} 为负时，B 点低于 A 点。

B、A 两点之间的高差为

$$h_{BA}=H_A-H_B=H'_A-H'_B \tag{1-7}$$

当 h_{BA} 为正时，A 点高于 B 点；当 h_{BA} 为负时，A 点低于 B 点。

可见，A、B 两点的高差与 B、A 两点的高差，绝对值相等，符号相反，即

$$h_{AB}=-h_{BA} \tag{1-8}$$

1.3.2 用水平面代替水准面的限度

当测区范围较小时，可以把水准面看作水平面。这样的替代可使测量的计算和绘图工作大为简化。但当测区范围较大时，就必须顾及地球曲率的影响。那么，多大范围内才能允许用水平面代替水准面呢？对距离、角度和高程有什么影响呢？

1. 对距离的影响

如图1-14所示，地面上A、B两点在大地水准面上的投影点分别是a、b，用过a点的水平面代替大地水准面，则B点在水平面上的投影为b'。

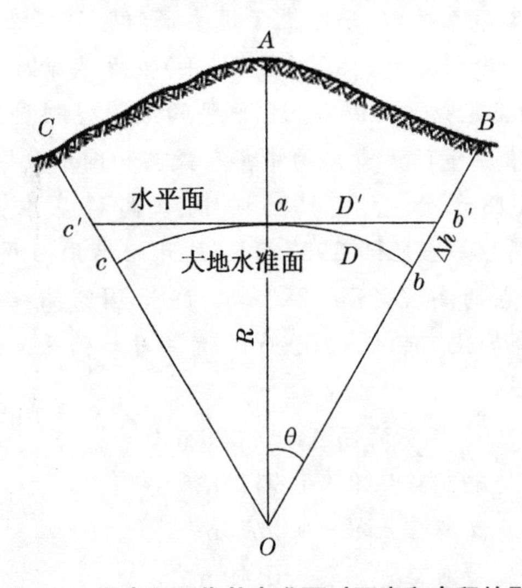

图1-14 用水平面代替水准面对距离和高程的影响

设ab的弧长为D，ab'的长度为D'，球面半径为R，D所对圆心角为θ。则以水平长度D'代替弧长D所产生的误差ΔD为

$$\Delta D = D' - D = R\tan\theta - R\theta = R(\tan\theta - \theta) \tag{1-9}$$

式中，θ为弧长D所对的圆心角。将tan用级数展开，并取级数前两项，得

$$\Delta D = R\left(\theta + \frac{1}{3}\theta^3 - \theta\right) = \frac{1}{3}R\theta^3 \tag{1-10}$$

因为$\theta = \dfrac{D}{R}$，故

$$\Delta D = \frac{D^3}{3R^2} \tag{1-11}$$

$$\frac{\Delta D}{D} = \frac{D^2}{3R^2} \tag{1-12}$$

取地球半径R=6 371 km，并以不同的距离D值分别代入式(1-11，1-12)，则可求出距离误差ΔD和相对误差$\Delta D/D$，如表1-2所示。

表1-2　水平面代替水准面的距离误差和相对误差

距离 D/km	距离误差 ΔD/mm	相对误差 $\Delta D/D$
10	8	1∶1 220 000
25	128	1∶200 000
50	1 026	1∶49 000
100	8 212	1∶12 000

由此可以得出结论:在半径为10 km的范围内进行距离测量时,可以用水平面代替水准面,而不必考虑地球曲率对距离的影响;一般建筑工程的范围可以扩大到20 km。

2. 对水平角的影响

从球面三角学可知,同一空间多边形在球面上投影的各内角和,比在平面上投影的各内角和大一个球面角超值ε。

$$\varepsilon=\rho\frac{P}{R^2} \tag{1-13}$$

式中:ε为球面角超值($''$);P为球面多边形的面积(km^2);R为地球半径(km);ρ为弧度的秒值,$\rho=206\,265''$。

以不同的面积P代入式(1-13),可求出球面角超值,如表1-3所示。

表1-3　水平面代替水准面的水平角误差

球面多边形面积 P/km^2	球面角超值 $\varepsilon/('')$
10	0.05
50	0.25
100	0.51
300	1.52

由此可以得出结论:当面积P为100 km^2时,进行水平角测量时,可以用水平面代替水准面,而不必考虑地球曲率对距离的影响。

3. 对高程的影响

如图1-14所示,地面点B的绝对高程为H_B,用水平面代替水准面后,B的高程为H'_B,H_B与H'_B的差值,即为水平面代替水准面产生的高程误差,用Δh表示,则

$$(R+\Delta h)^2=R^2+D'^2$$

$$\Delta h=\frac{D'^2}{2R+\Delta h}$$

式中:水平距离D'与弧长D很接近,可以用D代替D';Δh相对于$2R$很小,可略去不计,则

$$\Delta h=\frac{D^2}{2R} \tag{1-14}$$

以不同的距离D值代入式(1-14),可求出相应的高程误差Δh,如表1-4所示。

表1-4 水平面代替水准面的高程误差

距离 D/km	0.1	0.2	0.3	0.4	0.5	1	2	5	10
Δh/mm	0.8	3	7	13	20	78	314	1 962	7 848

由此可以得出结论:用水平面代替水准面,对高程的影响是很大的。因此,在进行高程测量时,即使距离很短,也应考虑地球曲率对高程的影响。

拓展与实训

一、填空题

1. 测量工作的基准线是________。
2. 测量工作的基准面是________。
3. 水准面是处处与铅垂线________的连续封闭曲面。
4. 在高斯平面直角坐标系中,中央子午线的投影为坐标________轴,向________为正。
5. 为了使高斯平面直角坐标系的坐标恒大于零,将轴自中央子午线西移________。

二、选择题

1. 测定点平面坐标的主要工作是(　　)。

A. 测量水平距离　　B. 测量水平角
C. 测量水平距离和水平角　　D. 测量竖直角

2. 城市测量中使用的坐标系的象限按顺时针方向,依次为Ⅰ、Ⅱ、Ⅲ、Ⅳ象限,它是起算于(　　)。

A. Y 轴北端　　B. X 轴南端　　C. X 轴北端　　D. Y 轴南端

3. A 点的高斯坐标为 112 240 m,19 343 800 m,则 A 点所在 6°带的带号及中央子午线的经度分别(　　)°。

A. 11 带,66　　B. 11 带,63　　C. 19 带,117　　D. 19 带,111

4. 高斯投影属于(　　)。

A. 等面积投影　　B. 等距离投影　　C. 等角投影　　D. 等长度投影

5. 地球上自由静止的水面,称为(　　)。

A. 水平面　　B. 水准面　　C. 大地水准面　　D. 地球椭球面

6. 下列关于水准面的描述,正确的是(　　)。

A. 水准面是平面,有无数个　　B. 水准面是曲面,只有一个
C. 水准面是曲面,有无数个　　D. 水准面是平面,只有一个

7. 大地水准面是通过(　　)的水准面。

A. 赤道　　B. 地球椭球面　　C. 平均海水面　　D. 中央子午线

8. 关于大地水准面的特性,下列描述正确的是(　　)。

A. 大地水准面有无数个　　B. 大地水准面是不规则的曲面
C. 大地水准面是唯一的　　D. 大地水准面是封闭的
E. 大地水准面是光滑的曲面

9. 1985 国家高程基准中我国的水准原点高程为(　　)。

A. 72.260 m　B. 72.289 m　C. 72.269 m　D. 72.280 m

10. 绝对高程指的是地面点到(　　)的铅垂距离。

A. 假定水准面　B. 水平面　C. 大地水准面　D. 地球椭球面

11. 相对高程指的是地面点到(　　)的铅垂距离。

A. 假定水准面　B. 大地水准面　C. 地球椭球面　D. 平均海水面

12. 下列关于高差的说法,错误的是(　　)。

A. 高差是地面点绝对高程与相对高程之差

B. 高差大小与高程起算面有关

C. $h_{AB}=-h_{BA}$

D. 高差没有正负之分

E. 高差的符号由地面点位置决定

13. 目前,我国采用的高程基准是(　　)。

A. 高斯平面直角坐标系　B. 1956 年黄海高程系统

C. 2000 国家大地坐标系　D. 1985 国家高程基准

14. 若 A 点的绝对高程为 $H_A=1\,548.762$ m,相对高程为 $H'_A=32.000$ m,则假定水准面的高程为(　　)。

A. −32.000 m　B. 1 516.762 m　C. 1 580.762 m　D. 72.260 m

15. 已知 A 点高程 $H_A=72.445$ m,高差 $h_{BA}=2.324$ m,则 B 点的高程 H_B 为(　　)。

A. 74.769 m　B. 70.121 m　C. −74.769 m　D. −70.121 m

16. 某建筑物首层地面标高为±0.000 m,其绝对高程为 46.000 m;室外散水标高为−0.550 m,则其绝对高程为(　　)m。

A. −0.550　B. 45.450　C. 46.550　D. 46.000

17. 若 A 点的高程为 85.76 m,B 点的高程为 128.53 m,设假定水准面高程为 100 m,并设为±0.00 标高,则 A、B 点的标高分别为(　　)。

A. 85.76 m,128.53 m　B. 14.24 m,−28.53 m

C. −14.24 m,28.53 m　D. −85.76 m,−128.53 m

18. 由测量平面直角坐标系的规定可知(　　)。

A. 象限与数学平面直角坐标象限编号及顺序方向一致

B. X 轴为纵坐标轴,Y 轴为横坐标轴

C. 方位角由纵坐标轴逆时针量测 0°～360°

D. 东西方向为 X 轴,南北方向为 Y 轴

19. 在(　　)为半径的圆面积之内进行平面坐标测量时,可以用过测区中心点的切平面代替大地水准面而不必考虑地球曲率对距离的投影。

A. 100 km　B. 50 km　C. 25 km　D. 10 km

20. 从地面上沿某点的铅垂线至任意水准面的距离称为(　　)。

A. 相对高程　B. 绝对高程　C. 海拔高程　D. 高程

21. 测量工作的基本原则是(　　)。

A. 布局上由整体到局部　B. 精度上由高级到低级

C. 次序上先测角后量距　D. 布局上由平面到高程

E. 次序上先控制后细部

22. 测量上确定点的位置是通过测定三个定位元素来实现的，下面(　　)不在其中。

A. 距离　　B. 方位角　　C. 角度　　D. 高差

23. 传统的测量方法确定地面点位的三个基本观测量是(　　)。

A. 水平角　　B. 竖直角　　C. 坡度

D. 水平距离　　E. 高差

24. 在测量的基础工作中，确定地面点坐标的主要工作是(　　)。

A. 测量水平距离　　B. 测量方位角　　C. 测量竖直角

D. 测量高差　　E. 测量水平角

25. 测量工作的主要任务是(　　)，这三项工作也称为测量的三项基本工作。

A. 地形测量　　B. 角度测量　　C. 控制测量

D. 高程测量　　E. 距离测量

26. 下列关于建筑工程测量的描述，正确的是(　　)。

A. 工程勘测阶段，不需要进行测量工作

B. 工程设计阶段，需要在地形图上进行总体规划及技术设计

C. 工程施工阶段，需要进行施工放样

D. 施工结束后，测量工作也随之结束

E. 工程竣工后，需要进行竣工测量

三、判断题

1. 测量成果的处理，距离与角度以参考椭球面为基准面，高程以大地水准面为基准面。(　　)

2. 在以 10 km 为半径的圆范围内，平面图测量工作可以用水平面代替水准面。(　　)

3. 在小区域进行测量时，用水平面代替水准面对距离测量的影响较大，故应考虑。(　　)

4. 在小地区进行测量时，用水平面代替水准面对高程影响很小，可以忽略。(　　)

5. 地面上 AB 两点间绝对高程之差与相对高程之差是相同的。(　　)

6. 在测量工作中采用的独立平面直角坐标系，规定南北方向为 X 轴，东西方向为 Y 轴，象限按反时针方向编号。(　　)

7. 高斯投影中，偏离中央子午线愈远变形愈大。(　　)

8. 6°带的中央子午线和边缘子午线均是 3°带的中央子午线。(　　)

9. 地面点高程的起算面是水准面。(　　)

项目 2　平面控制测量

项目概述

测量工作应遵循“从整体到局部”“先控制后碎部”及“由高级到低级”的测量组织原则。控制测量按性质可分为平面控制测量和高程控制测量。本项目介绍平面控制测量所需具备的知识。

知识目标

- ◆ 掌握误差理论知识；
- ◆ 了解控制测量及其作用，掌握控制测量的分类，熟悉控制网的布设原则；
- ◆ 掌握经纬仪的构造及其使用方法；
- ◆ 掌握钢尺量距和光电量距，熟悉视距测量，掌握距离测设；
- ◆ 掌握直线定向；
- ◆ 掌握导线的布设形式，掌握导线的外业和内业；
- ◆ 掌握施工控制网及其选择，熟悉施工场地平面控制测量和高程控制测量。

技能目标

- ◆ 能够进行误差理论计算；
- ◆ 能够使用经纬仪进行角度测量和角度测设；
- ◆ 能够进行钢尺量距、光电量距，能够进行距离测设；
- ◆ 能够运用坐标反算进行直线定向；
- ◆ 能够进行导线测量；
- ◆ 能够正确选择施工控制网，能够进行施工场地的控制测量。

学时建议

30 课时

项目导图

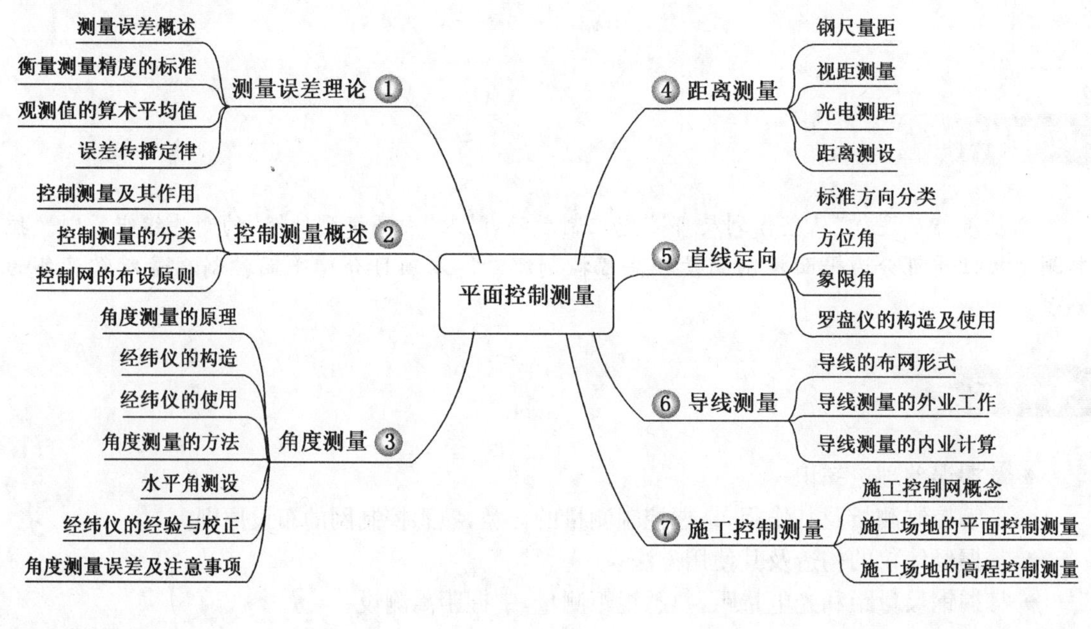

工程导入

根据《工程测量规范》(GB 50026—2007):基础群桩放样误差不得超过±20 mm;梁间距放样误差不得超过±3 mm。

误差是怎么产生的,它有什么特性,衡量精度的标准是什么,学习后会为我们如何消减误差提供知识基础。

2.1 测量误差理论

2.1.1 测量误差概述

大量的测量实践工作表明,对于某一客观存在的量,尽管采用了合格的测量仪器和合理的观测方法,测量人员的工作态度也是认真负责的,但在实际测量工作中,往往无法得到该观测量的真实值。如地面上三点之间构成的三角形,通过对三个内角的观测,其和不等于180°;又如多次测量地面上某两点之间的距离,其结果总存在着差异等。这说明观测值中一定存在着测量误差。

1. 测量误差产生的原因

产生测量误差的原因,概括起来有以下几点:

(1) 仪器的原因

仪器在构造和生产制造工艺方面不完善,尽管进行了检验和校正,但可能还会存在残余误差。例如,在仪器使用时,因装配、搬运、磕碰等原因导致仪器结构变形、松动,使测量仪器轴线位置不准确，如微倾式水准仪的视准轴不平行于水准管轴等引起的测量误差。

(2) 观测者的原因

由于观测者的感觉器官的鉴别能力存在局限性，所以在仪器的对中、整平、瞄准、读数等操作中都会产生误差。例如，在cm分划的水准尺上，由观测者估读的mm数；如在测回法观测水平角时，盘左、盘右两次照准目标的位置不同，导致测角误差等。另外，观测者的工作态度、技术水平和观测时的身体状况等也是对观测结果的质量有直接影响的因素。

(3) 外界环境的影响

测量时所处的外界环境中的温度、风力、大气折光、湿度、气压、烟雾、土质等客观情况时刻在变化，使测量结果产生误差。例如，温度变化使钢尺产生伸缩、风使仪器的安置不稳定、大气折光使望远镜的瞄准产生偏差等。

上述三方面的因素是测量误差的主要来源。因此，测量结果中的误差是不可避免的。为了确保测量外业工作的观测结果具有较高的质量，就要在一定的观测条件下，通过正确的方法，将观测误差减小并控制在允许的限度内，从而得到符合精度要求的测量结果。

2. 测量误差的分类与处理方法

观测者、测量仪器和观测时的外界条件是引起观测误差的主要因素，通常称为观测条件。观测条件相同的各次观测，称为等精度观测；观测条件不同的各次观测，称为非等精度观测。

测量误差按其性质可分为系统误差、偶然误差、粗差三类。

(1) 系统误差

在等精度观测条件下，对某一量进行一系列的观测，如果出现的误差其符号和数值固定不变或按一定的规律变化，这种误差称为系统误差。例如，用名义长度为30 m而实际正确长度为30.004 m的钢尺量距，每量一整段就产生了0.004 m的误差，其量距误差的符号不变，大小与所量距离的长度成正比；如经纬仪的竖盘指标差、$2c$误差等，都属于系统误差。

系统误差具有累积性的特点，因此，系统误差的存在对观测成果的准确度有较大的影响。必须认真减小或消除系统误差，常见的方法有几种：

① 对仪器加以校正，并根据系统误差存在的情况，选用合适的仪器。

② 用计算的方法加以改正。例如，尺长误差和温度误差对尺长的影响。

③ 采用对称的观测方法加以消除。如在水准测量时，前后视距相等可消除i角的影响；采用盘左、盘右观测取平均值的方法，可抵消经纬仪的视准轴误差、横轴误差、竖盘指标差的影响等。

(2) 偶然误差

在等精度观测条件下，对某一量进行一系列的观测，如果误差出现的符号和数值大小都不相同，从表面上看没有任何规律性，但经过大量的统计后有一定的统计特性，这种误差称为偶然误差。

偶然误差是由人力所不能控制的因素或无法估计的因素等(如人眼的分辨能力、仪器的极限精度和气象因素等)共同引起的测量误差，其数值的正负、大小纯属偶然。例如在cm分划的水准尺上读数，估读mm数时，可大可小；大气折光使望远镜中目标成像不稳定，在瞄准目标时，有时偏左、有时偏右等。

由于系统误差与偶然误差同时存在于测量过程中，观测值的精度高，并不意味着准确度就高，因此必须消除或大大降低系统误差的影响，使偶然误差占主导地位。这样测量精度才有意义。

(3) 粗差

在测量工作中,除了上述两类性质的误差外,还可能发生错误。例如测错目标,读错、记错读数等,统称为粗差。粗差主要是由观测者的疏忽大意造成的。

要避免观测结果中存在粗差。为此,测量者必须严格遵守操作规范、认真仔细地进行作业,有效的方法是进行必要的重复观测,以防止粗差的产生。例如,对距离进行往、返观测,对几何图形进行多余观测,通过检核可以发现粗差。

3. 偶然误差的统计性质

在相同的观测条件下,以 217 个三角形的内角和观测为例,对偶然误差的统计特性进行了分析。由于观测值含有偶然误差,致使每个三角形的内角和不等于 180°。设三角形内角和的真值为 X,观测值为 L,观测值与真值之差为真误差(偶然误差)Δ:

$$\Delta_i = l_i - X \quad (i=1,2,\cdots,217) \tag{2-1}$$

误差分布情况如表 2-1 所示。

表 2-1　误差分布表

误差区间	正误差个数	负误差个数	总计
0″～0.2″	30	29	59
0.2″～0.4″	21	20	41
0.4″～0.6″	15	18	33
0.8″～1.0″	14	16	30
1.0″～1.2″	12	10	22
1.2″～1.4″	9	9	18
1.4″～1.6″	7	7	14
1.6″以上	0	0	0
合计	108	109	217

从表 2-1 可以看出:

(1) 绝对值较小的误差比绝对值较大的误差个数多;

(2) 绝对值相等的正负误差的个数大致相等;

(3) 最大误差不超过 27″。

由表 2-1 可以看出偶然误差有以下性质:

(1) 偶然误差的绝对值不会超过一定限值,称为误差的有界性;

(2) 绝对值小的误差比绝对值大的误差出现的机会要多,称为误差的单峰性;

(3) 绝对值相等的正误差和负误差出现的机会相等,称为误差的对称性;

(4) 偶然误差的算术平均值随着观测次数的无限增加而趋近于零,称为误差的补偿性,即

$$\lim_{n\to\infty}\frac{[\Delta]}{n}=0 \tag{2-2}$$

式中:$[\Delta]$为观测值真误差之和,$[\Delta]=\Delta_1+\Delta_2+\cdots+\Delta_n$;$n$ 为观测次数。

上述第四个特性是由第三个特性导出的,说明偶然误差具有抵偿性。

知识拓展

以横轴表示误差的大小，纵轴表示误差的概率密度，经过统计发现，偶然误差符合正态分布，其分布曲线如图2-1所示。经过分析，其分布规律与上述偶然误差的特性是统一的。

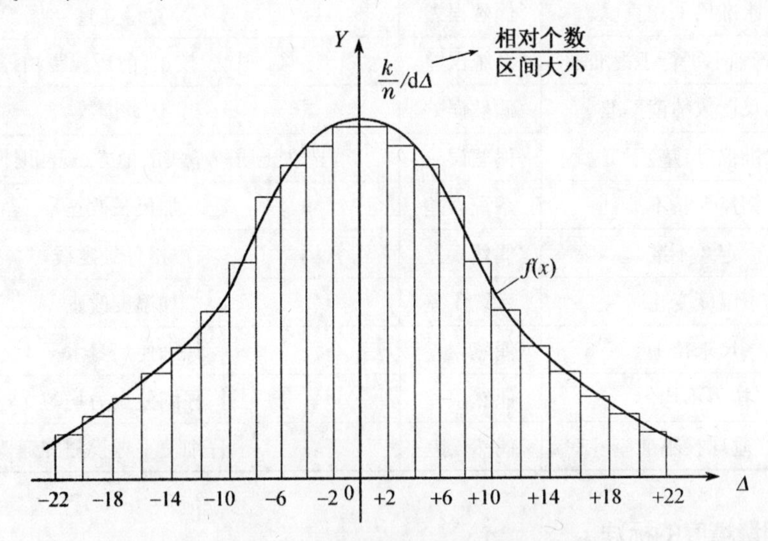

图2-1　偶然误差概率分布曲线

对曲线在一定区间进行定积分，可表示误差落在此区间的概率。故在全区间进行积分时一定为1。当曲线“高而瘦”时则测量精度高，当曲线“矮而胖”时则测量精度低。

实际测量时各种误差的性质、减弱方法归纳如下（表2-2）：

表2-2　各种误差的性质、减弱方法表

测量工作	误差名称	误差类型	消除、减弱、改正方法
角度测量	对中误差	偶然误差	严格对中
	目标倾斜偏心误差	偶然误差	目标垂直立稳
	瞄准误差	偶然误差	仔细瞄准
	读数估读不准	偶然误差	认真读数
	管水准轴不垂直于竖轴	系统误差	严格检校、精平
	视准轴不垂直于横轴	系统误差	严格检校、盘左盘右观测
	横轴不垂直于竖轴	系统误差	严格检校、盘左盘右观测
	照准部偏心差	系统误差	盘左盘右观测
	度盘偏心差	系统误差	盘左盘右观测
	度盘分划误差	系统误差	多测回法观测

（续表）

测量工作	误差名称	误差类型	消除、减弱、改正方法
水准测量	符合气泡居中不准	偶然误差	严格精平
	水准尺未立直	偶然误差	立稳立直
	水准管轴不平行于视准轴	系统误差	检验校正、前后视距相等
	标尺读数估读不准	偶然误差	认真读数
	水准仪(尺垫)下沉	偶然误差	选在土质较坚实的地方、观测时间尽量短
距离测量	钢尺尺长不准	系统误差	加尺长改正
	定线不准	偶然误差	严格仔细定线
	温度变化	系统误差	加温度改正
	尺未拉平	偶然误差	仔细使尺身水平
	拉力不均匀	偶然误差	仔细使拉力均匀
	垂球投不准	偶然误差	仔细使垂球投测准确

2.1.2 衡量测量精度的标准

在测量工作中，常采用以下几种标准评定测量成果的精度。

1. 中误差

在等精度观测列中，各真误差平方的平均数的平方根，称为中误差，也称均方误差，即

$$m=\pm\sqrt{\frac{[\Delta\Delta]}{n}} \tag{2-3}$$

式中，$[\Delta\Delta]$为真误差的平方和，$[\Delta\Delta]=\Delta_1^2+\Delta_2^2+\cdots+\Delta_n^2$。

在相同的观测条件下所进行的一组观测，由于它们对应着同一种误差分布，因此对于这一组中的每一个观测值，虽然各真误差彼此并不相等，有的甚至相差很大，但它们的精度均相同，即都为同精度观测值。

知识拓展

上述偶然误差的正态分布曲线的拐点横坐标，即为中误差 m。

【例 2-1】 设有甲、乙两组观测值，各组均为等精度观测，它们的真误差分别为

甲组：$+3''$，$-2''$，$-4''$，$+2''$，$0''$，$-4''$，$+3''$，$+2''$，$-3''$，$-1''$；

乙组：$0''$，$-1''$，$-7''$，$+2''$，$+1''$，$+1''$，$-8''$，$0''$，$+3''$，$-1''$。

试计算甲、乙两组各自的观测精度。

解：根据式(2-3)计算1、2两组观测值的中误差为

$$m_1=\pm\sqrt{\frac{(+3'')^2+(-2'')^2+(-4'')^2+(+2'')^2+(0'')^2+(-4)''^2+(+3'')^2+(+2'')^2+(-3'')^2+(-1'')^2}{10}}$$

$$\approx\pm2.7''$$

$$m_2=\pm\sqrt{\frac{(0'')^2+(-1'')^2+(-7'')^2+(+2'')^2+(+1'')^2+(+1)''^2+(-8'')^2+(0'')^2+(+3'')^2+(-1'')^2}{10}}$$

$$\approx\pm3.6''$$

比较 m_1 和 m_2 可知，甲组的观测精度比乙组高。

注意，由于误差有正负，不能将各次测量的误差取平均值来代表平均精度，而应用中误差。中误差所代表的是某一组观测值的精度，而不是这组观测中某一次的观测精度。

2. 容许误差

偶然误差的第一个性质告诉我们，在一定的观测条件下，偶然误差的绝对值不会超过一定的限值，这个限值就是容许误差或称极限误差。如果在测量工作中出现超过这个限值的误差，我们就认为其超限，相应的观测值必须舍去不用。那么这个限值如何确定呢？根据对大量观测数据的统计分析并且参考误差理论可知：凡大于一倍中误差的偶然误差之个数，只占总数的 31.7%；大于两倍中误差的偶然误差之个数占总数的 4.6%；而大于三倍中误差的偶然误差之个数仅占总数的 0.3%。这个规律就是确定极限误差的主要依据。

在实际工作中，观测次数是有限的，因此认为大于三倍中误差的偶然误差实际上是不可能出现的。这样我们就以三倍中误差作为误差的限值，称为极限误差，或称为容许误差。凡是观测值的误差超过极限误差，此观测值不能采用，必须舍去，予以重测。

$$\Delta_{容}=3m \tag{2-4}$$

在现行规范中，常有更严格的要求，即以两倍中误差作为容许误差。

$$\Delta_{容}=2m \tag{2-5}$$

知识拓展

对偶然误差正态分布曲线进行定积分，在 $-m$ 到 $+m$ 之间积分等于 68.3%，表示误差落在 $-m$ 到 $+m$ 之间的概率为 68.3%；在 $-2m$ 到 $+2m$ 之间积分等于 95.4%，表示误差落在 $-m$ 到 $+m$ 之间的概率为 95.4%；在 $-3m$ 到 $+3m$ 之间积分等于 99.7%，表示误差落在 $-m$ 到 $+m$ 之间的概率为 99.7%。

3. 相对误差

对于某些观测结果，有时单靠中误差还不能完全反映观测精度的高低。例如，分别丈量了 100 m 和 200 m 两段距离，中误差均为 ±0.02 m。虽然两者的中误差相同，但就单位长度而言，两者精度并不相同，后者显然优于前者。为了客观反映实际精度，常采用相对误差。

观测值中误差 m 的绝对值与相应观测值 D 的比值称为相对中误差，常用分子为 1 的分数表示，即

$$K=\frac{|m|}{D}=\frac{1}{\frac{D}{|m|}} \tag{2-6}$$

2.1.3 观测值的算术平均值

1. 算术平均值

在相同的观测条件下，对某量进行多次重复观测，根据偶然误差特性，可取其算术平均值

作为最终观测结果。

设对某量进行了 n 次等精度观测，观测值分别为 $l_1, l_2, \cdots, l_n$，其算术平均值为

$$L=\frac{l_1+l_2+\cdots+l_n}{n}=\frac{[l]}{n} \tag{2-7}$$

设观测量的真值为 X，观测值为 l_i，则观测值的真误差分别为

$$\begin{cases} \Delta_1 = l_1 - X \\ \Delta_2 = l_2 - X \\ \quad\vdots \\ \Delta_n = l_n - X \end{cases} \tag{2-8}$$

将式(2-8)内各式两边相加，并除以 n，得

$$\frac{[\Delta]}{n}=\frac{[l]}{n}-X$$

将式(2-7)代入上式，并移项，得

$$L=X+\frac{[\Delta]}{n}$$

根据偶然误差的特性，当观测次数 n 无限增大时，则有

$$\lim_{n\to\infty}\frac{[\Delta]}{n}=0$$

同时可得

$$\lim_{n\to\infty} L=X \tag{2-9}$$

由式(2-9)可知，当观测次数 n 无限增大时，算术平均值趋近于真值。但在实际测量工作中，观测次数总是有限的。因此，算术平均值较观测值更接近于真值，我们将最接近于真值的算术平均值称为最或然值或最可靠值。

2. 观测值改正数

观测值与观测量的算术平均值之差，称为观测值改正数，用 v 表示。当观测次数为 n 时，有

$$\begin{cases} v_1 = l_1 - L \\ v_2 = l_2 - L \\ \quad\vdots \\ v_n = l_n - L \end{cases} \tag{2-10}$$

将式(2-10)内各式两边相加，得

$$[v]=[l]-nL$$

将(2-7)代入上式，得

$$[v]=0 \tag{2-11}$$

观测值改正数的重要特性，即对于等精度观测，观测值改正数的总和为零。

3. 由观测值改正数计算观测值中误差

按式(2-3)计算中误差时，需要知道观测值的真误差，但在测量中，我们常常无法求得观

测值的真误差。一般用观测值改正数来计算观测值的中误差。

观测值与观测量的算术平均值(最或然值)之差,称为观测值改正数(最或然误差),用 v 表示。当观测次数为 n 时,有

$$v_i=l_i-L \tag{2-12}$$

则将式(2-1)和(2-12)相减,可得

$$\Delta_i=v_i+L-X$$

令 $\delta=L-X$,则

$$\Delta_i=v_i+\delta \tag{2-13}$$

将式(2-13)内各式两边同时平方并相加,得

$$[\Delta\Delta]=[vv]+2\delta[v]+n\delta^2 \tag{2-14}$$

因为$[v]=0$,代入式(2-14),得

$$[\Delta\Delta]=[vv]+n\delta^2 \tag{2-15}$$

式(2-15)两边再除以 n,得

$$\frac{[\Delta\Delta]}{n}=\frac{[vv]}{n}+\delta^2 \tag{2-16}$$

由于 Δ_1、Δ_2、…、Δ_n 为真误差,所以 $\Delta_1\Delta_2+\Delta_2\Delta_3+\cdots+\Delta_{n-1}\Delta_n$ 也具有偶然误差的特性。当 $n\to\infty$时,则有 $\lim\limits_{n\to\infty}\frac{\Delta_1\Delta_2+\Delta_2\Delta_3+\cdots+\Delta_{n-1}\Delta_n}{n}=0$,所以

$$\delta=L-X=\frac{[l]}{n}-\frac{nX}{n}=\frac{[\Delta]}{n}$$

$$\delta^2=\frac{[\Delta]^2}{n^2}=\frac{\Delta_1^2+\Delta_2^2+\cdots+\Delta_n^2+2(\Delta_1\Delta_2+\Delta_2\Delta_3+\cdots+\Delta_{n-1}\Delta_n)}{n^2}=\frac{[\Delta\Delta]}{n^2}=\frac{m^2}{n}$$

将上式代入式(2-16),可知

$$m^2=\frac{[\Delta\Delta]}{n}=\frac{[vv]}{n}+\delta^2=\frac{[vv]}{n}+\frac{m^2}{n}$$

整理后,得

$$m=\pm\sqrt{\frac{[vv]}{n-1}} \tag{2-17}$$

这就是用观测值改正数求观测值中误差的计算公式——白塞尔公式。

4. 算术平均值的中误差

算术平均值 L 的中误差 M 计算如下:

$$M=\frac{m}{\sqrt{n}}=\sqrt{\frac{[vv]}{n(n-1)}} \tag{2-18}$$

【例 2-2】 对某段距离进行了 5 次等精度观测,其观测结果分别为 251.52 m、251.46 m、251.49 m、251.48 m、251.50 m。试求该段距离的最或然值、观测值中误差、最或然值中误差及最或然值相对中误差。

解:计算如表 2-3 所示。

表 2－3 等精度观测计算

序号	l/m	v/cm	vv/cm	精度评定
1	251.52	-3	9	
2	251.46	$+3$	9	$m=\pm\sqrt{\frac{[vv]}{n-1}}=\pm\sqrt{\frac{20}{5-1}}\approx\pm2.24(\text{cm})$
3	251.49	0	0	
4	251.48	-1	1	$M=\frac{m}{\sqrt{n}}=\sqrt{\frac{[vv]}{n(n-1)}}=\sqrt{\frac{20}{5\times(5-1)}}=\pm1(\text{cm})$
5	251.50	$+1$	1	
	$L=\frac{[l]}{n}=251.49$	$[v]=0$	$[vv]=20$	$K=\frac{\lvert M\rvert}{L}=\frac{0.01}{251.49}=\frac{1}{25\,149}$

最后结果可写成：$L=251.49\pm0.01(\text{m})$。

2.1.4 误差传播定律

在测量工作中，有些未知量往往不能直接测得，而需要由其他的直接观测值按一定的函数关系计算出来。独立观测值存在误差，导致其函数值也必然存在误差，这种关系称为误差传播。阐述观测值中误差与观测值函数中误差之间关系的定律称为误差传播律。

1. 线性函数的中误差

设线性函数 $Z=k_1x_1+k_2x_2+\cdots+k_nx_n$。

式中：k_1、k_2、…、k_n为常数；x_1、x_2、…、x_n为独立直接观测值。

设独立直接观测值 x_1、x_2、…、x_n相应的中误差分别为m_1、m_2、…、m_n，函数 Z 的中误差m_Z为

$$m_Z=\pm\sqrt{k_1^2m_1^2+k_2^2m_2^2+\cdots+k_n^2m_n^2} \tag{2-19}$$

【例 2－3】 在比例尺为 1∶1 000 的地形图上，量得两点之间的长度为 $d=323.4$ mm，其中误差为 $m_d=\pm0.2$ mm。求该两点的实地距离 D 及其中误差 m_D。

解：

$$D=Md=1\,000\times323.4\text{ mm}=323\,400\text{ mm}=323.4\text{ m}$$

$$m_D=\pm\sqrt{M^2m_d^2}=Mm_d=\pm1\,000\times0.2\text{ mm}=\pm200\text{ mm}=\pm0.2\text{ m}$$

最后，实地距离 D 可写成：$D=323.4\text{ m}\pm0.2\text{ m}$。

2. 非线性函数的中误差

设非线性函数为 $Z=f(x_1,x_2,\cdots,x_n)$。

式中：x_1、x_2、…、x_n为独立直接观测值；Z 为未知量。

设 x_1、x_2、…、x_n为独立的直接观测值，中误差分别为 m_1、m_2、…、m_n，函数 Z 的中误差 m_Z为

$$m_Z=\pm\sqrt{\left(\frac{\partial F}{\partial x_1}\right)^2m_1^2+\left(\frac{\partial F}{\partial x_2}\right)^2m_2^2+\cdots+\left(\frac{\partial F}{\partial x_n}\right)^2m_n^2} \tag{2-20}$$

式(2－20)为误差传播定律通式，其既可以用于线性函数，又可以用于非线性函数的误差传播计算。

【例 2－4】 如图，测得 AB 的垂直角 $\alpha=30°00'00''\pm30''$，平距 AC 为 $D=200.00\text{ m}\pm0.05\text{ m}$。

求A、B两点间高差h及其中误差m_h。

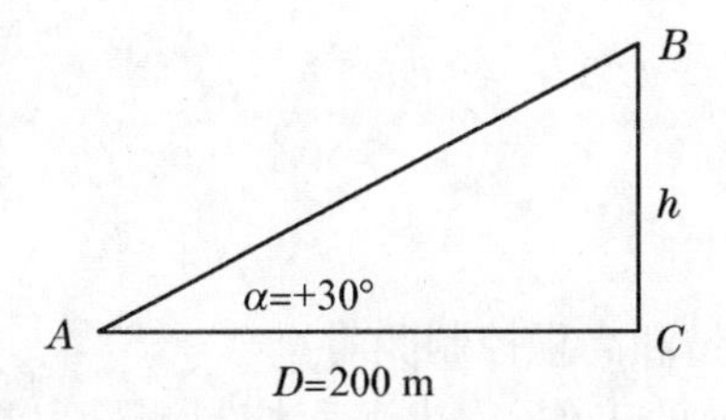

解:A、B两点间高差为

$$h=D\tan\alpha\approx115.47\ \text{m}$$

对函数式求其偏导数,得

$$\frac{\partial h}{\partial D}=\tan\alpha=\tan30°\approx0.577$$

$$\frac{\partial h}{\partial\alpha}=D\sec^2\alpha\approx266.67\ \text{m}$$

高差的中误差为

$$m_h=\pm\sqrt{\left(\frac{\partial h}{\partial D}\right)^2m_D^2+\left(\frac{\partial h}{\partial\alpha}\right)^2\left(\frac{m_\alpha}{\rho}\right)^2}$$

$$=\pm\sqrt{0.577^2\times(\pm0.05\ \text{m})^2+(266.67\ \text{m})^2\times\left(\frac{\pm30''}{206\,265''}\right)^2}\approx\pm0.048\ \text{m}$$

最后高差为$h=115.47\ \text{m}\pm0.048\ \text{m}$。

工程导入

根据《工程测量规范》(GB 50026—2007):大中型的施工项目,应先建立场区控制网,再分别建立建筑物施工控制网;小规模或精度高的独立施工项目,可直接布设建筑物施工控制网。场区平面控制网,可根据场区的地形条件和建构筑物的布置情况,布设成建筑方格网、导线及导线网、三角形网或GPS网等形式。

2.2　控制测量概述

2.2.1　控制测量及其作用

在测量工作中,为了减少误差积累,保证测图精度,以及便于分幅测图,加快测图进度,满足碎部测量需要,就必须遵循“从整体到局部”“先控制后碎部”及“由高级到低级”的测量组织原则。

在测量区域内选择若干个点,用高精度的方法测定其位置,这些点称为控制点。控制点所构成的几何网状图形被称作控制网。测定控制点点位(平面、高程)的工作,叫控制测量。

控制测量的作用是限制测量误差的传播和积累,保证必要的测量精度,使分区的测图能拼接成整体,整体设计的工程建筑物能分区施工放样。

控制测量贯穿在工程建设的各阶段:在工程勘测的测图阶段,需要进行控制测量;在工程施工阶段，要进行施工控制测量；在工程竣工后的营运阶段，为建筑物变形观测而需要进行的专用控制测量。

2.2.2 控制测量的分类

1. 按性质分

按性质可分为平面控制测量和高程控制测量。

测定控制点平面位置(x,y)的工作，称为平面控制测量。测定控制点高程 H 的工作，称为高程控制测量。

(1) 平面控制测量

平面控制网根据观测方式方法来划分，可以分为三角网、三边网、边角网、导线网、GPS平面网等。

在地面上选择一系列待求平面控制点，并将其连接成连续的三角形，从而构成三角形网，称三角网，如图 2-2 所示。

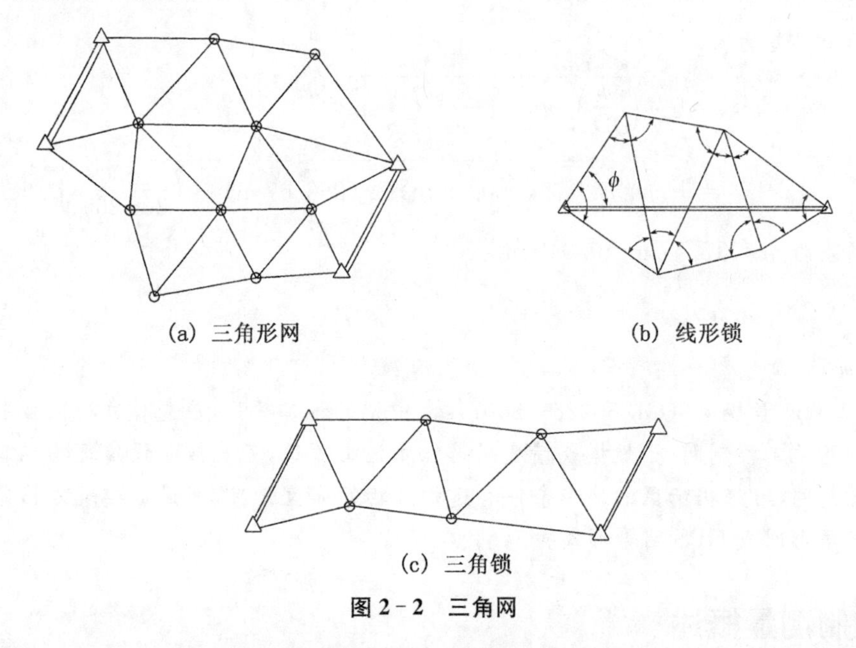

(a) 三角形网　(b) 线形锁

(c) 三角锁

图 2-2　三角网

在地面上选择一系列待求平面控制点，并将其依次相连成折线形式，这些折线称为导线，多条导线组成导线网，如图 2-3 所示。测量各导线边的边长及相邻导线边所夹的水平角，这种工作称导线测量。

(2) 高程控制测量

测定控制点高程 H 的工作，称为高程控制测量。根据高程控制网的观测方法来划分，可以分为水准网、三角高程网和 GPS 高程网等。

2. 按方法分

按方法可分为三角网测量、导线测量、卫星定位测量等。

3. 按精度分

按精度可分为国家基本控制网、城市控制网、工程控制网、小区域控制网、图根控制网。

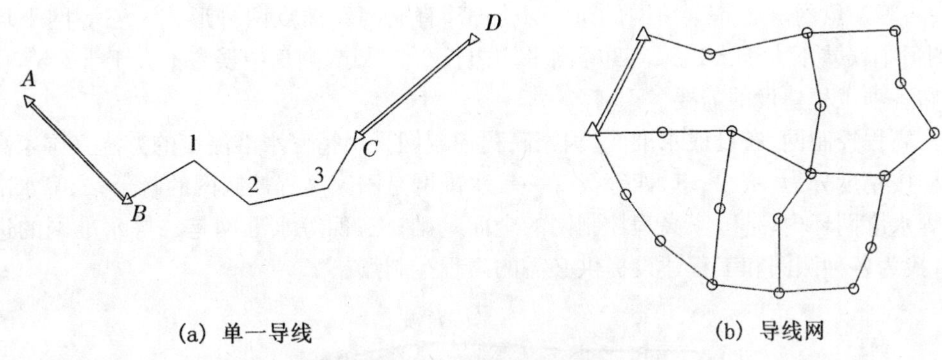

(a) 单一导线　　(b) 导线网

图2-3　导线和导线网

(1) 国家控制网

在全国范围内建立的控制网，称为国家控制网。它是由国家专门测量机构用精密仪器和方法进行整体控制、逐级加密的方式建立，高级点逐级控制低级点。

它是全国各种比例尺测图的基本控制，并为确定地球形状和大小提供研究资料。国家测绘部门用精密测量仪器和精密测量方法，采用逐级控制、分级布设的原则，依照施测精度按一、二、三、四等四个等级在整个国土内建立了国家平面控制网和国家高程控制网，并在地面上埋设了一定数量的国家平面控制点和国家高程控制点，它的低级点受高级点逐级控制。

国家平面控制网，主要布设成三角网，采用三角测量的方法。如图2-4所示，一等三角锁是国家平面控制网的骨干；二等三角网布设于一等三角锁环内，是国家平面控制网的全面基础；三、四等三角网为二等三角网的进一步加密。

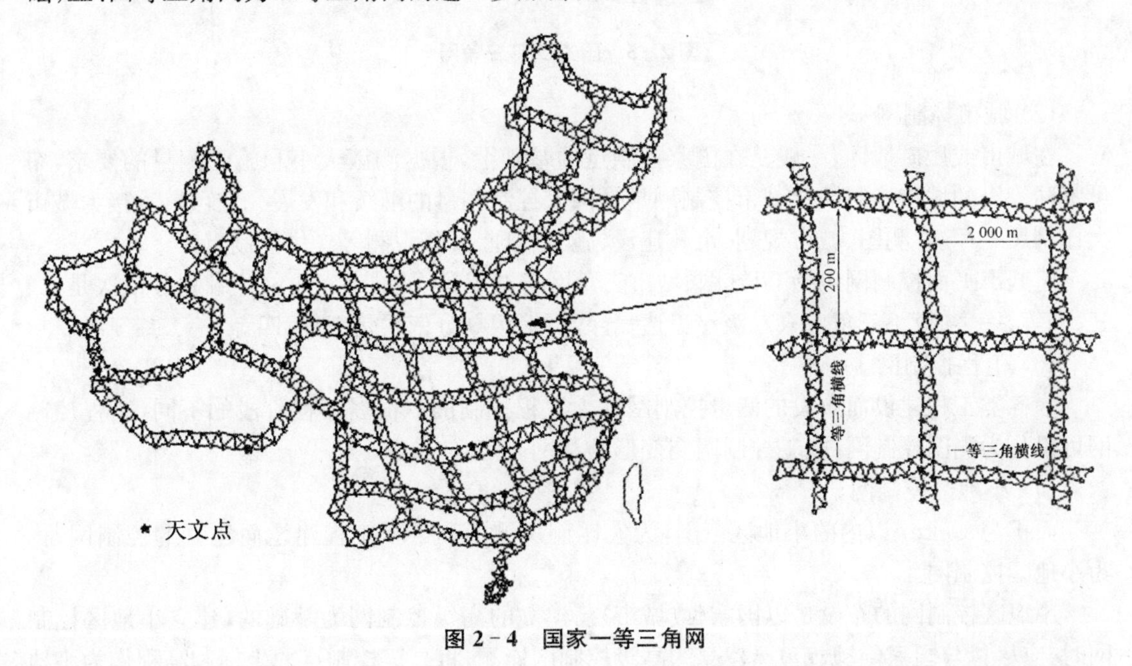

图2-4　国家一等三角网

二等三角网布设于一等三角锁环内，全面布设三角网。如图2-5所示，平均边长13 km，测角中误差不大于±1.0″，并作为下一级控制网的基础。

三、四等三角网是二等三角网的进一步加密，有插网和插点两种形式。三等网平均边长 8 km，测角中误差不大于±1.8″。四等网平均边长 2～6 km，测角中误差不大于±2.5″，用以满足测图和各项工程建设的需要。

国家高程控制网，布设成水准网，国家高程控制网采用精密水准测量的方法。国家高程控制网同样按精度分为一、二、三、四等级。一等水准网是国家高程控制网的骨干；二等水准网布设于一等水准网环内，是国家高程控制网的全面基础；三、四等水准网是二等水准网的进一步加密，直接为各种测图和工程建设提供必需的高程控制点。

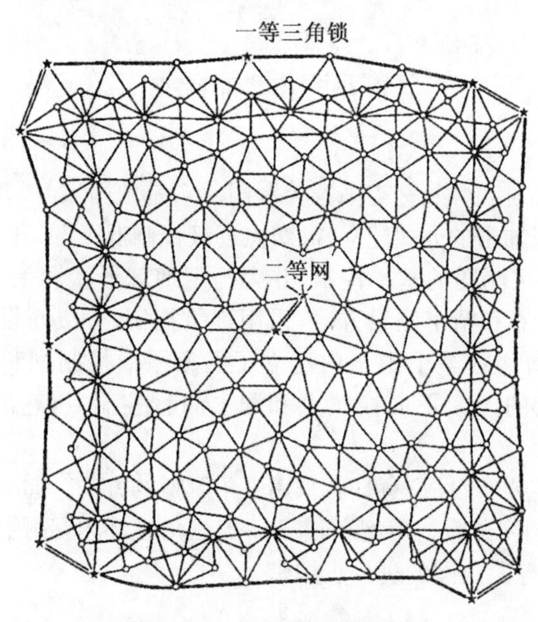

图 2-5　国家二等三角网

(2) 城市控制网

在城市或厂矿地区，一般是在国家控制点的基础上，根据测区大小和施工测量的要求，布设不同等级的城市控制网。城市控制测量是国家控制测量的继续和发展。它可以直接为城市大比例尺 1∶500 测图、城市规划、市政建设、施工管理、沉降观测等提供控制点。

建城市平面控制网包括 GPS 网、城市三角网与城市导线，城市三角网等级划分依次是二、三、四等，一、二级小三角，一、二级小三边；导线网等级划分依次是三等、四等，一、二、三级。

(3) 工程控制网

为各类工程建设而布设的测量控制网称为工程控制网。根据工程阶段的不同，工程控制网可以分为测图控制网、施工控制网和变形监测网。

(4) 小地区控制网

面积为 15 km^2 以内的小地区范围，为大比例尺测图和某项工程建设而建立的控制网，称为小地区控制网。

小地区控制网的布设是以国家(或城市)已建立的高级控制网为基础的，建立小地区控制网时，应尽量与国家(或城市)已建立的高级控制网连测，将高级控制点的坐标和高程作为小地区控制网的起算和校核数据。如果周围没有国家(或城市)控制点，或附近有这种国家控制点而不便连测时，可以建立独立控制网。此时，控制网的起算坐标和高程可自行假定，坐标方位角可用测区中央的磁方位角代替。

小地区平面控制网应根据测区面积的大小按精度要求分级建立。在全测区范围内建立的精度最高的控制网,称为首级控制网;直接为测图而建立的控制网,称为图根控制网。直接供地形测图使用的控制点,称为图根控制点,简称图根点。图根控制点的密度(包括高级控制点),取决于测图比例尺和地形的复杂程度。平坦开阔地区图根点的密度一般不低于规定;地形复杂地区、城市建筑密集区和山区,可适当加大图根点的密度。

小地区高程控制网,也应根据测区面积大小和工程要求采用分级的方法建立。在全测区范围内建立三、四等水准路线和水准网,再以三、四等水准点为基础,测定图根点的高程。高程控制测量的主要方法有三、四等水准测量和三角高程测量。

(5) 图根控制网

直接用于地形图测图而布设的控制点,称为图根控制点,又称图根点。测定图根点平面位置和高程的工作,称为图根控制测量。图根控制可用一级或两级控制,首级控制用什么方法,应根据城市与厂矿的规模而定。

2.2.3　控制网的布设原则

控制网的布设原则:整体控制,全面加密或分片加密,高级到低级逐级控制。

整体控制,即最高一级控制网能控制整个测区,例如,国家控制网用一等锁环控制整个国土;对于区域网,最高一级控制网必须能控制整个测区。

全面加密,就是指在最高一级控制网下布置全面网加密,例如国家控制网的一等锁环内用二等全面三角网加密;分片加密,就是急用部分先加密,不一定全面布网。

高级到低级逐级控制,就是用精度高一级的控制网去控制精度低一级的控制网,控制层级数主要取决于测区的大小、碎部测量的精度要求、工程规模及其精度要求。

目前,平面控制网分为一、二、三、四等,一、二、三级和图根级控制网。根据测区情况和仪器设备条件,将平面控制网和高程控制网分开独立布设,也可以将其合并为一个统一的控制网——三维控制网。

由于平面控制测量是测定控制点平面位置(x,y)的工作,其又可以分解为水平角测量和水平距离测量两项基本测量工作。

工程导入

某工程控制网采用导线形式,需要测量各边所夹的角度。测角使用经纬仪,用测回法进行观测。某测量员欲放样90°的水平角,角度放样也可使用经纬仪。

2.3　角度测量

角度测量包括水平角和竖直角的测量,是测量工作的基本内容之一。

2.3.1　角度测量的原理

1. 水平角测量原理

相交于一点的两方向线在水平面上的垂直投影所形成的夹角,称为水平角。水平角一般用β表示，角值范围为0°～360°。如图2-6所示，A、O、B是地面上任意三个点，OA和OB两条方向线所夹的水平角，即为OA和OB垂直投影在水平面H上的投影O_1A_1和O_1B_1所构成的夹角β。

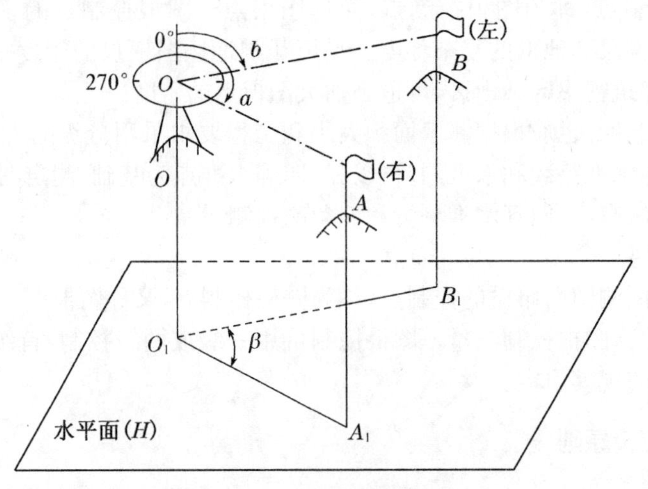

图2-6 水平角测量原理

如图2-6所示，可在O点的上方任意高度处，水平安置一个带有刻度的圆盘，并使圆盘中心在过O点的铅垂线上；通过OA和OB各作一铅垂面，设这两个铅垂面在刻度盘上截取的读数分别为a和b，则水平角β的角值为

$$\beta=b-a \tag{2-21}$$

水平角的取值范围为0°～360°，没有负值。如果$b<a$，则$\beta=b-a+360°$。

用经纬仪测水平角的原理：仪器必须具备一个水平度盘及用于照准目标的望远镜。测水平角时，要求水平度盘能放置水平，且水平度盘的中心位于水平角顶点的铅垂线上，望远镜不仅可以水平转动，而且能俯仰转动来瞄准不同方向和不同高低的目标，同时保证俯仰转动时望远镜视准轴扫过一个竖直面。经纬仪就是根据上述基本要求设计制造的测角仪器。

2. 竖直角测量原理

定义：竖直角是在同一竖直面内，一点到目标的方向线与水平线之间的夹角，又称倾角，用α表示，如图2-7所示。

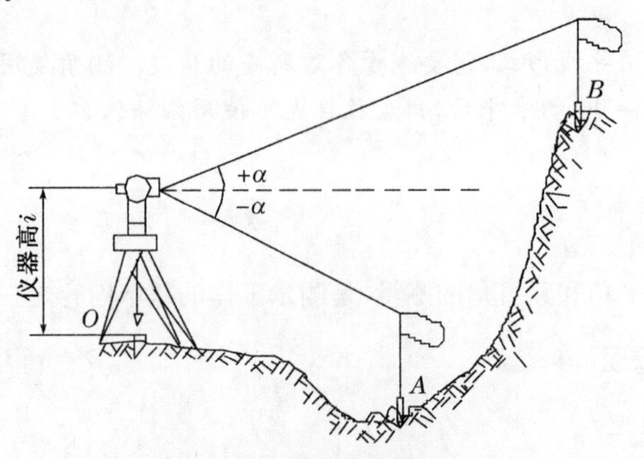

图2-7 竖直角测量原理

分类：仰角，在其角值前加“＋”；俯角，在其角值前加“－”。

竖直角的角值范围：－90°～＋90°。

竖直角的角值：望远镜照准目标的方向线与水平线分别在竖直度盘上有对应两读数之差。

2.3.2　经纬仪的构造

经纬仪是测量角度的仪器。我国生产的光学经纬仪按其精度等级可以划分为DJ07、DJ1、DJ2、DJ6和DJ15等几个级别。其中“DJ”分别为“大地测量”和“经纬仪”的汉字拼音第一个字母大写，数字07、1、2、6、15表示仪器的精度等级，即“一测回方向观测中误差的秒数”。目前在建筑工程测量中常用的有DJ2和DJ6两种类型。

1. DJ6型光学经纬仪的构造

DJ6型光学经纬仪是中等精度的测量仪器，目前工程测量中经常使用，其结构如图2－8所示。它主要由照准部、水平度盘和基座三部分组成。

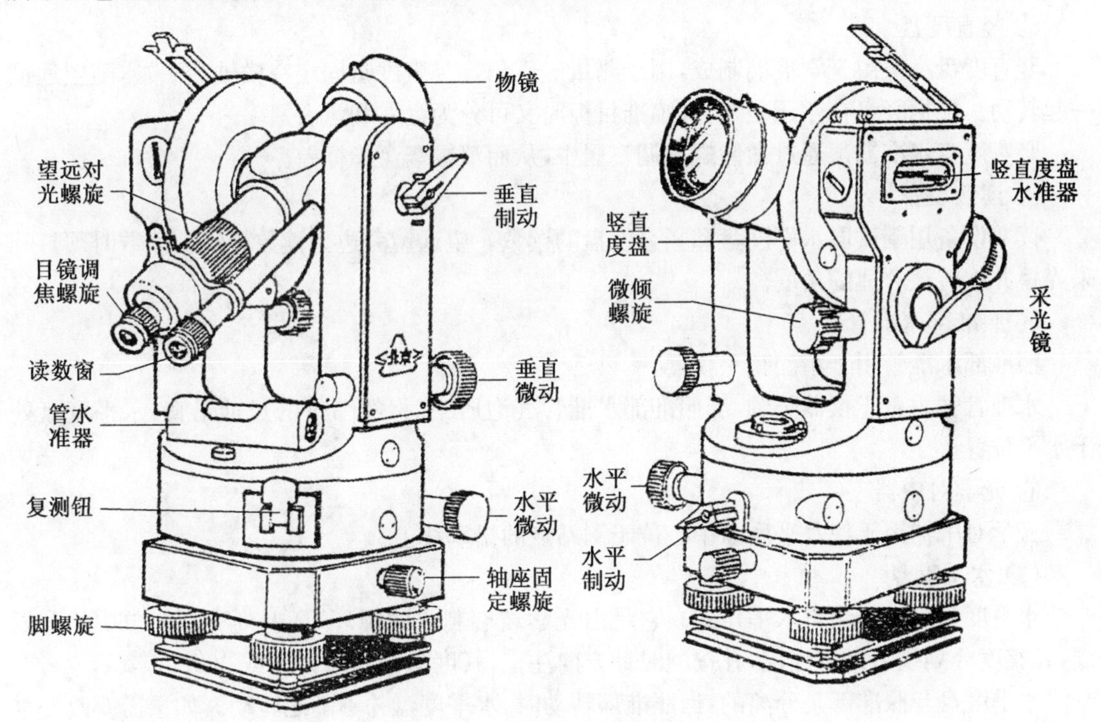

图2－8　DJ6型光学经纬仪

(1) 照准部

照准部是指经纬仪水平度盘之上，能绕其旋转轴旋转部分的总称，是光学经纬仪的重要组成部分。照准部主要由竖轴、望远镜、竖直度盘、读数设备、照准部水准管和光学对中器等组成。

① 竖轴

照准部的旋转轴称为仪器的竖轴。通过调节照准部制动螺旋和微动螺旋，可以控制照准部在水平方向上的转动。

② 望远镜

望远镜用于瞄准目标。望远镜上方有望门和准星，用于粗瞄准。另外，为了便于精确瞄准目标，经纬仪的十字丝分划板与水准仪的稍有不同，如图 2－9 所示。

望远镜上有目镜和物镜，目镜为螺旋形式，称为目镜对光螺旋，旋转其可使十字丝清晰。望远镜筒上有箍状物镜调焦螺旋，旋转其可使物像清晰。

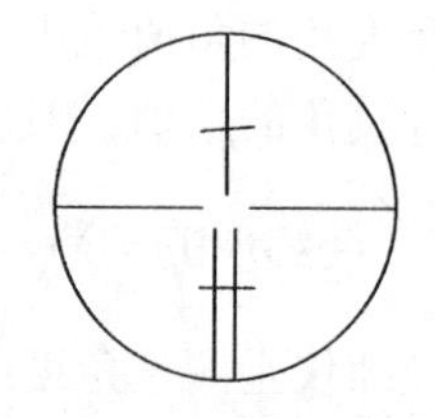

图 2－9　经纬仪的十字丝

望远镜十字丝交点与物镜光心的连线称为视准轴。望远镜的旋转轴称为横轴，并通过其安装在支架上。通过调节望远镜制动螺旋和微动螺旋，可以控制望远镜在竖直面内的转动。垂直制动和垂直微动螺旋可控制望远镜在竖直面上旋转。

望远镜的视准轴垂直于横轴，横轴垂直于仪器竖轴。因此，在仪器竖轴铅直时，望远镜绕横轴转动扫出一个铅垂面。

③ 竖直度盘

竖直度盘一般由光学玻璃制成，用于测量竖直角。竖直度盘固定在横轴的一端，随望远镜一起转动。根据竖盘在左还是在右，瞄准目标时又可分为盘左和盘右。

竖直度盘水准器须通过微倾螺旋调整居中，从而消减竖盘指标差。

④ 读数设备

读数设备用于读取水平度盘和竖直度盘的读数。望远镜旁边为读数目镜。读数时须打开采光镜并旋转至合适的角度。

⑤ 照准部水准管

照准部水准管用于精确整平仪器。

水准管轴垂直于仪器竖轴，当照准部水准管气泡居中时，经纬仪的竖轴铅直，水平度盘处于水平位置。

⑥ 光学对中器

光学对中器用于使水平度盘中心位于测站点的铅垂线上。

(2) 水平度盘

水平度盘是用于测量水平角的。它是由光学玻璃制成的圆环，环上刻有 0°～360°的分划线，在整度分划线上标有注记，并按顺时针方向注记，其度盘分划值为 1°或 30′。

水平度盘与照准部是分离的，当照准部转动时，水平度盘并不随之转动。如果需要改变水平度盘的位置，可通过照准部上的水平度盘变换手轮(复测钮)，将度盘变换到所需要的位置。

水平制动和水平微动可控制照准部在水平面上旋转。

(3) 基座

基座用于支承整个仪器，并通过中心连接螺旋将经纬仪固定在三脚架上。基座上有三个脚螺旋，用于整平仪器。在基座上还有一个轴座固定螺旋，用于控制照准部和基座之间的衔接，使用三联脚架法时，须打开轴座固定螺旋从而将仪器从基座取出。

知识拓展

TDJ6 型光学经纬仪的复测装置为转盘手轮。置数时须先瞄准目标，将手轮旁的小扳手按下并推入转盘手轮，再旋转转盘手轮使水平读数变为所需置的数；或者先旋转照准部使水平读数变为所要置的数，再按下小扳手并推入转盘手轮，将照准部旋转至所要瞄准的方向。可见，转盘手轮起到离合器的作用。

TDJ6 型光学经纬仪没有竖直度盘水准器和微倾螺旋，取而代之的是竖盘指标差补偿器。测量竖直角时须将竖盘指标差补偿器从“OFF”旋至“ON”，此时旋转照准部可听到清脆的响声，说明竖盘指标差补偿器处于工作状态。

2. DJ2 型光学经纬仪构造

(1) DJ2 型光学经纬仪的特点

与 DJ6 型光学经纬仪相比主要有以下特点：

① 轴系间结构稳定，望远镜的放大倍数较大，照准部水准管的灵敏度较高。

② 在 DJ2 型光学经纬仪读数显微镜中，只能看到水平度盘和竖直度盘中的一种影像，读数时，通过转动换像手轮，使读数显微镜中出现需要读数的度盘影像。

③ DJ2 型光学经纬仪采用对径符合读数装置，相当于取度盘对径相差 180°处的两个读数的平均值，以可消除偏心误差的影响，提高读数精度。

④ DJ2 型光学经纬仪结构如图 2-10 所示。

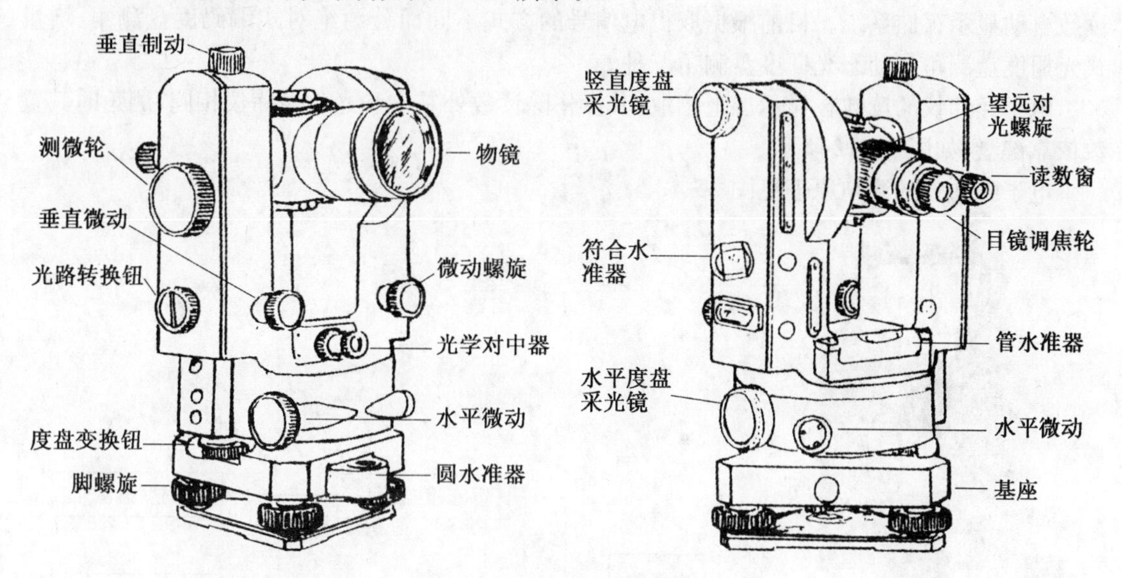

图 2-10　DJ2 型光学经纬仪

(2) DJ2 型光学经纬仪的读数方法

对径符合读数装置是通过一系列棱镜和透镜的作用，将度盘相对 180°的分划线，同时反映到读数显微镜中，并分别位于一条横线的上、下方，如图 2-11(a)所示，右下方为分划线重合窗，右上方读数窗中上面的数字为整度值，中间凸出的小方框中的数字为整 10′数，左下方为测微尺读数窗。

测微尺刻划有 600 小格，最小分划为 1″，可估读到 0.1″，全程测微范围为 10′。测微尺的读数窗中左边注记数字为分，右边注记数字为整 10″数。读数方法如下：

① 转动测微轮，使分划线重合窗中上、下分划线精确重合，如图 2-11(b)所示。

② 在读数窗中读出度数。

③ 在中间凸出的小方框中读出整10′数。

④ 在测微尺读数窗中，根据单指标线的位置，直接读出不足10′的分数和秒数，并估读到0.1″。

⑤ 将度数、整10′数及测微尺上读数相加，即为度盘读数。在图2-11(b)中所示读数为

$$65°+5\times10'+4'08.2''=65°54'08.2''$$

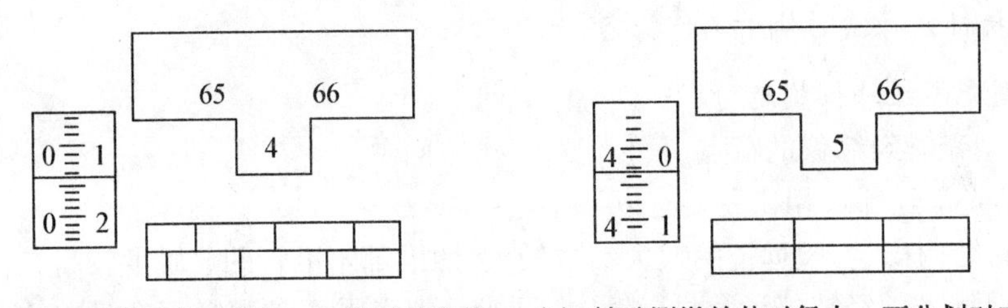

(a) 转动测微轮使对径上、下分划对齐前　(b) 转动测微轮使对径上、下分划对齐后

图2-11　DJ2型光学经纬仪读数

3. 电子经纬仪简介

电子经纬仪和光学经纬仪的主要不同点在于电子经纬仪采用了光电扫描度盘自动计数和读数自动显示存储系统。目前根据取得电信号的方式不同而分为绝对式编码度盘测角、增量式光栅度盘测角和动态光栅度盘测角三种。

电子经纬仪的读数在显示屏上读取，其操作除读数外基本和光学经纬仪相同，测角时其置数依靠键盘，如图2-12所示。

电子经纬仪的测角原理见图2-13。

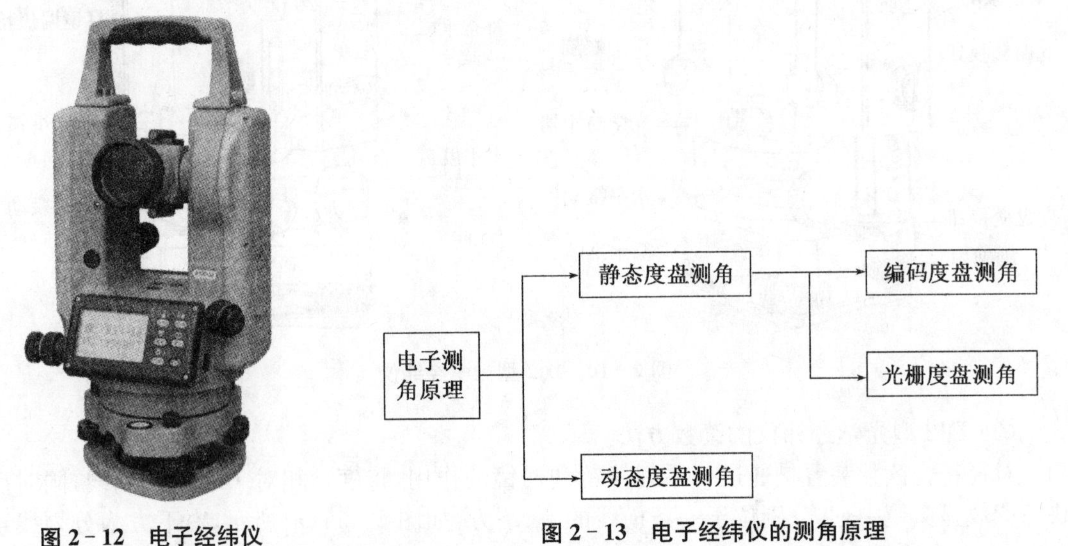

图2-12　电子经纬仪　**图2-13　电子经纬仪的测角原理**

(1) 绝对式编码度盘测角原理

在玻璃圆盘上刻划几个同心圆带，每一个环带表示一位二进制编码，称为码道。如果再将全圆划成若干扇区，则每个扇形区有几个梯形，如果每个梯形分别以“亮”和“黑”表示“0”和“1”的信号，则该扇形可用几个二进制数表示其角值。例如，用四位二进制数表示角值，则全圆只能刻成$2^4=16$个扇形，则度盘刻划值为360°/16=22.5°，如图2-14所示，这显然是没有什么

实际意义的。如果最小值为 20″，则需刻成 360×60×60/20=64 800(个)扇形区，而 64 800 个扇形区≈216 个码道。因为度盘直径有限，码道愈多，靠近度盘中心的扇形间隔愈小，又缺乏使用意义，故一般将度盘刻成适当的码道，再利用测微装置来达到细分角值的目的。

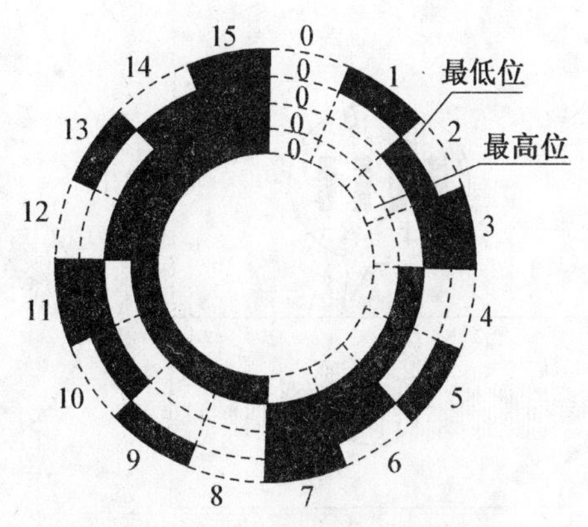

图 2-14　二进制四码道度盘

工作过程(图 2-15)：在编码度盘的码道上方安置一个发光二极管。在度盘的另一侧正对发光二极管的位置安放光学放大镜和线状光电二极管阵列或线状 CCD 光电接收器件。通过光电探测器获取特定度盘位置的编码信息，并由微处理器译码，最后换算成实际角度值。

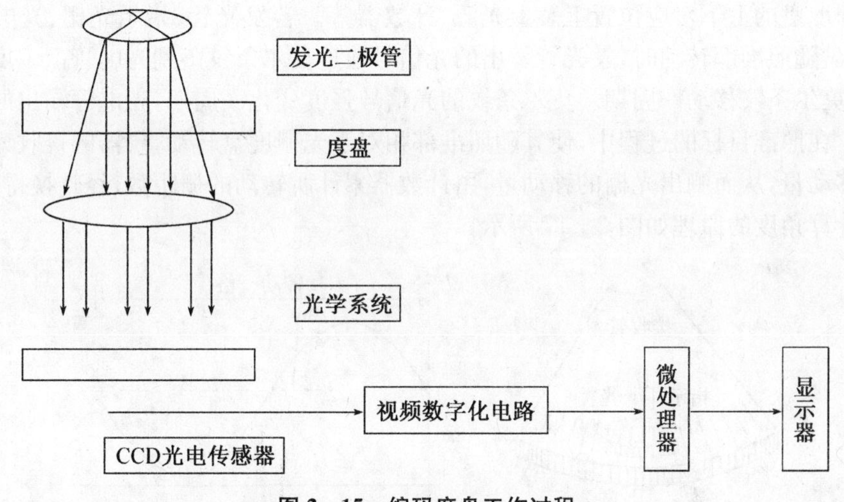

图 2-15　编码度盘工作过程

(2) 增量式光栅度盘测角原理

在光学玻璃度盘的径向上均匀地刻制许多明暗相间的等角距细线条，或在直尺上均匀地刻制许多一定间隔细线，称为光栅盘或光栅尺。刻在圆盘上的等角距的光栅称为径向光栅，刻在直尺上用于直线测量的为直线光栅。

将密度相同的两块光栅重叠，并使它们的刻线相互倾斜一个很小的角度，这时就会产生明暗相同的条纹(莫尔条纹)。夹角越小，条纹越粗。条纹的亮度按正弦周期性变化。直线光栅的莫尔条纹如图 2-16 所示。

设光栅的栅线(不透光区)宽度为 a，缝隙宽度为 b，栅距 $d=a+b$，通常 $a=b$，它们都对应一角度值。

两个间隔相同的光栅叠放在一起并错开很小的夹角，当它们相对移动时，可看到明暗相间的干涉条纹，即莫尔条纹。莫尔干涉条纹具有放大作用，有利于提高测角的分辨率。

d 为栅距，W 为纹距，θ 为弧度值，$W=d\cot\theta=d/\theta$。对于任意选定的移动量 x，θ 越小，干涉条纹的移动量 W 就越大。

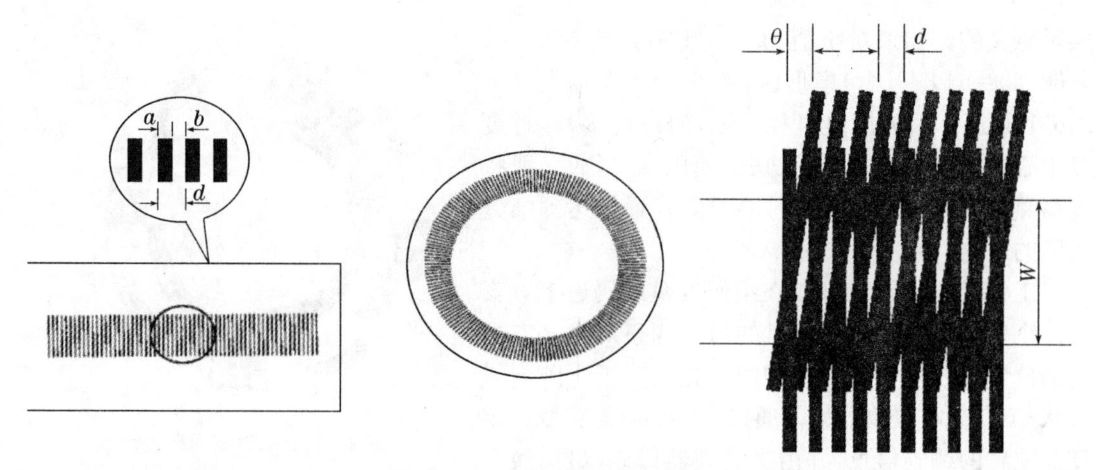

图 2-16 直线光栅的莫尔条纹

在光栅度盘的上下对应位置上装上光源、计数器等。若发光管、指示光栅、光电管的位置固定，当度盘随照准部转动时，发光管发出的光信号通过莫尔条纹落到光电管上。度盘每转动一条光栅，莫尔条纹移动一周期。莫尔条纹的光信号强度变化一周期，光电管输出的电流也变化一周期。在照准目标的过程中，使其随照准部相对于光栅度盘转动，仪器的接收元件可累计出条纹的移动量，从而测出光栅的移动量，由计数器累计所转动的栅距数，经转换得到角度值。莫尔条纹计算角度的原理如图 2-17 所示。

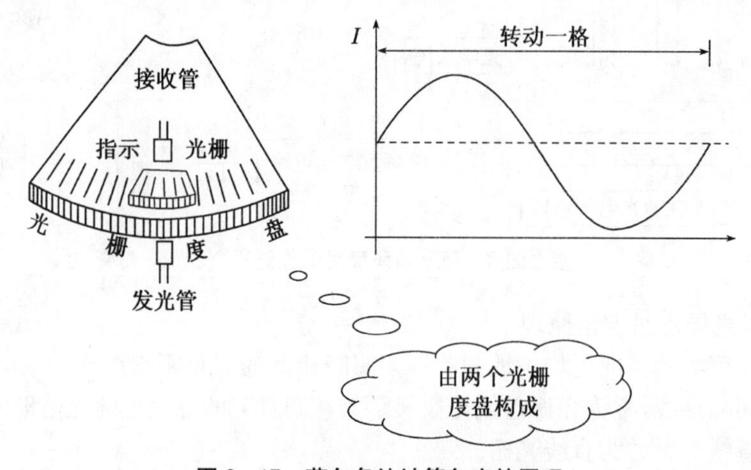

图 2-17 莫尔条纹计算角度的原理

(3) 动态光栅度盘测角原理

LS 为固定传感器，相当于角度值的起始方向；LR 为可随望远镜转动的可动传感器，相当于提供目标方向。这两个光电传感器之间的夹角就是我们要测定的角度值：$\varphi=n\varphi_0+\Delta\varphi$。

当第一个光电传感器接收到信息时就开始计数，直至另一个光电传感器接收到信息时停止计数。这样，得到相位差大数 $n\varphi_0$。

再利用精测功能，得到不足一个 φ_0 的角度值 $\Delta\varphi$。

电子测角原理说明：需要指出的是，无论采用什么格式的电子度盘，都必须采用适当的角度测微器技术，提高角度分辨率，才能满足角度测量的精度要求。角度的电子测微技术是运用电子技术对交变的电信号进行内插，从而提高计数脉冲的频率，以达到细分的效果。动态光栅度盘测角原理如图 2－18 所示。

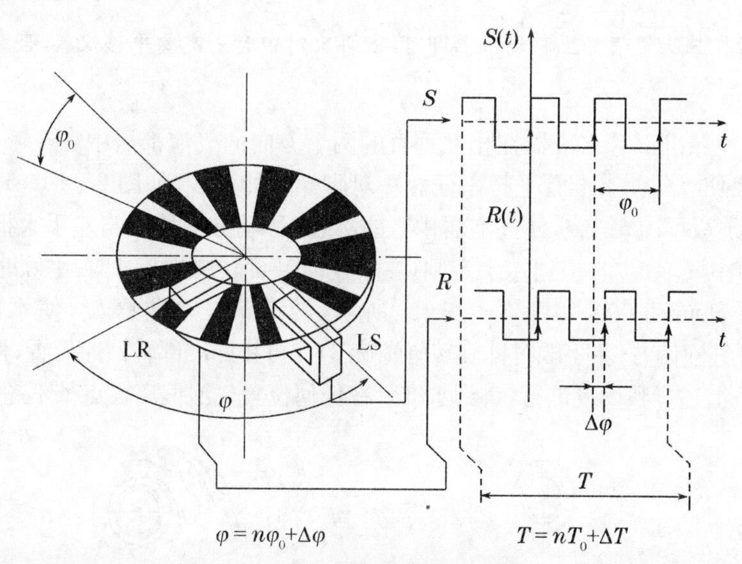

图 2－18　动态光栅度盘测角

2.3.3　经纬仪的使用

1. 安置仪器

安置仪器是将经纬仪安置在测站点上，包括对中和整平两项内容。对中的目的是使仪器中心与测站点标志中心位于同一铅垂线上；整平的目的是使仪器竖轴处于铅垂位置，水平度盘处于水平位置。

(1) 初步对中

① 在测站点上打开三脚架，并目估使架顶中心与测站点标志中心大致对准。注意此时的三脚架高度要方便观察和读数，架头要大致水平，三个脚至测站点的距离要大致相等。

② 将经纬仪从箱中取出，用连接螺旋将经纬仪安装在三脚架上，使圆水准器位于三脚架一条腿的上方，并拧紧中心连接螺旋。

③ 调整光学对中器使对中分划圈清晰及地面点成像清晰。

④ 通过光学对中器瞄准地面并轻提三脚架的两只脚，眼睛观察光学对中器，以另一只脚为中心移动，直至对中器分划圈的对中标志中心与测站中心重合，而后放下三脚架并踩实。

⑤ 检查对中情况，若有偏差，坚实地面可用上述方法微调三脚架，松软地面则可打开中心连接螺旋，将仪器在架头上移动。最后若仅有微小偏差，则可旋转脚螺旋对中。

(2) 粗平

调整三脚架的相应架腿使圆水准器气泡居中。由于圆水准器处于三脚架一条腿的上方，则此条腿控制前后的高度，另两条腿控制左右的高度。

(3) 再次对中

观察光学对中器，若仍严格对中则可进入下一步；若由于粗平破坏了对中，则打开中心连接螺旋，将仪器在架头上平动，直至严格对中。

注意

初步对中时在三脚架架头上移动仪器即可，但再次对中时一定要平移仪器，否则会破坏粗平。

(4) 精平

精平仪器，使照准部管水准器在相互垂直的两个方向的气泡都居中。

① 先转动照准部，使水准管平行于任意一对脚螺旋的连线，如图 2-19(a)所示，两手同时向内或向外转动这两个脚螺旋，使气泡居中，注意气泡移动方向始终与左手大拇指移动方向一致(图 2-19(a)中气泡偏左，根据左手定则，左手逆时针旋转脚螺旋 1，右手顺时针旋转脚螺旋 2)；然后将照准部转动 90°，如图 2-19(b)所示，转动第三个脚螺旋，使水准管气泡居中(图 2-19(b)中气泡偏右，左手顺时针旋转脚螺旋 3)。再将照准部转回原位置，检查气泡是否居中，若不居中，按上述步骤反复进行，直到水准管在任何位置气泡偏离零点都不超过一格为止。

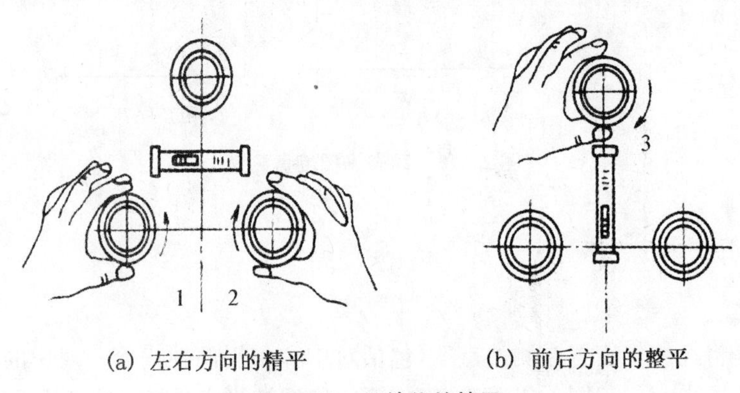

(a) 左右方向的精平　　(b) 前后方向的整平

图 2-19　经纬仪的精平

② 最终检查对中，若有偏差，用上述方式平移仪器，再检查整平，直至对中和整平同时满足为止。

知识拓展

脚螺旋顺时针旋转会使此脚螺旋方向升高，逆时针旋转则降低，即“顺升逆降”。气泡则是总往高的方向跑，通过气泡偏移方向可判断高低，再通过脚螺旋调整。此方法与“左手定则”相统一。

2. 瞄准目标

(1) 松开望远镜制动螺旋和照准部制动螺旋，将望远镜朝向明亮背景，调节目镜对光螺旋，使十字丝清晰。

(2) 利用望远镜上的照门和准星粗略对准目标，拧紧照准部及望远镜制动螺旋；调节物镜对光螺旋，使目标影像清晰，并注意消除视差。

(3) 转动照准部和望远镜微动螺旋，精确瞄准目标。测量水平角时，应用十字丝交点附近的竖丝瞄准目标底部，如图 2-20 所示。

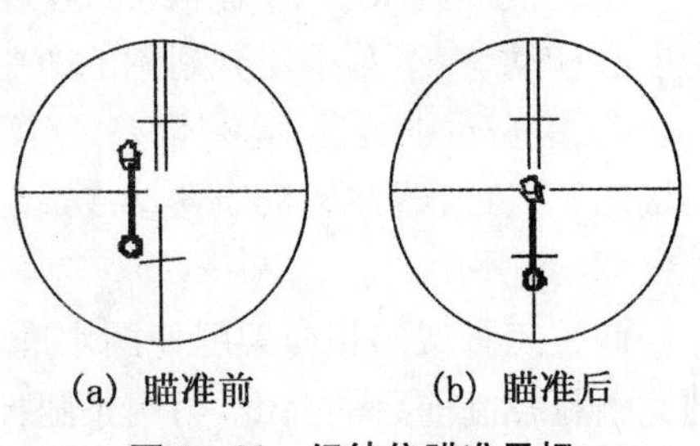

(a) 瞄准前　　(b) 瞄准后

图 2-20　经纬仪瞄准目标

3. 读数

DJ6 型光学经纬仪一般采用分微尺测微器，如图 2－21 所示，在读数显微镜内可以看到两个读数窗：注有“水平”或“H”的是水平度盘读数窗；注有“竖直”或“V”的是竖直数窗。每个读数窗上有一分微尺。

分微尺的长度等于度盘上 1°影像的宽度，即分微尺全长代表 1°。将分微尺分成 60 小格，每一小格代表 1′，可估读到 0.1′，即 6″。每十小格注有数字，表示 10′的倍数。

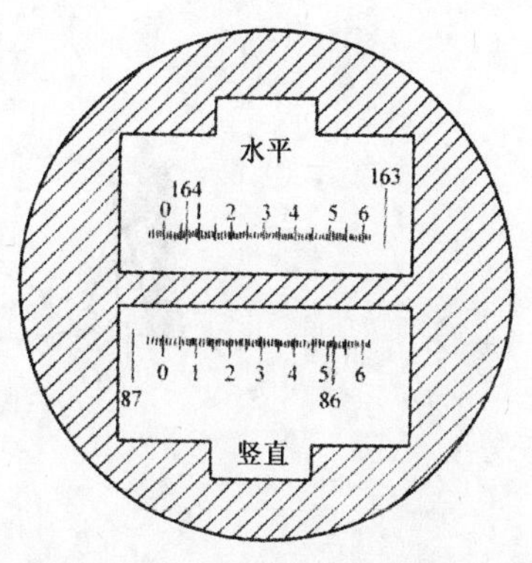

图 2－21　分微尺测微器读数

DJ6 光学经纬仪读数的秒位一定是 6″的整数倍。

(1) 打开反光镜，调节反光镜镜面位置，使读数窗亮度适中。

(2) 转动读数显微镜目镜对光螺旋，使度盘、测微尺及指标线的影像清晰。

(3) 根据仪器的读数设备，按上述的经纬仪读数方法进行读数。

读数时，先调节读数显微镜目镜对光螺旋，使读数窗内度盘影像清晰，然后读出位于分微尺中的度盘分划线上的注记度数，最后以度盘分划线为指标，在分微尺上读取不足 1°的分数，并估读秒数。如图 2－21 所示，其水平度盘读数为 164°06′36″，竖直度盘读数为 86°51′36″。

知识拓展

DJ6 型光学经纬仪的读数装置主要包括纤维放大装置和测微装置。显微放大装置的主要作用是通过仪器外部的反光镜接收入射光照明度盘，然后通过内部一系列棱镜和透镜组成显微物镜，将度盘分划线影像转向、放大、成像在显微目镜的承影屏上，通过读数窗获取读数。测微装置是在读数窗承影面上测定小于 1 度盘格值的装置，度盘上小于度盘分划值的读数要利用测微器读出。

2.3.4　角度测量的方法

1. 水平角测量方法

水平角的观测方法一般应根据照准目标的多少来确定，常用的有测回法和方向观测法两种。

(1) 测回法

测回法适用于观测只有两个方向的单个水平角。如图 2－22 所示，设 O 为测站点，A、B 为观测目标，用测回法观测 OA 与 OB 两方向之间的水平角 β。具体施测步骤如下：

① 在测站点 O 安置经纬仪，在 A、B 两点竖立测杆或测钎等，作为目标标志。

② 将仪器置于盘左位置，转动照准部，先瞄准左目标 A，置水平度盘读数 a_L，设读数为 0°01′18″，记入测回法观测手簿表 2－4 相应栏内。松开照准部制动螺旋，顺时针转动照准部，瞄准右目标 B，读取水平度盘读数 b_L，设读数为 75°11′30″，记入表 2－4 相应栏内。

以上称为上半测回，盘左位置的水平角角值(也称上半测回角值)β_L 为

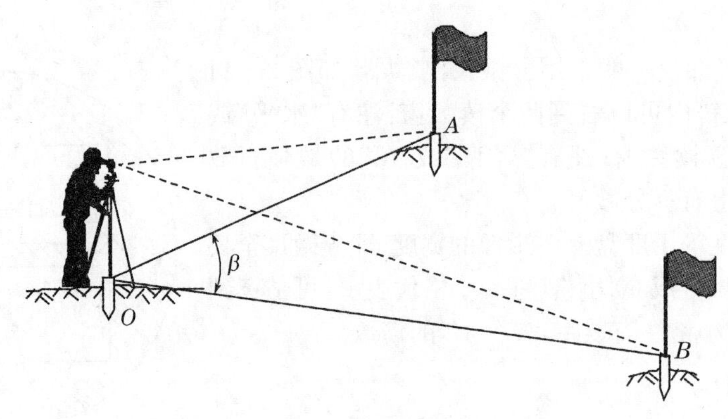

图 2-22　水平角测量(测回法)

$$\beta_L = b_L - a_L = 75°11'30'' - 0°01'18'' = 75°10'12''$$

③ 松开照准部制动螺旋，倒转望远镜成盘右位置，先瞄准右目标 B，读取水平度盘读数 b_R，设读数为 255°11′30″，记入表 2-4 相应栏内。松开照准部制动螺旋，逆时针转动照准部，瞄准左目标 A，读取水平度盘读数 a_R，设读数为 180°01′24″，记入表 2-4 相应栏内。

以上称为下半测回，盘右位置的水平角角值(也称下半测回角值)β_R 为

$$\beta_R = b_R - a_R = 255°11'30'' - 180°01'24'' = 75°10'06''$$

上半测回和下半测回构成一测回。

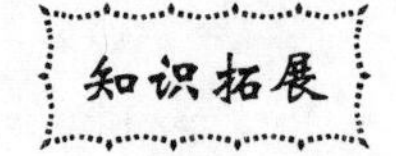

瞄准同一目标时，盘左与盘右的水平读数应大致相差 180°。

表 2-4　测回法观测手簿

测站	竖盘位置	目标	水平度盘读数	半测回角值	一测回角值	各测回平均值	备　注
第一测回 O	左	A	0°01′18″	75°10′12″	75°10′09″	75°10′10″	
		B	75°11′30″				
	右	A	180°01′24″	75°10′06″			A β O B
		B	255°11′30″				
第二测回 O	左	A	90°01′24″	75°10′12″	75°10′12″		
		B	165°12′36″				
	右	A	270°01′12″	75°10′12″			
		B	345°12′24″				

④ 对于 DJ6 型光学经纬仪，如果上、下两半测回角值之差不大于±40″，认为观测合格。此时，可取上、下两半测回角值的平均值作为一测回角值 β。

本例中，上、下两半测回角值之差为 $\Delta\beta = \beta_L - \beta_R = 75°10'12'' - 75°10'06'' = +06''$。

一测回角值为

$$\beta=\frac{1}{2}(\beta_L+\beta_R) \tag{2-22}$$

则 $\beta=\frac{1}{2}(\beta_L+\beta_R)=\frac{1}{2}(75°10'12''+75°10'06'')=75°10'09''$。将结果记入表 2－4 相应栏内。

当测角精度要求较高时，需对一个角度观测多个测回，应根据测回数 n，以 $180°/n$ 的差值，安置水平度盘读数。例如，当测回数 $n=2$ 时，第一测回的起始方向读数可安置在略大于 0°处；第二测回的起始方向读数可安置在略大于(180°/2＝)90°处。各测回角值互差如果不超过±24″，取各测回角值的平均值作为最后角值，记入表 2－4 相应栏内。

注意

有的仪器水平度盘为顺时针刻划，有的为逆时针刻划，大多数仪器为顺时针刻划。由于水平度盘是顺时针刻划和注记的，所以在瞄准目标时，总是先用盘左瞄准左边的目标，计算水平角时，总是用右目标的读数减去左目标的读数，如果不够减，则应在右目标的读数上加上360°，再减去左目标的读数，绝不可以倒过来减。

每测回只有盘左瞄准的第一个目标需置数，其余不得置数。此外，置数只能置成略大于规定的数值，不能略小于。

知识拓展

电子经纬仪或者全站仪测水平角时，可根据需要选择左角或右角模式，一般使用右角。右角模式下，水平度盘读数随仪器顺时针旋转而递增，故应先用盘左瞄准左边的目标。左角模式下，水平度盘读数随仪器逆时针旋转而递增，故应先用盘左瞄准右边的目标。

(2) 方向观测法

方向观测法简称方向法或全圆方向法，适用于在一个测站上观测三个或三个以上的方向。

① 方向观测法的观测

如图 2－23 所示，设 O 为测站点，A、B、C、D 为观测目标，用方向观测法观测各方向间的水平角。具体施测步骤如下：

(A) 在测站点 O 安置经纬仪，在 A、B、C、D 观测目标处竖立观测标志。

(B) 盘左位置选择一个明显清晰的目标 A 作为起始方向，瞄准零方向 A，将水平度盘读数安置在稍大于 0°处，读取水平度盘读数，记入表 2－5 方向观测法观测手簿第 4 栏。

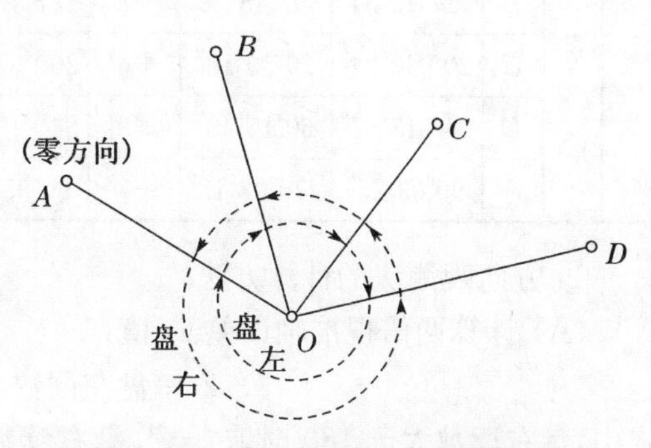

图 2－23　水平角测量(方向观测法)

松开照准部制动螺旋，沿顺时针方向旋转照准部，依次瞄准 B、C、D 各目标，分别读取水平度盘读数，记入表 2－5 第 4 栏。为了校核，再次瞄准零方向 A，称为上半测回归零，读取水平度盘读数，记入表 2－5 第 4 栏。

零方向 A 的两次读数之差的绝对值，称为半测回归零差，归零差不应超过表 2-6 中的规定，如果归零差超限，应重新观测。以上称为上半测回。

(C) 盘右位置沿逆时针方向依次照准目标 A、D、C、B、A，并将水平度盘读数由下向上记入表 2-5 第 5 栏，此为下半测回。

注意

此时不得置数。

上、下两个半测回合称一测回。为了提高精度，有时需要观测 n 个测回，则各测回起始方向仍按 $180°/n$ 的差值，安置水平度盘读数。

表 2-5　方向观测法观测手簿

测站	测回数	目标	水平度盘读数		2c	平均读数	归零后方向值	各测回归零后方向平均值	略图及角值
			盘左	盘右					
1	2	3	4	5	6	7	8	9	10
0	1	A	0°02′12″	180°02′00″	+12″	(0°02′10″) 0°02′06″	0°00′00″	0°00′00″	
		B	37°44′15″	217°44′05″	+10″	37°44′10″	37°42′00″	37°42′01″	
		C	110°29′04″	290°28′52″	+12″	110°28′58″	110°26′48″	110°26′52″	
		D	150°14′51″	330°14′43″	+8″	150°14′47″	150°12′37″	150°12′33″	
		A	0°02′18″	180°02′08″	+10″	0°02′13″			
	2	A	90°03′30″	270°03′22″	+8″	(90°03′24″) 90°03′26″	0°00′00″		
		B	127°45′34″	307°45′28″	+6″	127°45′31″	37°42′07″		
		C	200°30′24″	20°30′18″	+6″	200°30′21″	110°26′57″		
		D	240°15′57″	60°15′49″	+8″	240°15′53″	150°12′29″		
		A	90°03′25″	270°03′18″	+7″	90°03′22″			

② 方向观测法的计算方法

(A) 计算两倍视准轴误差 $2c$ 值：

$$2c = 盘左读数 - (盘右读数 \pm 180°) \tag{2-23}$$

式中，盘右读数大于 180°时取"−"，盘右读数小于 180°时取"+"。计算各方向的 $2c$ 值，填入表 2-5 第 6 栏。一测回内各方向 $2c$ 值互差不应超过表 2-6 中的规定。如果超限，应在原度盘位置重测。

(B) 计算各方向的平均读数(平均读数又称为各方向的方向值)：

$$平均读数=\frac{1}{2}\times[盘左读数+(盘右读数\pm180°)] \quad (2-24)$$

计算时，以盘左读数为准，将盘右读数加或减 180°后，和盘左读数取平均值。计算各方向的平均读数，填入表 2-5 第 7 栏。起始方向有两个平均读数，故应再取其平均值，填入表 2-5 第 7 栏上方小括号内。

不得以盘右为准，而将盘左读数加或减 180°。

(C) 计算归零后的方向值：将各方向的平均读数减去起始方向的平均读数(括号内数值)，即得各方向的“归零后方向值”，填入表 2-5 第 8 栏。起始方向归零后的方向值为零。

(D) 计算各测回归零后方向值的平均值：多测回观测时，同一方向值各测回互差，符合表 2-6 中的规定，则取各测回归零后方向值的平均值，作为该方向的最后结果，填入表 2-5 第 9 栏。

(E) 计算各目标间水平角角值：将表 2-5 第 9 栏相邻两方向值相减即可求得，注在第 10 栏略图的相应位置上。

当需要观测的方向为三个时，除不做归零观测外，其他均与三个以上方向的观测方法相同。

③ 方向观测法的技术要求

表 2-6　方向观测法的技术要求

经纬仪型号	半测回归零差	一测回内 $2c$ 互差	同一方向值各测回互差
DJ2	12″	18″	12″
DJ6	18″		24″

2. 竖直角测量方法

(1) 竖直度盘的构造

如图 2-24 所示，光学经纬仪竖直度盘的构造包括竖直度盘、竖盘指标、竖盘指标水准管和竖盘指标水准管微动螺旋。

竖直度盘固定在横轴的一端，当望远镜在竖直面内转动时，竖直度盘也随之转动，而用于读数的竖盘指标则不动。当竖盘指标水准管气泡居中时，竖盘指标所处的位置称为正确位置。

光学经纬仪的竖直度盘是一个玻璃圆环，分划与水平度盘相似，度盘刻度 0°～360°的注记有顺时针方向和逆时针方向两种。如图 2-25(a)所示为顺时针方向注记，如 DJ6、T1、T2 等经纬仪；如图 2-25(b)所示为逆时针方向注记，如 DJ6-1 型经纬仪。

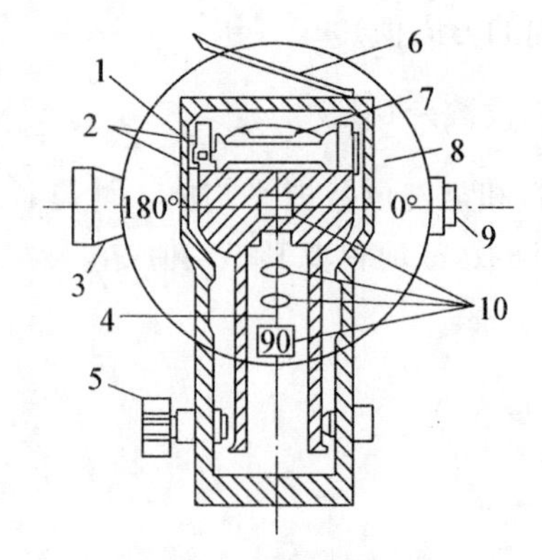

1—指标水准管轴；2—水准管校正螺钉；3—望远镜；
4—光具组光轴；5—指标水准管微动螺旋；
6—指标水准管反光镜；7—指标水准管；
8—竖盘；9—目镜；10—光具组(透镜和棱镜)

图 2-24 竖直度盘的构造

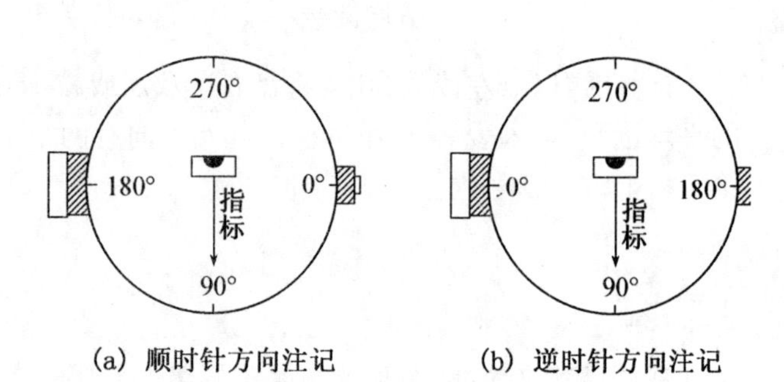

(a) 顺时针方向注记　　(b) 逆时针方向注记

图 2-25 经纬仪竖盘注记形式

竖直度盘构造的特点：当望远镜视线水平、竖盘指标水准管气泡居中时，盘左位置的竖盘读数为 90°，盘右位置的竖盘读数为 270°，否则存在竖盘指标差。

(2) 竖直角计算公式

在竖直角直角计算公式中，认为当视准轴水平、竖盘指标水准管气泡居中时，竖盘读数应是 90°(盘左)或者 270°(盘右)，此读数是视线水平时的读数，称为始读数。根据竖直角的定义，测量竖直角时，只要测得瞄准目标时倾斜视线的读数，即可求得竖直角。

由于竖盘注记形式不同，垂直角计算的公式也不一样。现在以顺时针注记的竖盘为例，推导垂直角计算的公式。

如图 2-26 所示，盘左位置：视线水平时，竖盘读数为 90°。当瞄准一目标时，竖盘读数为 L，则盘左垂直角 α_L 为

$$\alpha_L = 90° - L \tag{2-25}$$

如图 2-26 所示，盘右位置：视线水平时，竖盘读数为 270°。当瞄准原目标时，竖盘读数为 R，则盘右垂直角 α_R 为

$$\alpha_R = R - 270° \tag{2-26}$$

将盘左、盘右位置的两个垂直角取平均值，即得垂直角 α，计算公式为

$$\alpha = \frac{1}{2}(\alpha_L + \alpha_R) \tag{2-27}$$

对于逆时针注记的竖盘，用类似的方法推得垂直角的计算公式为

$$\begin{cases} \alpha_L = L - 90° \\ \alpha_R = 270° - R \end{cases} \tag{2-28}$$

在观测垂直角之前，将望远镜大致放置水平，观察竖盘读数，首先确定视线水平时的读数，然后上仰望远镜，观测竖盘读数是增加还是减少。

若读数增加，则垂直角的计算公式为

$$\alpha = \text{瞄准目标时竖盘读数} - \text{视线水平时竖盘读数} \tag{2-29}$$

若读数减少，则垂直角的计算公式为

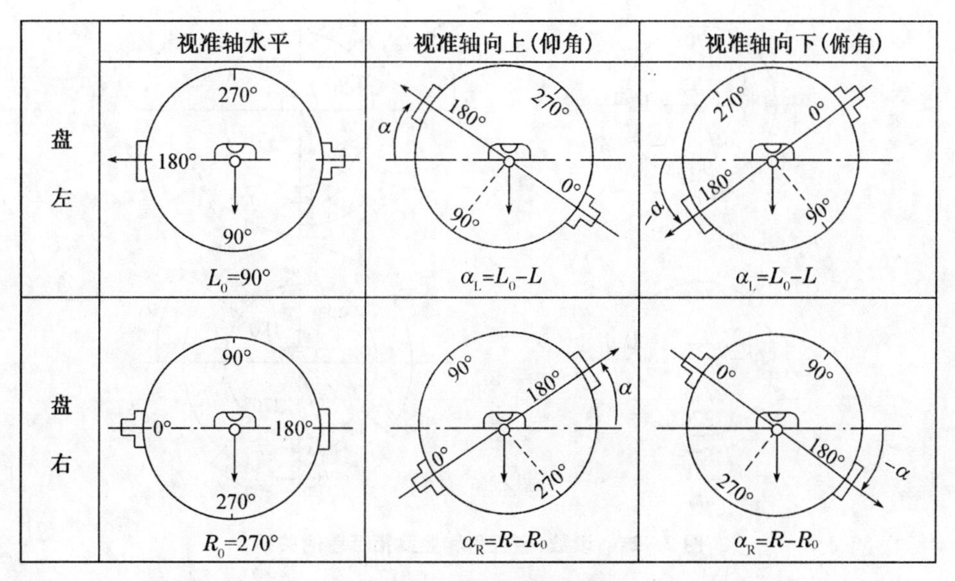

图 2-26　竖直角计算示意图

$$\alpha = \text{视线水平时竖盘读数} - \text{瞄准目标时竖盘读数} \tag{2-30}$$

以上规定，适合任何竖直度盘注记形式和盘左、盘右观测。

但是实际上上述条件往往不能满足，竖盘指标常常偏离正确位置，这个偏离的差值 x 角，称为竖盘指标差。竖盘指标差 x 本身有正负号，一般规定当竖盘指标偏移方向与竖盘注记方向一致时，x 取正号，反之 x 取负号。故要求在竖盘指标水准管气泡居中时才能读数。

知识拓展

还有一种竖盘指标自动补偿装置的经纬仪，它没有竖盘指标水准管，而安置一个自动补偿装置。当仪器稍有微量倾斜时，它自动调整光路，使读数相当于水准管气泡居中时的读数。

如图 2-27 所示盘左位置，由于存在指标差，其正确的竖直角计算公式为

$$\alpha = 90° - L + x = \alpha_L + x \tag{2-31}$$

同样，如图 2-27 所示盘右位置，其正确的竖直角计算公式为

$$\alpha = R - 270° - x = \alpha_R - x \tag{2-32}$$

将式(2-31，2-32)相加并除以 2，得

$$\alpha = \frac{1}{2}(\alpha_L + \alpha_R) = \frac{1}{2}(R - L - 180°) \tag{2-33}$$

由此可见，在竖直角测量时，用盘左、盘右观测，取平均值作为竖直角的观测结果，可以消除竖盘指标差的影响。

将式(2-31，2-32)相减并除以 2，得

$$x = \frac{1}{2}(\alpha_R - \alpha_L) = \frac{1}{2}(L + R - 360°) \tag{2-34}$$

式(2-34)为竖盘指标差的计算公式。由引言中误差知识可知，竖盘指标差属于仪器误差，各次测量的竖盘指标差在理论上应该相等。若不相等，则可能是照准、整平和读数等所致，

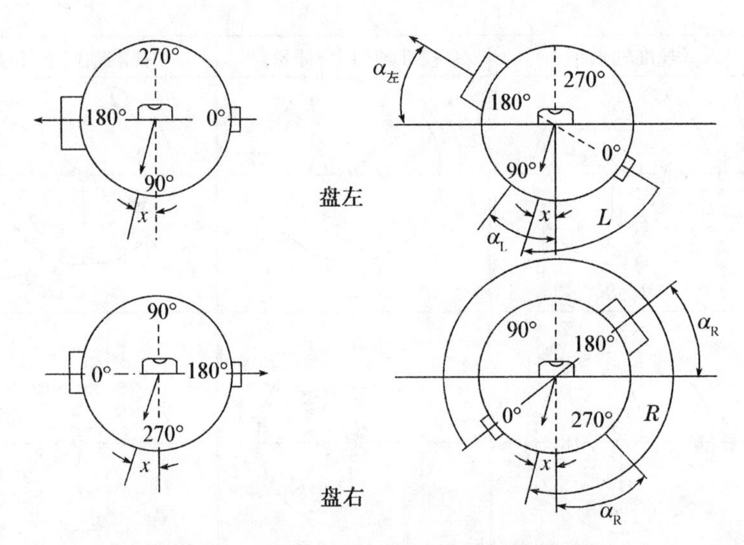

图 2-27　读数、竖直角和竖盘指标差的关系

故指标差互差(即所求指标差之间的差值)可以反映观测成果的精度。最大指标差与最小指标差之差称为指标差变动范围(也称为指标差互差)。有关规范规定,竖直角观测时,指标差互差的限差,DJ2 型仪器不得超过±15″,DJ6 型仪器不得超过±25″。为了提高竖直角观测结果的精度,对同一目标,往往要观测几个测回,各测回角值之差也不应超过±25″,在满足条件的情况下,各测回取平均值作为最后结果。若各测回的角值之差超过±25″,则应重测。

(3) 竖直角观测

竖直角的观测、记录和计算步骤如下:

① 在测站点 O 安置经纬仪,在目标点 A 竖立观测标志,按前述方法确定该仪器竖直角计算公式,为方便应用,可将公式记录于竖直角观测手簿表 2-7 备注栏中。

② 盘左位置:瞄准目标 A,使十字丝横丝精确地切于目标顶端,如图 2-28 所示。转动竖盘指标水准管微动螺旋,使水准管气泡严格居中,然后读取竖盘读数 L,设为 95°22′00″,记入竖直角观测手簿表 2-7 相应栏内。

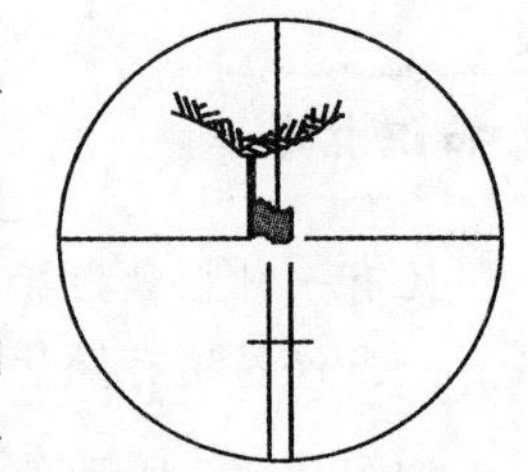

图 2-28　竖直角测量瞄

③ 盘右位置:重复步骤②,设其读数 R 为 264°36′48″,记入表 2-7 相应栏内。

表 2-7　竖直角观测手簿

测站	目标	竖盘位置	竖盘读数	半测回竖直角	指标差 ″	一测回竖直角 ° ′ ″	备注
1	2	3	4	5	6	7	8
O	A	左	95°22′00″	−5°22′00″	−36″	−5°22′36″	
		右	264°36′48″	−5°23′12″			
O	B	左	81°1′236″	+8°47′24″	−45″	+8°46′39″	
		右	278°45′54″	+8°45′54″			

④ 根据竖直角计算公式计算，得

$$\alpha_L = 90° - L = 90° - 95°22'00'' = -5°22'00''$$

$$\alpha_R = R - 270° = 264°36'48'' - 270° = -5°23'12''$$

那么一测回竖直角为

$$\alpha = \frac{1}{2}(\alpha_L + \alpha_R) = \frac{1}{2}(-5°22'00'' - 5°23'12'') = -5°22'36''$$

竖盘指标差为

$$x = \frac{1}{2}(\alpha_R - \alpha_L) = \frac{1}{2}(-5°23'12'' + 5°22'00'') = -36''$$

将计算结果分别填入表 2 - 7 相应栏内。

有些经纬仪，采用了竖盘指标自动归零装置，其原理与自动安平水准仪补偿器基本相同。当经纬仪整平后，瞄准目标，打开自动补偿器，竖盘指标即居于正确位置，从而明显提高了竖直角观测的速度和精度。

2.3.5　水平角测设

已知水平角的测设，就是在已知角顶并根据一个已知边方向，标定出另一边方向，使两方向的水平夹角等于已知水平角角值。

1. 一般方法

当测设水平角的精度要求不高时，可采用盘左、盘右分中的方法测设，如图 2 - 29 所示。设地面已知方向 OA，O 为角顶，β 为已知水平角角值，OB 为欲定的方向线。测设方法如下：

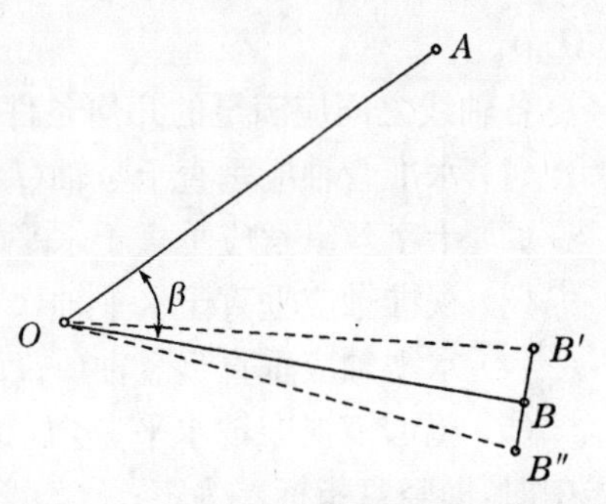

图 2 - 29　已知水平角测设的一般方法

(1) 在 O 点安置经纬仪，盘左位置瞄准 A 点，使水平度盘读数为 $0°00'00''$。

(2) 转动照准部，使水平度盘读数恰好为 β 值，在此视线上定出 B' 点。

(3) 盘右位置，重复上述步骤，再测设一次，定出 B'' 点。

(4) 取 B' 和 B'' 的中点 B，则 $\angle AOB$ 就是要测设的 β 角。

该方法称为盘左盘右分中法。

2. 精确方法

当测设精度要求较高时，可按如下步骤进行测设(图 2 - 30)：

(1) 先用一般方法测设出 B' 点。

(2) 用测回法对 $\angle AOB'$ 观测若干个测回(测回数根据要求的精度而定)，求出各测回平均值 β_1，并计算出

$$\Delta\beta = \beta - \beta_1$$

(3) 量取 OB' 的水平距离。

(4) 用式(2 - 35)计算改正距离。

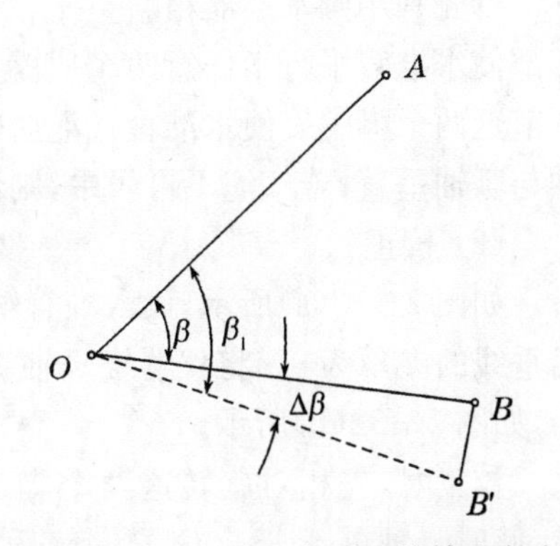

图 2 - 30　已知水平角测设的精确方法

$$BB'=OB'\tan\Delta\beta\approx OB'\frac{\Delta\beta}{\rho} \qquad (2-35)$$

式中，OB'为测站点O至放样点B'的距离；$\rho=206\,265''$。

(5) 自B'点沿OB'的垂直方向量出距离BB'，定出B点，则$\angle AOB$就是要测设的角度。

量取改正距离时如$\Delta\beta$为正，则沿OB'的垂直方向向外量取；反之向内量取。

知识拓展

当前，随着科学技术的日新月异，全站仪的智能化水平越来越高，能同时放样已知水平角和水平距离。若用全站仪放样，可自动显示需要修正的距离和移动的方向。

2.3.6 经纬仪的检验与校正

如图2-31所示，经纬仪的主要轴线有竖轴(VV_1)、横轴(HH_1)、视准轴(CC_1)和水准管轴(LL_1)。

各轴线之间应满足的几何条件有：

(1) 水准管轴应垂直于竖轴($LL_1\perp VV_1$)；

(2) 十字丝纵丝应垂直于水平轴；

(3) 视准轴应垂直于水平轴($CC_1\perp HH_1$)；

(4) 水平轴应垂直于竖轴($HH_1\perp VV_1$)；

(5) 望远镜视准轴水平、竖盘指标水准管气泡居中时，即竖盘指标差为零；

(6) 光学对点器光学垂线与仪器竖轴重合。

1. 水准管轴LL_1垂直于竖轴VV_1的检验与校正

(1) 检验

首先利用圆水准器粗略整平仪器，然后转动照准部使水准管平行于任意两个脚螺旋的连线方向，调节这两个脚螺旋使水准管气泡居中，再将仪器旋转180°，如水准管气泡仍居中，说明水准管轴与竖轴垂直；若气泡不再居中，则说明水准管轴与竖轴不垂直，需要校正。

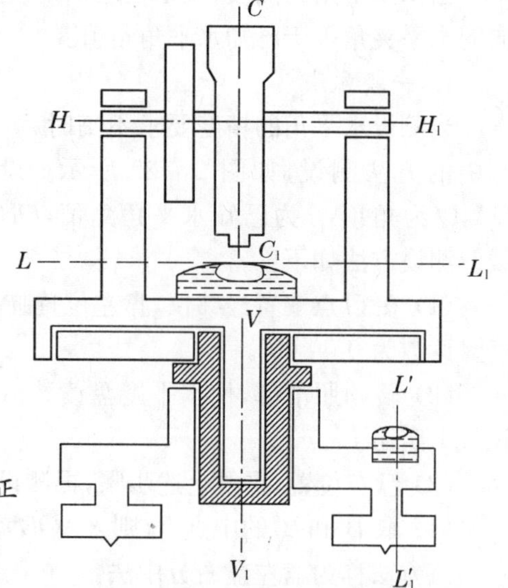

图2-31 经纬仪的主要轴线

(2) 校正

如图2-32(a)所示，设水准管轴与竖轴不垂直，倾斜了α角，当水准管气泡居中时，竖轴与铅垂线的夹角为α。将仪器绕竖轴旋转180°后，竖轴位置不变，而水准管轴与水平线的夹角为2α，如图2-32(b)所示。

校正时，先相对旋转这两个脚螺旋，使气泡向中心移动偏离值的一半，如图2-32(c)所示，此时竖轴处于竖直位置。然后用校正针拨动水准管一端的校正螺钉，使气泡居中，如图2-32(d)所示，此时水准管轴处于水平位置。

此项检验与校正比较精细，应反复进行，直至照准部旋转到任何位置，气泡偏离零点都不超过半格为止。

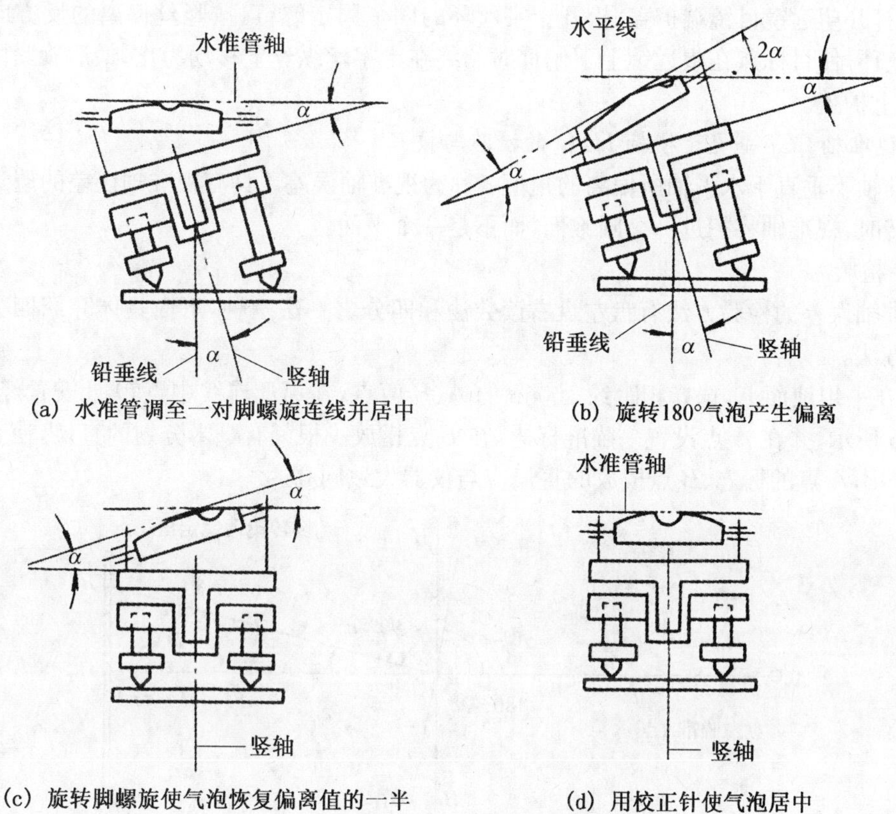

(a) 水准管调至一对脚螺旋连线并居中　　(b) 旋转180°气泡产生偏离

(c) 旋转脚螺旋使气泡恢复偏离值的一半　　(d) 用校正针使气泡居中

图 2－32　水准管轴垂直于竖轴的检验与校正

2. 十字丝纵丝垂直于水平轴的检验与校正

(1) 检验

首先整平仪器，用十字丝交点精确瞄准一明显的点状目标，如图 2－33 所示，然后制动照准部和望远镜，转动望远镜微动螺旋使望远镜绕横轴做微小俯仰，如果目标点始终在竖丝上移动，说明条件满足，如图 2－33(a)所示；否则需要校正，如图 2－33(b)所示。

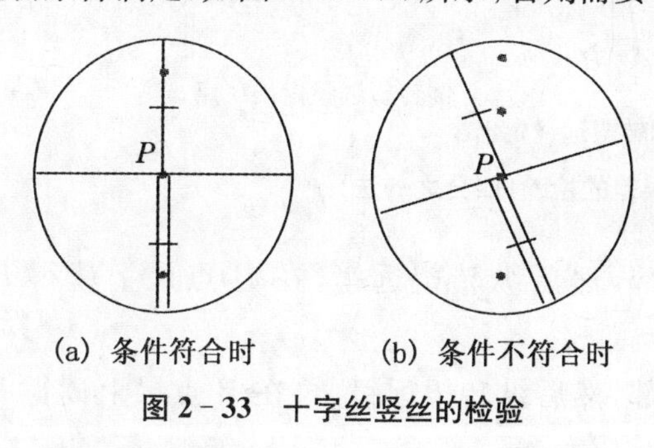

(a) 条件符合时　　(b) 条件不符合时

图 2－33　十字丝竖丝的检验

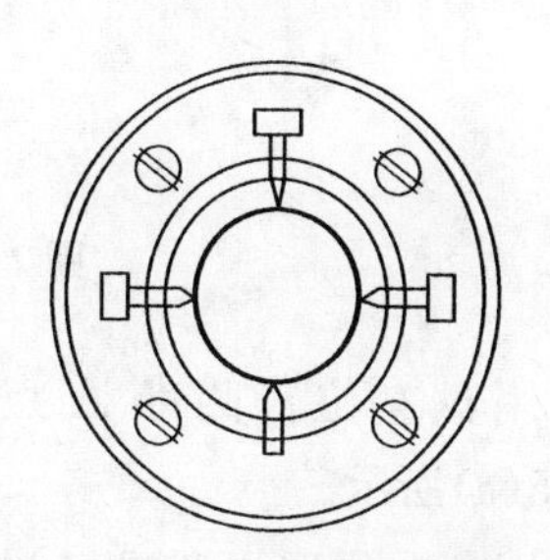

图 2－34　十字丝纵丝的校正

(2) 校正

与水准仪中横丝应垂直于竖轴的校正方法相同，此处应使纵丝竖直。如图 2-34 所示，校正时，先打开望远镜目镜端护盖，松开十字丝环的四个固定螺钉，按竖丝偏离的反方向微微转动十字丝环，使目标点在望远镜上下俯仰时始终在十字丝纵丝上移动为止，最后旋紧固定螺钉拧紧，旋上护盖。

3. 视准轴 CC_1 垂直于横轴 HH_1 的检验与校正

视准轴不垂直于水平轴所偏离的角值 c 称为视准轴误差。具有视准轴误差的望远镜绕水平轴旋转时，视准轴将扫过一个圆锥面，而不是一个平面。

(1) 检验

视准轴误差的检验方法有盘左盘右读数法和四分之一法两种，下面具体介绍四分之一法的检验方法。

① 在平坦地面上，选择相距约 100 m 的 A、B 两点，在 AB 连线中点 O 处安置经纬仪，如图 2-35 所示，并在 A 点设置一瞄准标志，在 B 点横放一根刻有毫米分划的直尺，使直尺垂直于视线 OB，A 点的标志、B 点横放的直尺应与仪器大致同高。

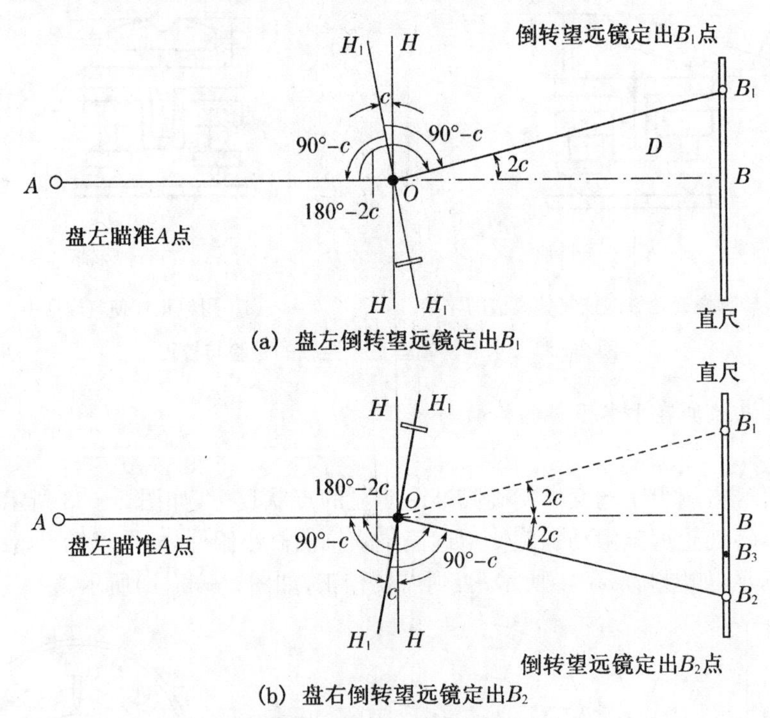

图 2-35　视准轴误差的检验(四分之一法)

② 用盘左位置瞄准 A 点，制动照准部，然后纵转望远镜，在 B 点尺上读得 B_1，如图 2-35(a)所示。

③ 用盘右位置再瞄准 A 点，制动照准部，然后纵转望远镜，再在 B 点尺上读得 B_2，如图 2-35(b)所示。

如果 B_1 与 B_2 两读数相同，说明视准轴垂直于横轴。如果 B_1 与 B_2 两读数不相同，由图 2-35(b) 可知，$\angle B_1OB_2=4c$。由此算得

$$c=\frac{B_1B_2}{4D}\rho \tag{2-36}$$

式中：D 为 O 到 B 点的水平距离(m)；B_1B_2 为 B_1 与 B_2 的读数差值(m)；ρ 为弧度秒值，$\rho=206\ 265('')$。

对于DJ6型经纬仪，如果 $c>60''$，则需要校正。

(2) 校正

校正时，在直尺上定出一点 B_3，使 $B_2B_3=B_1B_2/4$，OB_3 便与横轴垂直。打开望远镜目镜端护盖，用校正针先松十字丝上、下的十字丝校正螺钉，再拨动左右两个十字丝校正螺钉，一松一紧，左右移动十字丝分划板，直至十字丝交点对准 B_3。此项检验与校正也需反复进行。

4. 横轴 HH_1 垂直于竖轴 VV_1 的检验与校正

若横轴不垂直于竖轴，则仪器整平后竖轴虽已竖直，横轴并不水平，因而视准轴绕倾斜的横轴旋转所形成的轨迹是一个倾斜面。这样，当瞄准同一铅垂面内高度不同的目标点时，水平度盘的读数并不相同，从而产生测角误差，影响测角精度，因此必须进行检验与校正。

(1) 检验

① 在距一垂直墙面20～30 m处，安置经纬仪，整平仪器，如图2-36所示。

② 盘左位置，瞄准墙面上高处一明显目标 P，仰角宜在30°左右。

③ 固定照准部，将望远镜置于水平位置，根据十字丝交点在墙上定出一点 A。

④ 倒转望远镜成盘右位置，瞄准 P 点，固定照准部，再将望远镜置于水平位置，定出点 B。如果 A、B 两点重合，说明横轴是水平的，横轴垂直于竖轴；否则，需要校正。

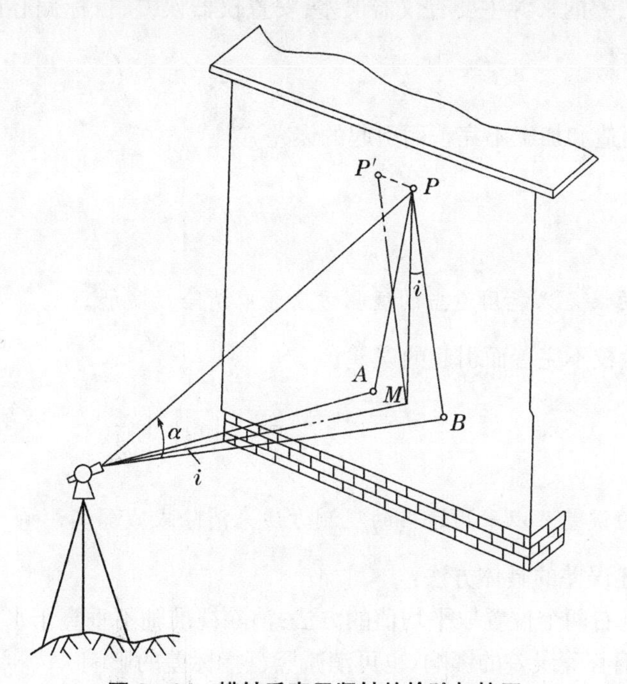

图2-36　横轴垂直于竖轴的检验与校正

(2) 校正

① 在墙上定出 A、B 两点连线的中点 M，仍以盘右位置转动水平微动螺旋，照准 M 点，转

动望远镜，仰视 P 点，这时十字丝交点必然偏离 P 点，设为 P' 点。

② 打开仪器支架的护盖，松开望远镜横轴的校正螺钉，转动偏心轴承，升高或降低横轴的一端，使十字丝交点准确照准 P 点，最后拧紧校正螺钉。

此项检验与校正也需反复进行。

由于光学经纬仪密封性好，仪器出厂时又经过严格检验，一般情况下横轴不易变动。但测量前仍应加以检验，如有问题，最好送专业修理单位检修。近代高质量的经纬仪，设计制造时保证了横轴与竖轴垂直，故无需校正。

5. 竖盘水准管的检验与校正

(1) 检验

安置经纬仪，仪器整平后，用盘左、盘右观测同一目标点 A，分别使竖盘指标水准管气泡居中，读取竖盘读数 L 和 R，用式(2-34)计算竖盘指标差 x，若 x 值超过 $1'$，则需要校正。

(2) 校正

先计算出盘右位置时竖盘的正确读数 $R_0=R-x$，原盘右位置瞄准目标 A 不动，然后转动竖盘指标水准管微动螺旋，使竖盘读数为 R_0，此时竖盘指标水准管气泡不再居中了，用校正针拨动竖盘指标水准管一端的校正螺钉，使气泡居中。

此项检校需反复进行，直至指标差小于规定的限度为止。

2.3.7 角度测量误差及注意事项

水平角测量的误差的来源主要有仪器误差、安置仪器误差、目标偏心误差、观测误差和外界条件的影响等。

1. 仪器误差

(1) 由于仪器制造和加工不完善而引起的误差

注意

此种原因造成的误差只能用适当的观测方法予以消除或减弱。

(2) 由于仪器检校不完善而引起的误差

注意

此种原因造成的误差可以采用适当的观测方法来消除或减弱其影响。

消除或减弱上述误差的具体方法：

① 采用盘左、盘右两个位置取平均值的方法：消除视准轴不垂直于水平轴、水平轴不垂直于竖轴和水平度盘偏心等误差的影响；也可消减竖盘指标差的影响。

② 采用变换度盘位置观测取平均值的方法：减弱由于水平度盘分划不均匀给测角带来的误差影响。

③ 其他：在经纬仪使用之前应严格检校，确保水准管轴垂直于竖轴；同时，要特别注意仪器的严格整平。

2. 安置仪器误差

(1) 对中误差

边长愈短,偏心距愈大,目标偏心误差对水平角观测的影响愈大;照准标志愈长、倾角愈大,偏心距愈大。观测的角值 $\beta'=180°$,偏心方向的夹角 $\theta=90°$时,误差 δ 最大。

(2) 整平误差

倾角越大,影响也越大。一般规定,在观测过程中,水准管偏离零点不得超过一格。

3. 目标偏心误差

边长愈短,偏心距愈大,目标偏心误差对水平角观测的影响愈大;同时,照准标志愈长、倾角愈大,偏心距愈大。因此,在水平角观测中,除注意把标杆立直外,还应尽量照准目标的底部。边长愈短,愈应注意。

4. 观测误差

(1) 照准误差

影响望远镜照准精度的因素主要是人眼的分辨能力,照准误差一般为 2.0″～2.4″,在观测中我们应尽量消除视差。

知识拓展

视差是眼睛在望远镜目镜端上下移动、物像也随之上下移动的现象。若存在视差,当瞄准目标后,眼睛换一个高度再观察目标,十字丝将不再对准目标。

视差是由物像没有成像在十字丝分划板上造成的。

先仔细调节目镜对光螺旋,使得十字丝达到最清晰状态,再仔细调节物镜对光螺旋,使得物像达到最清晰状态,直到眼睛在目镜端上下移动,物像不再有相对移动,即可消除视差。此知识点也适用于水准仪,见项目 2。

(2) 读数误差

读数误差主要取决于仪器的读数设备,读数时必须仔细调节读数显微镜,使度盘与测微尺分划影像清晰,也要仔细调整反光镜,使影像亮度适中,然后再仔细读数。

5. 外界条件的影响

要选择有利的观测时间和避开不利的观测条件,使这些外界条件的影响降低到较小的程度。例如选择微风多云的天气进行外业观测。

工程导入

北京奥运会、残奥会比赛场馆水立方泳池的长度误差在 1 mm 之内,鸟巢跑道的长度误差在 3 mm 之内。高水平、高精度的测量成果,确保新的世界纪录更加可靠可信。

国际田联对奥运会、残奥会主会场鸟巢跑道的长度、平整度也提出了非常高的要求。负责鸟巢测量工作的北京城建勘测院运用 3 台高精度测量机器人,在场地周边布设了 4 个高精度平面控制点,进行了场地定位、跑道划线测量等工作,将 400 m 跑道一圈周长的偏差严格控制在 3 mm 之内,远远高于国际田联提出的 20 mm 精度要求。

2.4 距离测量

2.4.1 钢尺量距

顾名思义，钢尺量距就是利用具有标准长度的钢尺直接量测两点间的距离。按丈量方法的不同，它分为一般量距和精密量距。一般量距读数至厘米，精度可达 1/3 000 左右；精密量距读数至亚毫米，精度可达 1/30 000（钢卷带尺）及 1/1 000 000（因瓦线尺）。钢尺（图 2 - 37）是最常用的丈量工具。钢尺量距的辅助工具（图 2 - 38）有测杆、测钎、锤球、弹簧测力计和温度计。

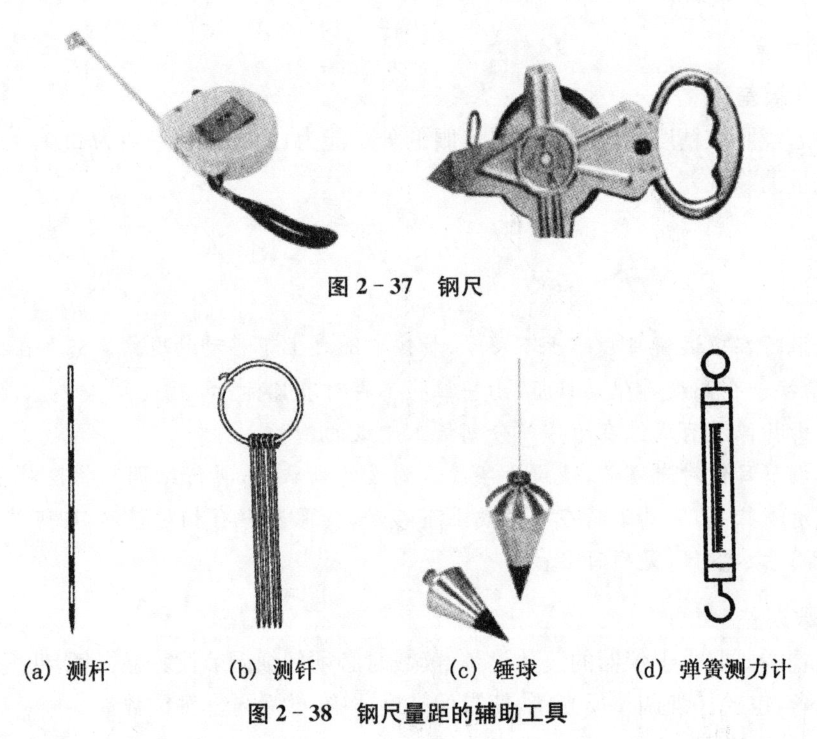

图 2 - 37　钢尺

(a) 测杆　(b) 测钎　(c) 锤球　(d) 弹簧测力计

图 2 - 38　钢尺量距的辅助工具

1. 丈量工具

(1) 钢尺

普通钢卷带尺，尺宽 10～15 mm，长度有 20 m、30 m 和 50 m 等规格，卷放在圆形盒或金属架上，故又称钢卷尺，如图 2 - 37 所示。

钢尺是钢制的带尺。钢尺的基本分划为厘米，在每米及每分米处都有数字注记，适用于一般的距离测量。钢尺的分划有几种，有以厘米为基本分划的，适用于一般量距；有的则在尺端第一分米内刻有毫米分划；也有将整尺都刻出毫米分划的。后两种适用于精密量距。较精密的钢尺，制造时有规定的温度及拉力，如在尺端刻有“30 m、20 ℃、100 N”字样，它表示在检定该钢尺时的温度为 20 ℃，拉力为 100 N，30 m 为钢尺刻线的最大注记值，通常称之为名义长度。

根据尺的零点位置不同，有端点尺和刻线尺之分。端点尺是以尺的最外端边线作为刻划的零线，当从建筑物墙边开始量距时使用很方便，如图2-39(a)所示；刻线尺是以刻在钢尺前端的"0"刻划线作为尺长的零线，在测距时可获得较高的精度，如图2-39(b)所示。由于钢尺的零线不一致，使用时必须注意钢尺的零点位置。

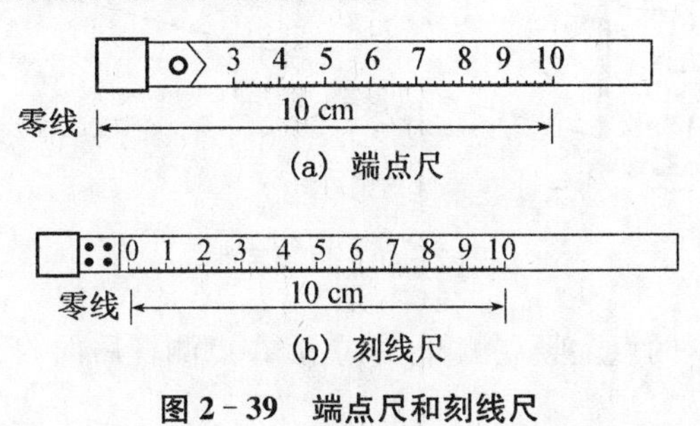

图2-39　端点尺和刻线尺

钢尺拥有抗拉强度高、不易拉伸的优点，所以量距精度较高，在工程测量中常用钢尺量距。由于其性脆、易折断、易生锈，使用时要注意避免扭折，防止受潮。

知识拓展

因瓦基线尺是用镍铁合金制成的，有线状和带状两种，尺线直径1.5 mm，长度为24 m，尺身无分划和注记，在尺两端各连一个三棱形的分划尺，长8 cm，其上最小分划为1 mm。因瓦基线尺全套由4根主尺、1根8 m(或4 m)长的辅尺组成。不用时卷放在尺箱内。

(2) 测杆

测杆多用木料或铝合金制成，直径约3 cm，全长有2 m、2.5 m及3 m等几种规格。杆上油漆成红、白相间的20 cm色段，非常醒目，测杆下端装有尖头铁脚，便于插入地面，作为照准标志。测杆在量距时用于标定直线。

(3) 测钎

测钎一般用钢筋制成，上部弯成小圆环，下部磨尖，直径3～6 mm，长度30～40 cm。钎上可用油漆涂成红、白相间的色段。通常6根或11根系成一组。量距时，将测钎插入地面，用以标定尺端点的位置，亦可作为近处目标的瞄准标志。

(4) 锤球、弹簧测力计和温度计等

锤球用金属制成，上大下尖呈圆锥形，上端中心系一细绳，悬吊后，锤球尖与细绳在同一垂线上。它常用于在斜坡上丈量水平距离时投点之用，见"平量法"。

弹簧测力计和温度计等将在精密量距中应用，见"钢尺的检定"与"钢尺的精密量距"。

2. 直线定线

水平距离测量时，当地面上两点间的距离超过一整尺长时，或地势起伏较大、一尺段无法完成丈量工作时，需要在两点的连线上标定出若干个点，这项工作称为直线定线。按精度要求的不同，直线定线有目测定线、过高地定线和经纬仪定线三种方法。

(1) 目测定线

目测定线就是用目测的方法，用标杆将直线上的分段点标定出来，如图2-40所示。

A、B两点为地面上互相通视的两点，欲在A、B两点间的直线上定出C、D等分段点。定线工作可由甲、乙两人进行。

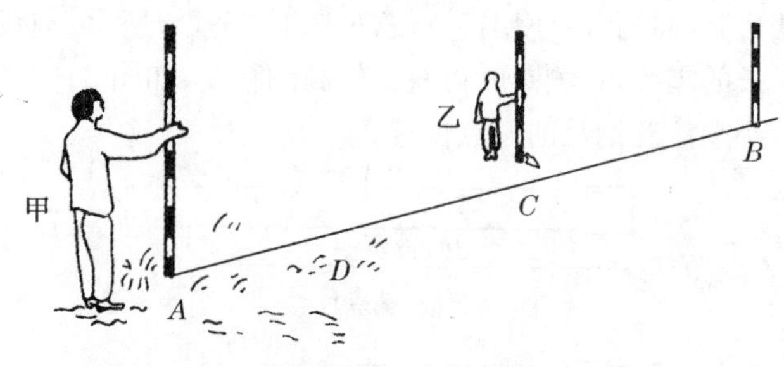

图 2-40 目测定线

① 定线时，先在 A、B 两点上竖立测杆，甲立于 A 点测杆后面约 1～2 m 处，用眼睛自 A 点测杆后面瞄准 B 点测杆。

② 乙持另一测杆沿 BA 方向走到离 B 点大约一尺段长的 C 点附近，按照甲指挥手势左右移动测杆，直到三根测杆重合为止，也就是直到测杆位于 AB 直线上为止，插下测杆（或测钎），定出 C 点。

③ 乙又带着测杆走到 D 点处，同法在 AB 直线上竖立测杆（或测钎），定出 D 点，以此类推。这种从直线远端 B 走向近端 A 的定线方法，称为走近定线。直线定线一般应采用"走近定线"。

在平坦地区，定线工作常与丈量距离同时进行，即边定线边丈量。

(2) 过高地定线

如图 2-41 所示，A、B 两点在高地的两侧，互不通视，欲在 AB 两点间标定直线，可采用逐渐趋近法。先在 A、B 两点上竖立标杆，甲乙两人各持标杆分别选择 C_1 和 D_1 处站立，要求 BD_1C_1 位于同一直线上，且甲能看到 B 点，乙能看到 A 点。可先由甲站在 C_1 处指挥乙移动至直线 C_1B 直线上的 D_1 处，然后，由站在 D_1 处的乙指挥甲移动到 AD_1 直线上的 C_2 点，要求 C_2 点能看到 B 点，这样逐渐渐进，直到 BDC 在一直线上，同时 ACD 也在一直线上，这时说明 $ACDB$ 均在同一直线上。

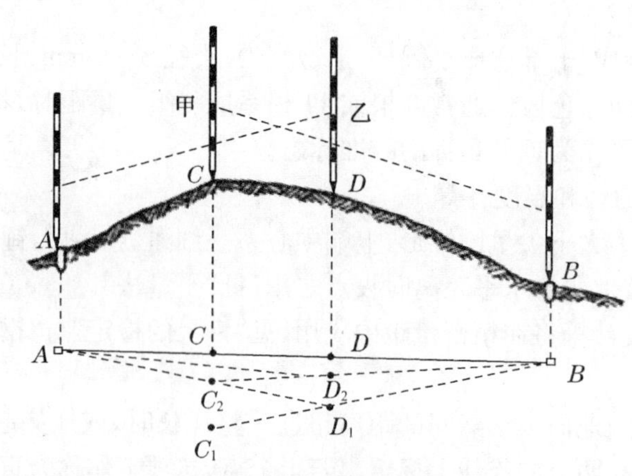

图 2-41 过高地定线

(3) 经纬仪定线

若距离的精度要求较高或两端点距离较长，宜选用经纬仪定线。

如图 2-42 所示，欲在 AB 直线上定出 1、2、3、4…，在 A 点安设经纬仪，对中、整平后，用十字丝交点瞄准 B 点标杆根部尖端，然后制动照准部，望远镜可以上下移动，并根据定点的远近进行望远镜对光，指挥标杆左右移动，直至 1 点标杆下部尖端和经纬仪竖丝重合为止。其他点 2、3、4、…的标定，只需调整望远镜的俯角变化，即可定出。

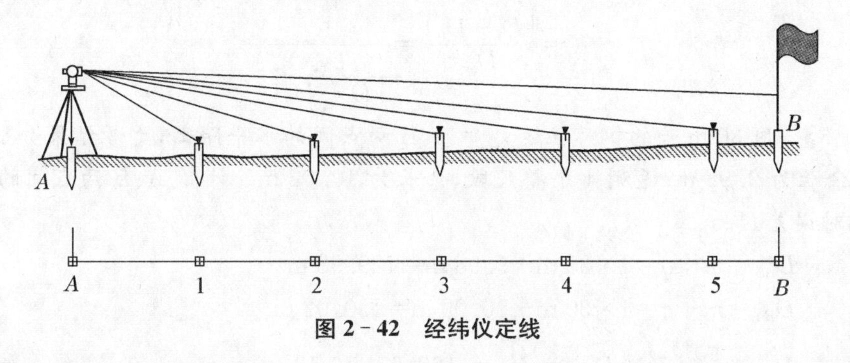

图 2-42　经纬仪定线

3. 钢尺量距的一般方法

(1) 平坦地面上的量距方法

此方法为量距的基本方法。丈量前，先将待测距离的两个端点用木桩（桩顶钉一小钉）标志出来，清除直线上的障碍物后，一般由两人在两点间边定线边丈量，具体作法如下：

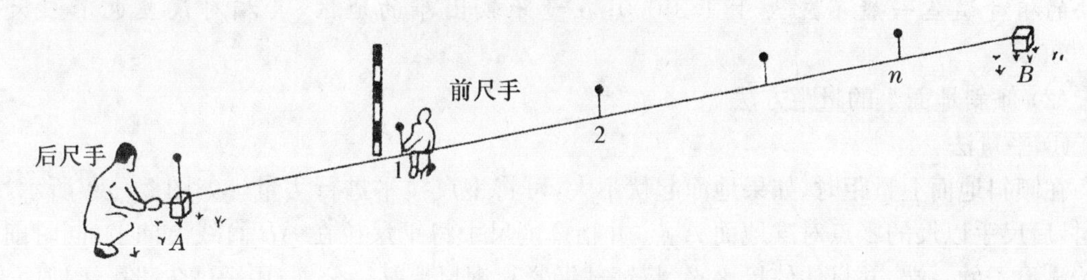

图 2-43　平坦地面上的量距

① 如图 2-43 所示，量距时，先在 A、B 两点上竖立测杆（或测钎），标定直线方向，然后后尺手持钢尺的零端位于 A 点，前尺手持尺的末端并携带一束测钎，沿 AB 方向前进，至一尺段长处停下，两人都蹲下。

② 后尺手以手势指挥前尺手将钢尺拉在 AB 直线方向上；后尺手以尺的零点对准 A 点，两人同时将钢尺拉紧、拉平、拉稳后，前尺手喊“预备”，后尺手将钢尺零点准确对准 A 点，并喊“好”，前尺手随即将测钎对准钢尺末端刻划竖直插入地面（在坚硬地面处，可用铅笔在地面画线作标记），得 1 点。这样便完成了第一尺段 $A1$ 的丈量工作。

③ 接着后尺手与前尺手共同举尺前进，后尺手走到 1 点时，即喊“停”。同法丈量第二尺段，然后后尺手拔起 1 点上的测钎。如此继续丈量下去，直至最后量出不足一整尺的余长 q。则 A、B 两点间的水平距离为

$$D_{AB}=nl+q \tag{2-37}$$

式中：n 为整尺段数（即在 A、B 两点之间所拔测钎数）；l 为钢尺长度(m)；q 为不足一整尺的余长(m)。

为了防止丈量错误和提高精度，一般还应由 B 点量至 A 点进行返测，返测时应重新进行定线。取往、返测距离的平均值作为直线 AB 最终的水平距离。

$$D_{av}=\frac{1}{2}(D_f+D_b) \tag{2-38}$$

式中：D_{av}为往、返测距离的平均值(m)；D_f为往测的距离(m)；D_b为返测的距离(m)。

量距精度通常用相对误差 K 来衡量，相对误差 K 化为分子为 1 的分数形式，即

$$K=\frac{|D_f-D_b|}{D_{av}}=\frac{1}{\frac{D_{av}}{|D_f-D_b|}} \tag{2-39}$$

【例 2-5】 用 30 m 长的钢尺往返丈量 A、B 两点间的水平距离，丈量结果分别为往测 4 个整尺段，余长为 9.98 m；返测 4 个整尺段，余长为 10.02 m。计算 A、B 两点间的水平距离 D_{AB} 及其相对误差 K。

解：

$$D_{AB}=nl+q=4\times30\text{ m}+9.98\text{ m}=129.98\text{ m}$$

$$D_{BA}=nl+q=4\times30\text{ m}+10.02\text{ m}=130.02\text{ m}$$

$$D_{av}=\frac{1}{2}(D_{AB}+D_{BA})=\frac{1}{2}\times(129.98\text{ m}+130.02\text{ m})=130.00\text{ m}$$

$$K=\frac{|D_f-D_b|}{D_{av}}=\frac{|129.98\text{ m}-130.02\text{ m}|}{130.00\text{ m}}=\frac{0.04\text{ m}}{130.00\text{ m}}=\frac{1}{3\,250}$$

相对误差分母愈大，则 K 值愈小，精度愈高；反之，精度愈低。在平坦地区，钢尺量距一般方法的相对误差一般不应大于 1/3 000；在量距较困难的地区，其相对误差也不应大于 1/1 000。

(2) 倾斜地面上的量距方法

① 平量法

在倾斜地面上量距时，如果地面起伏不大，可将钢尺拉平进行丈量。如图 2-44 所示，丈量时，后尺手以尺的零点对准地面 A 点，并指挥前尺手将钢尺拉在 AB 直线方向上，同时前尺手抬高尺子的一端，并目估使尺水平，将锤球绳紧靠钢尺上某一分划，用锤球尖投影于地面上，再插以插钎，得 1 点。此时钢尺上分划读数即为 A、1 两点间的水平距离。同法继续丈量其余各尺段。当丈量至 B 点时，应注意锤球尖必须对准 B 点。各测段丈量结果的总和就是 A、B 两点间的往测水平距离。为了方便起见，返测也应由高向低丈量。若精度符合要求，则取往返测的平均值作为最后结果。

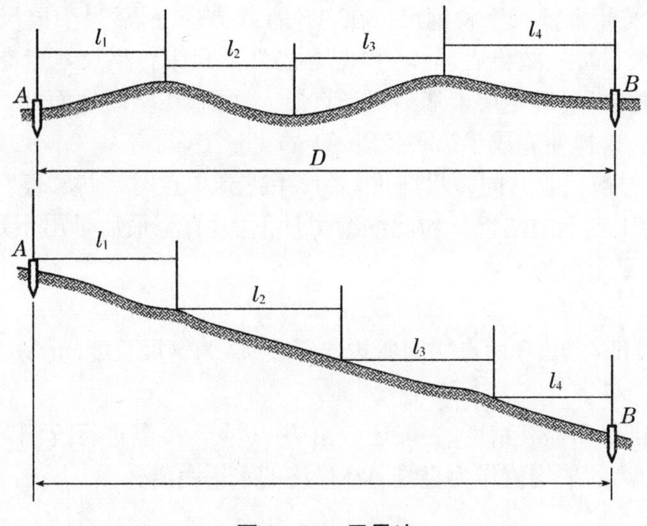

图 2-44　平量法

② 斜量法

当倾斜地面的坡度比较均匀时，如图2-45所示，可以沿倾斜地面丈量出A、B两点间的斜距L，用经纬仪测出直线AB的倾斜角α，或测量出A、B两点的高差h_{AB}，然后计算AB的水平距离D_{AB}，即

$$D_{AB}=L_{AB}\cos\alpha \tag{2-40}$$

或

$$D_{AB}=\sqrt{L_{AB}^2-h_{AB}^2} \tag{2-41}$$

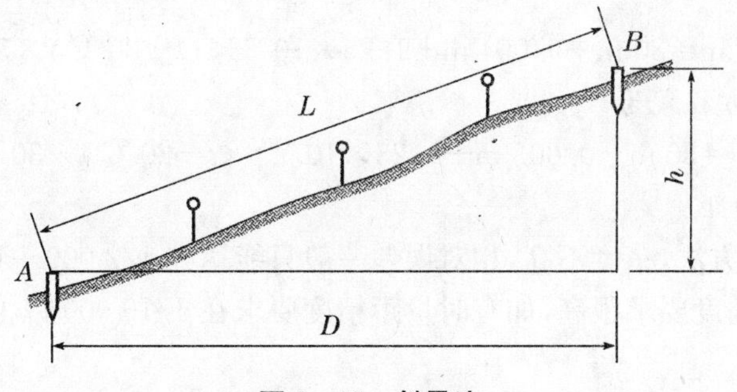

图2-45　斜量法

4. 钢尺的检定

钢尺由于材料原因、刻划误差、长期使用的变形以及丈量时温度和拉力不同的影响，其实际长度往往不等于尺上所标注的长度即名义长度。因此，量距前应对钢尺进行检定。

(1) 尺长方程式

所谓尺长方程式，指在标准拉力下钢尺实际长度与温度的函数关系。经过检定的钢尺，其长度可用尺长方程式表示，即

$$l_t=l_0+\Delta l+\alpha(t-t_0)l_0 \tag{2-42}$$

式中：l_t为钢尺在温度t时的实际长度(m)；l_0为钢尺的名义长度(m)；Δl为尺长改正数，即钢尺在温度t_0时的改正数(m)；α为钢尺的膨胀系数，一般取$\alpha=(1.15\sim1.25)\times10^{-5}$ m/℃；t_0为钢尺检定时的温度(℃)；t为钢尺使用时的温度(℃)。

式(2-42)所表示的含义：钢尺在施加标准拉力下，其实际长度等于名义长度与尺长改正数和温度改正数之和。对于30 m和50 m的钢尺，其标准拉力分别为100 N和150 N。

(2) 钢尺的检定方法

钢尺的检定方法有与标准尺比较和在测定精确长度的基线场进行比较两种方法。下面介绍与标准尺长比较的方法。

可将被检定钢尺与已有尺长方程式的标准钢尺相比较。两根钢尺并排放在平坦地面上，都施加标准拉力，并将两根钢尺的末端刻划对齐，在零分划附近读出两尺的差数。这样就能够根据标准尺的尺长方程式计算出被检定钢尺的尺长方程式。这里认为两根钢尺的膨胀系数相同。检定宜选在阴天或背阴的地方进行，使气温与钢尺温度基本一致。

【例2-6】　已知1号标准尺尺长方程式：$l_{t1}=30\text{ m}+0.004\text{ m}+1.25\times10^{-5}\times(t-20\text{ ℃})\times30\text{ m}$，被检定的2号钢尺，其名义长度也是30 m。比较时的温度为24 ℃，当两把尺子的末端刻划对齐并施加标准拉力后，2号钢尺比1号标准尺短0.007 m。试确定2号钢尺的根尺长方程式。

解：$l_{t2}=l_{t1}-0.007\ m$

$=30\ m+0.004\ m+1.25\times10^{-5}\times(24\ ℃-20\ ℃)\times30\ m-0.007\ m$

$=30\ m-0.002\ m$

故2号钢尺的尺长方程式为

$$l_{t2}=30\ m-0.002\ m+1.25\times10^{-5}\times(t-20\ ℃)\times30\ m$$

由于可以不考虑尺长改正数Δl因温度升高而引起的变化，那么2号钢尺的尺长方程式亦可这样计算：

$$l_{t2}=l_{t1}-0.007\ m=30\ m+0.004\ m+1.25\times10^{-5}\times(t-20\ ℃)\times30\ m-0.007\ m$$

2号钢尺的尺长方程式为

$$l_{t2}=30\ m-0.003\ m+1.25\times10^{-5}\times(t-20\ ℃)\times30\ m$$

5. 钢尺的精密量距

钢尺量距的一般方法，精度不高，相对误差一般只能达到1/2 000～1/5 000。但在实际测量工作中，有时量距精度要求很高，如有时量距精度要求在1/10 000以上，这时应采用钢尺量距的精密方法。

(1) 精密量距的基本知识

① 尺长改正

由于钢尺的名义长度和实际长度不一致，丈量时就会产生误差。钢尺在标准拉力、标准温度下的检定长度l与钢尺的名义长度l_0一般不相等，其差数Δl为整尺段的尺长改正数。

$$\Delta l=l-l_0$$

任一丈量长度l的尺长改正数为

$$\Delta l_d=\frac{\Delta l}{l_0}l \tag{2-43}$$

钢尺的实长大于名义长度时，尺长改正数为正，反之为负。

② 温度改正

钢尺长度受温度的影响会伸缩。钢尺量距时的温度和标准温度不同而引起的尺长变化进行距离改正称温度改正。一般钢尺的线膨胀系数采用$\alpha=(1.15\sim1.25)\times10^{-5}\ m/℃$，表示钢尺温度每变化1 ℃时，每1米钢尺将变化0.000 012 5 m。当量距时的温度t与检定钢尺时的温度t_0不一致时，需进行温度改正，其公式为

$$\Delta l_t=\alpha(t-t_0)l \tag{2-44}$$

式中α为钢尺的线膨胀系数。

③ 倾斜改正

如图2-46所示，设l为量得的斜距，h为距离两端点间的高差，要将l改算成平距d，需加入倾斜改正Δl_h，即

$$\Delta l_h=d-l=\sqrt{l^2-h^2}-l=l\left[\left(1-\frac{h^2}{l^2}\right)^{1/2}-1\right]$$

将$\left(1-\frac{h^2}{l^2}\right)^{1/2}$展成级数，并顾及$h$与$l$之比值很小，则有

$$\Delta l_h=-\frac{h^2}{2l} \tag{2-45}$$

倾斜改正数永为非正值。

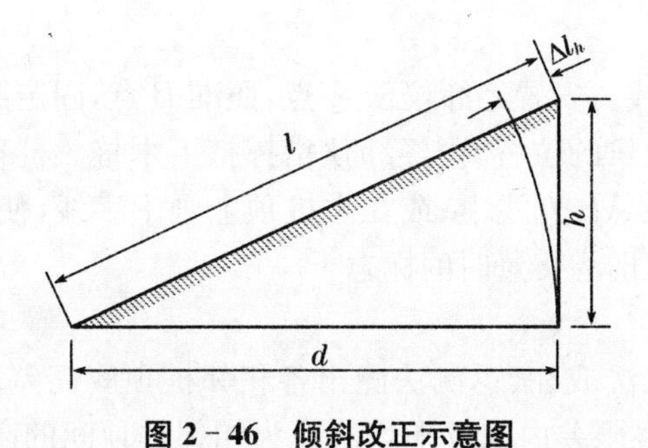

图 2-46　倾斜改正示意图

④ 计算全长

总长计算:经三项改正后的平距为

$$d=l+\Delta l_d+\Delta l_t+\Delta l_h \tag{2-46}$$

【例 2-7】 某尺段实测距离为 29.865 5 m,量距所用钢尺的尺长方程式为 $l=30+0.005+0.000\,012\,5\times30(t-20\ ℃)$m,丈量时温度为 30 ℃,所测高差为 0.238 m。求水平距离。

解:方法 1

① 尺长改正

$$\Delta l_d=\frac{0.005}{30}\times29.865\,5\approx0.005\,0(\mathrm{m})$$

② 温度改正

$$\Delta l_d=0.000\,012\,5\times(30-20)\times29.865\,5\approx0.003\,7(\mathrm{m})$$

③ 倾斜改正

$$\Delta l_h=-\frac{0.238^2}{2\times29.865\,5}\approx-0.000\,9(\mathrm{m})$$

④ 水平距离为

$$d=29.865\,5+0.005\,0+0.003\,7-0.000\,9=29.873\,3(\mathrm{m})$$

方法 2

① 由尺长方程算出在 30 ℃时整尺(30 m)经尺长温度改正后的长度

$$l'=30+0.005+0.000\,012\,5\times30\times(30-20)\approx30.008\,8(\mathrm{m})$$

② 经尺长温度改正后的实测距离长度

$$l=\frac{30.008\,8}{30}\times29.865\,5\approx29.874\,3(\mathrm{m})$$

③ 加倾斜改正后的水平距离

$$d=l+\Delta l_h=29.874\,3-0.000\,9=29.873\,4(\mathrm{m})$$

(2) 精密量距的操作方法

① 准备工作

包括清理场地、直线定线和测桩顶间高差。

(A) 清理场地

在欲丈量的两点方向线上,清除影响丈量的障碍物,必要时要适当平整场地,使钢尺在每一尺段中不致因地面障碍物而产生挠曲。

(B) 直线定线

精密量距用经纬仪定线。安置经纬仪于 A 点，照准 B 点，固定照准部，沿 AB 方向用钢尺进行概量，按稍短于一尺段长的位置，由经纬仪指挥打下木桩。桩顶高出地面 10～20 cm，并在桩顶钉一小钉，使小钉在 AB 直线上；或在木桩顶上画十字线，使十字线其中的一条在 AB 直线上，小钉或十字线交点即为丈量时的标志。

(C) 测桩顶间高差

利用水准仪，用双面尺法或往、返测法测出各相邻桩顶间高差。所测相邻桩顶间高差之差，一般不超过±10 mm，在限差内取其平均值作为相邻桩顶间的高差，以便将沿桩顶丈量的倾斜距离改算成水平距离。

② 外业丈量

两人拉尺，两人读数，一人测温度兼记录，共 5 人。

丈量时，后尺手挂弹簧测力计于钢尺的零端，前尺手执尺子的末端，两人同时拉紧钢尺，把钢尺有刻划的一侧贴切于木桩顶十字线的交点，达到标准拉力时，由后尺手发出“预备”口令，两人拉稳尺子，由前尺手喊“好”。在此瞬间，前、后读尺员同时读取读数，估读至 0.5 mm，记录员依次记入，并计算尺段长度。前、后移动钢尺一段距离，同法再次丈量。每一尺段测三次，读三组读数，由三组读数算得的长度之差要求不超过 2 mm，否则应重测。如在限差之内，取三次结果的平均值，作为该尺段的观测结果。同时，每一尺段测量应记录温度一次，估读至 0.5 ℃。如此继续丈量至终点，即完成往测工作。完成往测后，应立即进行返测。

③ 成果计算

将每一尺段丈量结果经过尺长改正、温度改正和倾斜改正改算成水平距离，并求总和，得到直线往测、返测的全长。往、返测较差符合精度要求后，取往、返测结果的平均值作为最后成果。

【例 2－8】 如表 2－8 所示，已知钢尺的名义长度 $l_0=30$ m，实际长度 $l'=30.005$ m，检定钢尺时温度 $t_0=20$ ℃，钢尺的膨胀系数 $\alpha=1.25\times10^{-5}$。A～1 尺段，$l=29.3930$ m，$t=25.5$ ℃，$h_{AB}=+0.36$ m。计算尺段改正后的水平距离。

表 2－8　精密量距记录计算表

钢尺号码：No. 12　　钢尺膨胀系数：1.25×10^{-5}　　钢尺检定时温度 t_0：20 ℃
钢尺名义长度 l_0：30 m　　钢尺检定长度 l'：30.005 m　　钢尺检定时拉力：100 N

尺段编号	实测次数	前尺读数/m	后尺读数/m	尺段长度/m	温度/℃	高差/m	温度改正数/mm	倾斜改正数/mm	尺长改正数/mm	改正后尺段长/m
A～1	1	29.435 0	0.041 0	29.394 0	+25.5	+0.36	+2.0	−2.2	+4.9	29.397 7
	2	510	580	930						
	3	025	105	920						
	平均			29.393 0						

(续表)

钢尺号码：No. 12　　钢尺膨胀系数：1.25×10^{-5}　　钢尺检定时温度 t_0：20 ℃

钢尺名义长度 l_0：30 m　　钢尺检定长度 l'：30.005 m　　钢尺检定时拉力：100 N

尺段编号	实测次数	前尺读数/m	后尺读数/m	尺段长度/m	温度/℃	高差/m	温度改正数/mm	倾斜改正数/mm	尺长改正数/mm	改正后尺段长/m
1～2	1	29.936 0	0.070 0	29.866 0	+26.0	+0.25	+2.2	−1.0	+5.0	29.871 4
	2	400	755	645						
	3	500	850	650						
	平均			29.865 2						
2～3	1	29.923 0	0.017 5	29.905 5	+26.5	−0.66	+2.3	−7.3	+5.0	29.905 7
	2	300	250	050						
	3	380	315	065						
	平均			299 057						
3～4	1	29.925 3	0.018 5	29.905 0	+27.0	−0.54	+2.5	−4.9	+5.0	29.908 3
	2	305	255	050						
	3	380	310	070						
	平均			29.905 7						
4～B	1	15.975 5	0.076 5	15.899 0	+27.5	+0.42	+1.4	−5.5	+2.6	15.897 5
	2	540	555	985						
	3	805	810	995						
	平均			15.899 0						
总和				134.968 6			+10.3	−20.9	+22.5	134.980 5

解：以 A～1 尺段为例计算。

$$l=29.393\,0\text{ m},t=25.5\text{ ℃},h_{AB}=+0.36\text{ m},$$

$$\Delta l=l'-l_0=30.005\text{ m}-30\text{ m}=+0.005\text{ m}$$

$$\Delta l_d=\frac{\Delta l}{l_0}l=\frac{+0.005\text{ m}}{30\text{ m}}\times29.393\,0\text{ m}\approx+0.004\,9\text{ m}=+4.9\text{ mm}$$

$$\Delta l_t=\alpha(t-t_0)l=1.25\times10^{-5}\times(25.5\text{ ℃}-20\text{ ℃})\times29.3930\text{ m}\approx+0.002\,0\text{ m}=+2.0\text{ mm}$$

$$\Delta l_h=-\frac{h^2}{2l}=-\frac{(+0.36\text{ m})^2}{2\times29.393\,0\text{ m}}\approx-0.002\,2\text{ m}=-2.2\text{ mm}$$

$$D_{A1}=l+\Delta l_d+\Delta l_t+\Delta l_h=29.393\,0\text{ m}+0.004\,9\text{ m}+0.002\,0\text{ m}+(-0.002\,2\text{ m})$$
$$=29.397\,7\text{ m}$$

计算全长：

将各个尺段改正后的水平距离相加，便得到直线 AB 的往测水平距离。如表 2－8 中往测的水平距离 D_f 为

$$D_f=134.980\,5\text{ m}$$

同样，按返测记录，计算出返测的水平距离 D_b 为

$$D_b = 134.986\,8 \text{ m}$$

取平均值作为直线 AB 的水平距离 D_{AB} 为

$$D_{AB} \approx 134.983\,7 \text{ m}$$

其相对误差为

$$K = \frac{|D_f - D_b|}{D_{av}} = \frac{|134.980\,5 \text{ m} - 134.986\,8 \text{ m}|}{134.983\,7 \text{ m}} \approx \frac{1}{21\,000}$$

相对误差如果在限差以内，则取其平均值作为最后成果。若相对误差超限，应返工重测。

6. 钢尺量距的误差及注意事项

(1) 尺长误差

钢尺的名义长度和实际长度不符，产生尺长误差。尺长误差是积累性的，它与所量距离成正比。

(2) 定线误差

丈量时钢尺偏离定线方向，将使测线成为一折线，导致丈量结果偏大，这种误差称为定线误差。

(3) 拉力误差

钢尺有弹性，受拉会伸长。钢尺在丈量时所受拉力应与检定时拉力相同。如果弹簧测力计拉力变化±2.6 kg(gf)，尺长将改变±1 mm。一般量距时，只要保持拉力均匀即可。精密量距时，必须使用弹簧测力计。

(4) 钢尺垂曲误差

钢尺悬空丈量时中间下垂，称为垂曲，由此产生的误差为钢尺垂曲误差。垂曲误差会使量得的长度大于实际长度，故在钢尺检定时，亦可按悬空情况检定，得出相应的尺长方程式。在成果整理时，按此尺长方程式进行尺长改正。

(5) 钢尺不水平的误差

用平量法丈量时，钢尺不水平，会使所量距离增大。对于 30 m 的钢尺，如果目估尺子水平误差为 0.5 m(倾角约 1°)，由此产生的量距误差为 4 mm。因此，用平量法丈量时应尽可能使钢尺水平。精密量距时，测出尺段两端点的高差，进行倾斜改正，可消除钢尺不水平的影响。

(6) 丈量误差

钢尺端点对不准、测钎插不准、尺子读数不准等引起的误差都属于丈量误差，这种误差对丈量结果的影响可正可负，大小不定。在量距时应尽量认真操作，以减小丈量误差。

(7) 温度改正

钢尺的长度随温度变化，丈量时温度与检定钢尺时温度不一致，或测定的空气温度与钢尺温度相差较大，都会产生温度误差。所以，精度要求较高的丈量，应进行温度改正，并尽可能用点温计测定尺温，或尽可能在阴天进行，以减小空气温度与钢尺温度的差值。

综上所述，精密量距时，除经纬仪定线、用弹簧测力计控制拉力外，还需进行尺长、温度和倾斜改正。而一般量距可不考虑上述各项改正。但当尺长改正数较大或丈量时的温度与标准温度之差大于 8 ℃时进行单项改正，此类误差用一根尺往返丈量发现不了。另外，尺子拉平不容易做到，丈量时可以手持一悬挂锤球，抬高或降低尺子的一端，尺上读数最小的位置就是尺子水平时的位置，并用锤球进行投点及对点。

2.4.2　视距测量

视距测量是利用经纬仪、水准仪的望远镜内十字丝分划板上的视距丝在视距尺(水准尺)上读数，根据光学和几何学原理，同时测定仪器到地面点的水平距离和高差的一种方法。这种方法具有操作简便、速度快、不受地面起伏变化的影响的优点，被广泛应用于碎部测量中。

1. 视距测量原理

进行视距测量，要用到视距丝和视距尺。视距丝(图2-47)，即望远镜内十字丝分划板上的上下两根短丝，它与中丝平行且等距离。视距尺是有刻划的尺子，和水准尺基本相同。

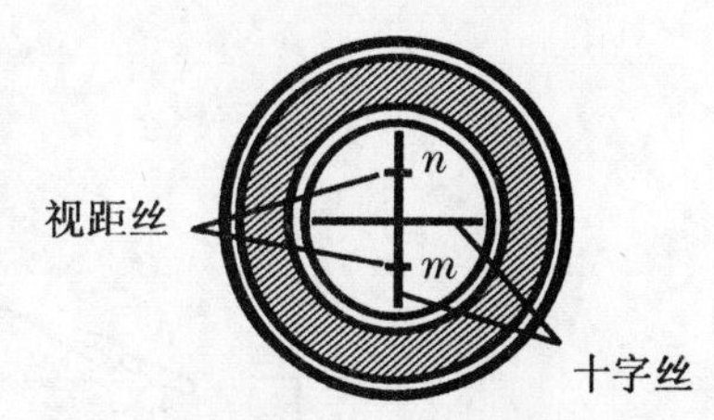

图2-47　视距丝

(1) 视线水平时的距离与高差公式

如图2-48所示，欲测定A、B两点间的水平距离D及高差h，可在A点安置经纬仪，B点立视距尺。设望远镜视线水平，瞄准B点视距尺，此时视线与视距尺垂直，求得上、下视距丝读数之差。上、下视距丝读数之差称为视距间隔或尺间隔。求A、B两点间距离D及高差h。

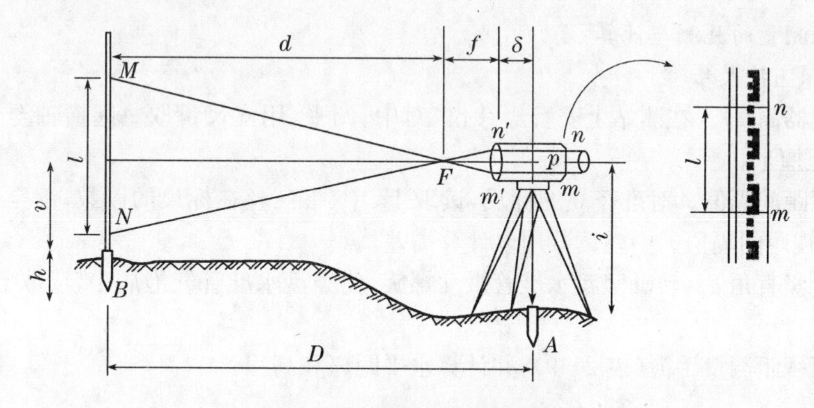

图2-48　视距水平测量原理

根据相似三角形原理，可以得到

$$D=d+f+\delta=\frac{f}{p}l+f+\delta$$

令$K=f/p$，$c=f+\delta$，则有

$$D=Kl+c \tag{2-47}$$

式中：K为视距乘常数，通常$K=100$；c为视距加常数，常数c值接近零。

$$h=i-v \tag{2-48}$$

式中：i为仪器高(m)；v为十字丝中丝在视距尺上的读数，即中丝读数(m)。

在地面起伏较大的地区进行视距测量的，必须使视线倾斜才能读取视距间隔。由于视线不垂直于视距尺，故不能直接应用上述公式。

(2) 视线倾斜时计算水平距离和高差的公式

如图2-49所示，A、B两点间的水平距离和高差分别为

$$D=Kl\cos^2\alpha \tag{2-49}$$

$$h=h'+i-s \tag{2-50}$$

$$h'=D'\sin\alpha=Kl\cos\alpha\sin\alpha=\frac{1}{2}Kl\sin 2\alpha \tag{2-51}$$

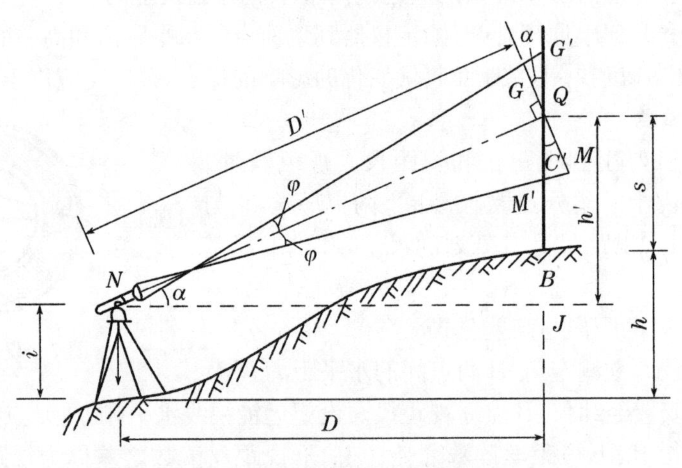

图 2-49 视距倾斜测量原理

2. 视距测量的施测与计算

(1) 测量方法及步骤

① 量仪器高(i)。在测站上安置经纬仪，对中、调平，用皮尺量取一起横轴至地面点的铅垂距离，取至厘米。

② 求视距间隔值。对准竖立的标尺，读取上、中、下三丝在标尺的读数，读至毫米。上下丝相减求得视距间隔值。中丝读数用以计算高差。

③ 测量竖直角 α。转动竖盘水准管微动螺旋，使竖盘水准管气泡居中，读取竖盘读数，并计算 α。

④ 填写视距测量手簿(表 2-9)，并计算水平距离和高程。

表 2-9 经纬仪普通视距测量手簿

仪器型号________ 测站________ 测站高程________ 仪器高________

测点	下丝读数 上丝读数 尺间隔/m	中丝读数/m	竖盘读数	竖直角	水平距离/m	高差/m	高程/m	备注

观测者________ 记录者________ 日期________

(2) 视距测量的施测和计算

① 视距测量的施测

(A) 在 A 点安置经纬仪，量取仪器高，在 B 点竖立视距尺。

(B) 盘左(或盘右)位置，转动照准部瞄准 B 点视距尺，分别读取上、下、中三丝读数，并算出尺间隔 l。

(C) 转动竖盘指标水准管微动螺旋,使竖盘指标水准管气泡居中,读取竖盘读数,并计算垂直角 α。填写视距测量记录与计算手簿(如表 2-10)。

表 2-10　视距测量记录与计算手簿

测站:A　　　测站高程:+45.37 m　　　仪器高:1.45 m　　　仪器:DJ6

测点	下丝读数 上丝读数 尺间隔 L/m	中丝读数 v/m	竖盘读数 L	垂直角 α	水平距离 D/m	除算高差 h'/m	高差 h/m	高程 H/m	备注
1	2.237 0.663 1.574	1.45	87°41′12″	+2°18′48″	157.14	+6.35	6.35	+51.72	

② 视距测量的计算

【例 2-9】 以"视距测量记录"表中的已知数据和测点 1 的观测数据为例,计算 A、1 两点间的水平距离和 1 点的高程。

解:

$$D_{A1}=Kl\cos^2\alpha=100\times1.574\ \text{m}\times[\cos(+2°18'48'')]^2\approx157.14\ \text{m}$$

$$h'=\frac{1}{2}Kl\sin2\alpha=\frac{1}{2}\times100\times1.574\ \text{m}\times\sin[2\times(2°18'48'')]\approx+6.35\ \text{m}$$

$$h_{A1}=h'+i-v=6.35\ \text{m}+1.45\ \text{m}-1.45\ \text{m}=+6.35\ \text{m}$$

$$H_1=H_A+h_{A1}=45.37\ \text{m}+6.35\ \text{m}=+51.72\ \text{m}$$

3. 视距测量的误差来源及消减方法

(1) 用视距丝读取尺间隔的误差

读取视距尺间隔的误差是视距测量误差的主要来源,因为视距尺间隔乘以常数 $K=100$,其误差也随之扩大 100 倍。读数时注意消除视差,认真读取视距尺间隔。

(2) 垂直角测定误差

从视距测量原理可知垂直角误差对于水平距离影响不显著,而对高差影响较大,故用视距测量方法测定高差时应注意准确测定垂直角。

(3) 标尺倾斜误差

标尺立不直,前后倾斜时将给视距测量带来较大误差,其影响随着尺子倾斜度和地面坡度的增加而增加。标尺必须严格铅直(尺上应有水准器),特别是在山区作业时。

(4) 外界条件的影响

① 大气垂直折光影响。

② 空气对流使成像不稳定产生的影响。

4. 视距测量注意事项

(1) 为减少垂直折光的影响,观测时应尽可能使视线离地面 1 米以上。

(2) 作业时,要将视距尺垂直,并尽量采用带有水准器的视距尺。

(3) 严格测定视距乘常数,K 值应在 100±0.1 之内,否则应改正。

(4) 视距尺一般应是厘米刻划的整体尺,如果采用塔尺,应注意检查各节尺的接头是否准确。

(5) 要在成像稳定的情况下进行观测。

2.4.3 光电测距

电磁波测距一般采用光波(可见光或红外光)作为载波,因此又称为光电测距,是以光和电子技术测量距离。

光电测距具有测程远、精度高、受地形影响小、作业效率高的优点。

1. 光电测距的分类

(1) 按载波分,可分为微波测距仪、激光测距仪、红外测距仪。

(2) 按测程分,可分为短程光电测距仪(5 km以内)、中程光电测距仪(5～15 km)、远程光电测距仪(大于15 km)。

(3) 按测距精度分,可分为Ⅰ级($|m_D|\leqslant 5$ mm)、Ⅱ级(5 mm$<|m_D|\leqslant 10$ mm)、Ⅲ级($|m_D|>10$ mm),m_D为1 km测距时的中误差。

2. 光电测距原理

(1) 脉冲法测距

直接测定光脉冲在测线两端往返传播的时间t,求出距离D的方法。用电磁波(光波或微波)作为载波传输测距信号,通过测定电磁波(无线电波或光波)在测线两端点间往返传播的时间,按下列公式算出距离D:

$$D=\frac{1}{2}\cdot C\cdot t \tag{2-52}$$

式中:$C=\frac{C_0}{n}$,C_0为光在真空中的速度,n为大气的折射率;t为发射脉冲与接收脉冲的时间差。

(2) 相位法测距

测定内、外光路的相位差,间接测定光波传输时间,从而计算距离。其实质是利用测定光波的相位移φ来代替测定电磁波在测线两端点间往返传播的时间t_{2D},以实现距离的测量。

相位法光电测距通过测量调制光波在测线上往返传播所产生的相位移,测定调制波长的相对值来求出距离D。仪器的基本工作原理可用方框图2-50来说明。

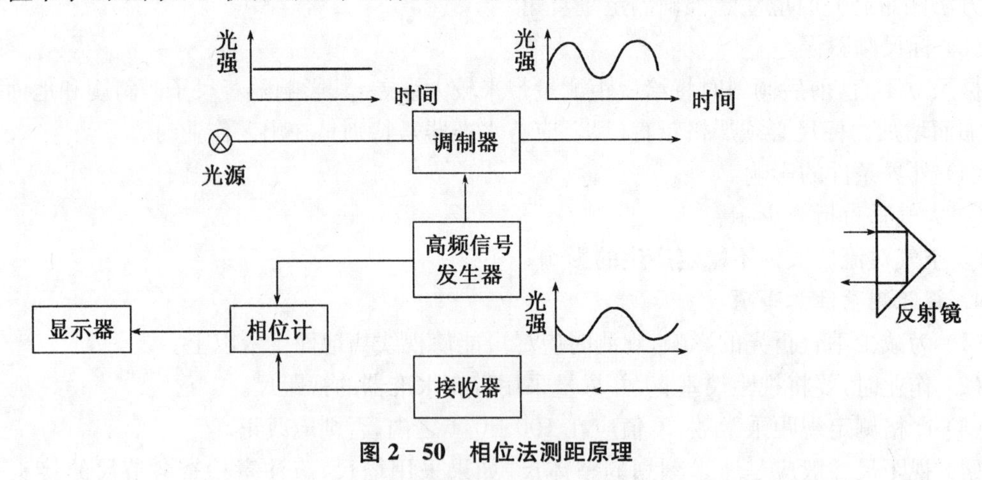

图2-50 相位法测距原理

由光源发出的光通过调制器后成为调制光波，射向测线另一端的反射镜。经反射镜反射后被接收器所接收，然后由相位计将发射信号（又称参考信号）与接收信号（又称测距信号）进行相位比较，并由显示器显示出调制光在被测距离上往返传播所引起的相位移 φ，根据 φ 可推算出时间 t，从而计算距离。如果将调制光波的往程和返程摊平，则有如图 2-51 所示的波形。

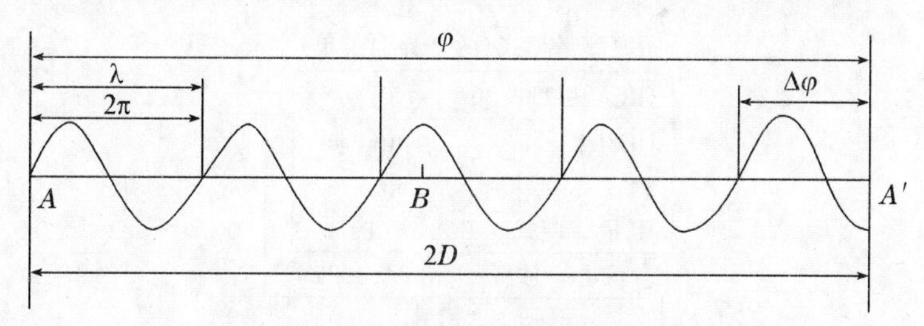

图 2-51　相位法测距波形图

设测距仪在 A 点发出的调制光被 B 点反光镜反射后，又回到 A 点所经过的时间为 t。设 AB 距离为 D，调制光来回经过 $2D$ 的路程，调制光的周期为 2π，它的波长为 λ，接收时的相位比发射时的相位延迟了 φ，波的个数为 $\varphi/2\pi$，它必然包含整波 N 及尾数 ΔN 数，则

设测距信号频率为 f，则周期 $T=1/f$，角频率 $\omega=2\pi f$，调制光波长为 $\lambda=CT=\dfrac{C}{f}$，$\varphi=\omega t=2\pi ft$，$t=\dfrac{\varphi}{2\pi f}=\dfrac{2\pi N+\Delta\varphi}{2\pi f}$。

代入电磁波测距基本公式，得

$$D=\frac{1}{2}Ct=\frac{C}{2}\left(\frac{2\pi N+\Delta\varphi}{2\pi f}\right)=\frac{C}{2f}\left(N+\frac{\Delta\varphi}{2\pi}\right)=\frac{\lambda}{2}(N+\Delta N) \tag{2-53}$$

$$2D=\lambda\frac{\varphi}{2\pi}=\lambda(N+\Delta N)$$

式中：N 为整尺长；ΔN 为余尺长；$\dfrac{\lambda}{2}$ 称为光尺长，相当于测尺长，令其等于 LS，则 $D=LS(N+\Delta N)$。

利用相位器可测定 $\Delta\varphi$，但不能求得“整周数 N”。因此，只可以求得“余长”，而不能求得整长。

可见，要使 $N=0$，则必须选用较长的测尺，即较低的调制频率（或称测尺频率）。为了解决扩大测程与提高精度的矛盾，可以采用一组测尺配合测距，以短测尺（又称精测尺）保证精度，用长测尺（又称粗测尺）保证测程。

如果用两个频率的波（两个不同的电子尺）进行测量，一个（粗尺1 000 米）用来测量距离的大数，另一个（精尺 10 米）用于精确测量距离的尾数，如果需要还可以用更多的频率测量。因此，需要用“精尺”和“粗尺”来测定，即用几个不同波长的电磁波（调制波）测量同一段距离，这样可以既扩大测程又保持精度。例如，所测距离为 646. 321 m，由精尺测得 6. 321 m，粗尺测得 640 m。

3. 全站仪距离测量

全站仪内置的测距仪大都采用相位式红外测距仪。在进行距离测量前通常需要确认大气改正的设置和棱镜常数的设置，再进行距离测量。

距离测量可设为单次测量和 N 次测量。距离测量可区分为三种测量模式：精测模式(最小显示单位 1 mm)、粗测模式(最小显示单位 10 mm)、跟踪模式(用于观测移动目标，最小显示单位为 10 mm)。全站仪距离测量模式两页主界面菜单如图 2-52 所示，全站仪距离测量界面菜单说明如图 2-53 所示。

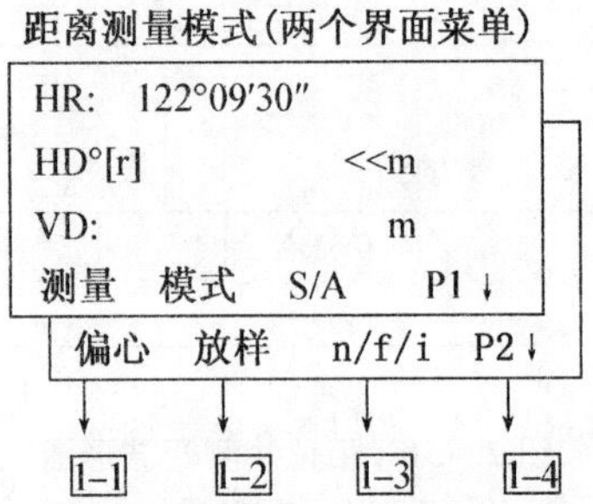

距离测量模式(两个界面菜单)

HR: 122°09′30″
HD°[r] <<m
VD: m
测量 模式 S/A P1↓
偏心 放样 n/f/i P2↓

1-1 1-2 1-3 1-4

图 2-52 全站仪距离测量模式主界面

页安生	软键	显示符号	功能
第 1 页 (P1)	F1	测量	启动距离测量
	F2	模式	设置测距模式为精测/跟踪/……
	F3	S/A	温度、气压、棱镜常数等设置
	F4	P1↓	显示第 2 页软键功能
第 2 页 (P2)	F1	偏心	偏心测量模式
	F2	放样	距离放样模式
	F3	m/f/i	距离单位的设置 米/英尺/英寸
	F4	P2↓	显示第 1 页软键功能

图 2-53 全站仪距离测量界面菜单

4. D3030E 红外光电测距仪

(1) 光电测距技术指标

① 测距误差

(A) 光电测距的误差

光电测距的误差主要有三种：固定误差、比例误差及周期误差。

固定误差：它与被测距离无关，主要包括仪器对中误差、仪器加常数测定误差及测相误差。测相误差主要有数字测相系统误差、照准误差和幅相误差。

比例误差：它与被测距离成正比，主要包括大气折射率的误差，在测线一端或两端测定的气象因素不能完全代表整个测线上的平均气象因素；调制光频率测定误差，调制光频率决定测尺的长度。

周期误差：由于送到仪器内部数字检相器的不仅有测距信号，还有仪器内部的窜扰信号，而测距信号的相位随距离值在0～360°内变化，因而合成信号的相位误差大小也以测尺为周期而变化，故称周期误差。

(B) 测距仪的标称精度公式

$$m_D = \pm(a + b \cdot D) \tag{2-54}$$

式中：a 为固定误差，以 mm 为单位；b 为比例误差，以 mm/km 为单位；D 是以 km 为单位的距离。或写成：

$$m_D = \pm(a + b\ \text{ppm} \cdot D) \tag{2-55}$$

式中：ppm 为百万分之一，即 10^{-6}。例如，某测距仪精度公式为 $m_D = \pm(5\ \text{mm} + 5\ \text{ppm} \cdot D)$，则表示该仪器的固定误差为 5 mm，比例误差为 5×10^{-6}。若用此仪器测定 1 km 距离，其误差为 $m_D = \pm(5\ \text{mm} + 5\times10^{-6}\times1\ \text{km}) = \pm10\ \text{mm}$。

(C) 仪器系统误差改正

由光电测距仪或全站仪测定的距离，需进行仪器系统误差改正、气象改正、倾斜改正。仪器系统误差改正一般包括加常数改正、乘常数改正。

将测距仪进行检定，可以得到测距仪的乘常数和加常数。乘常数改正的计算公式是

$$\Delta S_f = S' \times \frac{f_1 - f_1'}{f_1} \tag{2-56}$$

(D) 气象改正

$$\Delta S_{tp} = \left(278 - \frac{0.386p}{1 + 0.0037t}\right)S' \tag{2-57}$$

(E) 倾斜改正

$$D = S \cdot \cos\alpha \tag{2-58}$$

② 测程

在满足测距精度的条件下测距仪可能测得的最大距离称为测程。一台测距仪的实际测程与大气状况及反射器棱镜数有关。

③ 测尺频率

一般的红外测距仪设有2～3个测尺频率，其中有一个是精测频率，其余是粗测频率。

④ 测距时间

不同测距模式的测距时间不同，一般为1～4 s。红外测距仪的技术指标还有功耗、工作温度、测距分辨率、光束发散角、发光波长、测尺长度、仪器重量体积等。

(2) 光电测距的主要设备

光电测距的主要设备有测距仪主机、反射镜、蓄电池、充电器、气象仪器等。D3030E红外光电测距仪如图2-54所示，测距仪操作键盘如图2-55所示，反射棱镜如图2-56所示。

测距仪主机内装有红外光调制及调制光波发射系统、接收光学系统、内外光路转换、测相系统、微处理系统。

主要的气象仪器是空盒气压计和温度计(图2-57)，用以测量测线两端的大气压力和温度。在精密的光电测距中，必须配备精密度较高的通风干湿温度计，用以测量空气干温和湿温。

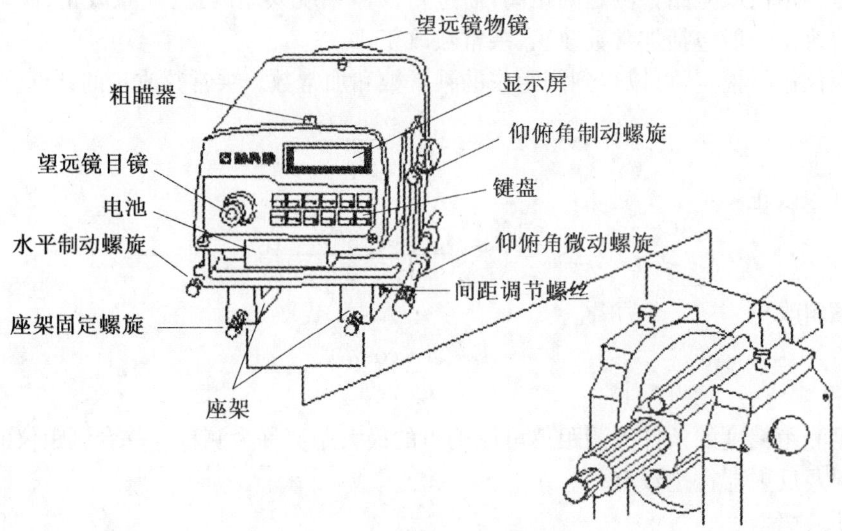

图 2－54　D3030E 各部件名称

V.H		T.P.C		SIG		AVE		MER		ENT	
1	⊜	2	⊜	3	⊜	4	⊜	5	⊜	-	⊜
X.Y.Z		X.Y.Z		S.H.V		SO		TRK		PWR	
6	⊜	7	⊜	8	⊜	9	⊜	0	⊜	⊜	⊜

(a) D3030E 键盘图

显 示 屏					POWER —
V/H 1	T/P/C 2	SIG 3	AVE 4	MSR 5	ENT —
X.Y.Z 6	X/Y/Z 7	S/H/V 8	SO 9	TRK 0	RST ☼

(b) 南方测距仪操作键盘

图 2－55　测距仪键盘

图 2－56　反射棱镜

2.4.4　距离测设

已知水平距离的测设，是从地面上一个已知点出发，沿给定的方向，量出已知（设计）的水平距离，在地面上定出这段距离另一端点的位置。

1. 钢尺测设

(1) 一般方法

当测设精度要求不高时，从已知点开始，沿给定的方向，用钢尺直接丈量出已知水平距离，定出这段距离的另一端点。为了校核，应再丈量一次，若两次丈量的相对误差在 1/3 000～1/5 000 内，取平均位置作为该端点的最后位置。

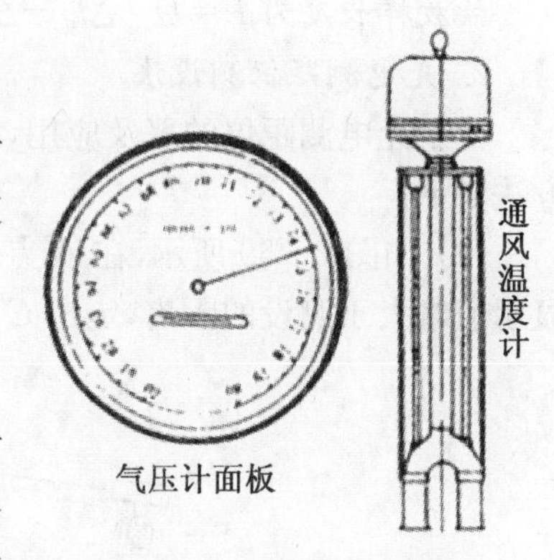

图 2－57　气压计和温度计

(2) 精确方法

当测设精度要求较高时，应使用检定过的钢尺，用经纬仪定线，可根据已知水平距离，结合地面起伏情况、所用钢尺的实际长度、测设时的温度等，进行尺长、温度和倾斜三项改正。但注意，三项改正数的符号与量距时相反。用式(2－59)计算出实地测设长，然后根据计算结果，用钢尺进行测设。

$$L = D - \Delta l_d - \Delta l_t - \Delta l_h \tag{2-59}$$

式中：Δl_d 为尺长改正数；Δl_t 为温度改正数；Δl_h 为倾斜改正数。

现举例说明测设方法。

【例 2－10】　如图 2－58 所示，设欲测设 AB 的水平距离 D＝29.910 0 m，使用的钢尺名义长度为 30 m，实际长度为 29.995 0 m，钢尺检定时的温度为 20 ℃，钢尺膨胀系数为 1.25×10^{-5}，A、B 两点的高差为 h＝0.385 m，实测时温度为 28.5 ℃。求：放样时在地面上应量出的长度为多少？

解：尺长改正为 $\Delta l_d = \dfrac{\Delta l}{l_0}D = \dfrac{29.995\,0-30}{30}\times 29.910\,0 \approx -0.005\,0(\text{m})$；

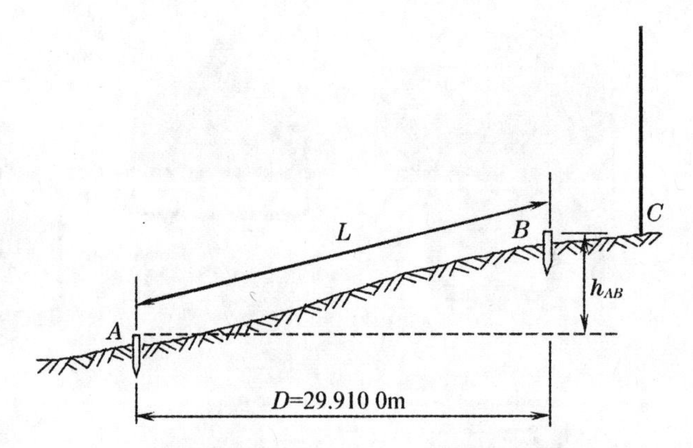

图 2-58　用钢尺测设已知水平距离的精确方法

温度改正为 $\Delta l_t=\alpha(t-t_0)D=1.25\times10^{-5}\times(28.5-20)\times29.9100\approx0.0032$(m)；

倾斜改正为 $\Delta l_h=-\dfrac{h^2}{2D}=-\dfrac{0.385^2}{2\times29.9100}\approx-0.0025$(m)。

故放样长度为 $L=D-\Delta l_d-\Delta l_t-\Delta l_h=29.9143$(m)。

2. 光电测距仪测设法

由于光电测距仪的普及应用，当测设精度要求较高时，一般采用光电测距仪测设法。测设方法如下：

(1) 如图 2-59 所示，在 A 点安置光电测距仪，反光棱镜在已知方向上前后移动，使仪器显示值略大于测设的距离，定出 C' 点。

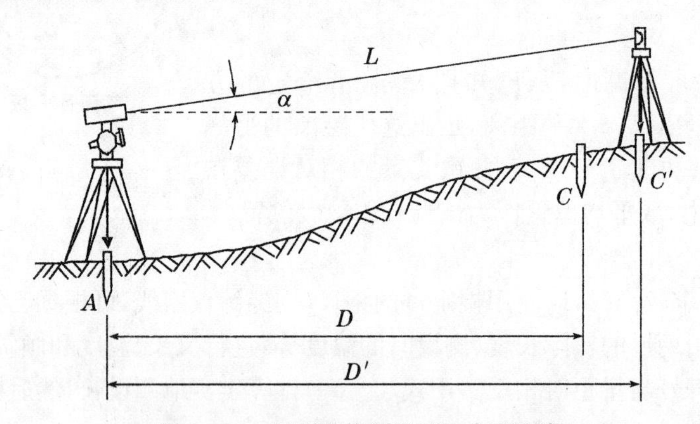

图 2-59　用测距仪测设已知水平距离

(2) 在 C' 点安置反光棱镜，测出垂直角 α 及斜距 L(必要时加测气象改正)，计算水平距离 $D'=L\cos\alpha$，求出 D' 与应测设的水平距离 D 之差 $\Delta D=D-D'$。

(3) 根据 ΔD 的数值在实地用钢尺沿测设方向将 C' 改正至 C 点，并用木桩标定其点位。

(4) 将反光棱镜安置于 C 点，再实测 AC 距离，其不符值应在限差之内，否则应再次进行改正，直至符合限差为止。

工程导入

北半球的古人发现天球中有一颗星一年四季始终处于一个固定位置，他们便从自己所在的位置到这颗星作一条射线，用以指示一个固定方向，称之为“北”，以“北”为基准，每隔90°作一条垂线，分别定为“东”“南”和“西”。四方便是这样来的。

古人凭借自然景象辨认四方，并创造了东、南、西、北四个方位字。东：日在木中，意思为旭日初升，旭日初升的地方就是东方了。南：南字的外框，是木字的变形，即草木承受南面充足的阳光，枝叶就长得繁茂，所以，向阳处就是南方。西：西字古形是鸟在巢上，即太阳西沉而鸟归巢栖息，“鸟归巢”就成了方位字“西”。北：古代写成两人相背，宫室多坐北朝南，背面就是北面，北(背)也就成了北方的“北”。

人们最先以太阳、北极星来辨识方向，后来发明并开始使用指南针、司南、罗盘仪等，现代人类正使用更科学、更先进、更精确的方法来确定方向。

2.5　直线定向

确定一直线与基本方向的角度关系，称直线定向，也就是确定地面直线与标准方向间的水平夹角。在测量中常以真子午线或磁子午线作为基本方向，如果知道一直线与子午线间的角度，可以认为该直线的方向已经确定。

2.5.1　标准方向分类

1. 真子午线方向

(1) 真子午线

地球某点 P 与地球真南北极所作的平面与地球面的交线，如图2-60所示。

(2) 真子午线方向

如图2-60所示，地面上任一点在其真子午线处的切线方向，即地面某点指向地球北极的方向。真子午线的方向用天文测量的方法测定，或用陀螺经纬仪方法测定。

2. 磁子午线方向

(1) 磁子午线

地球某点与地磁南北极所作的平面和地球面的交线，如图2-60所示。

(2) 磁子午线方向

如图2-60所示，地面上任一点在其磁子午线处的切线方向，也就是磁针在地球磁场的作用下，磁针自由静止时其轴线所指的方向。磁子午线方向可用罗盘仪测定。

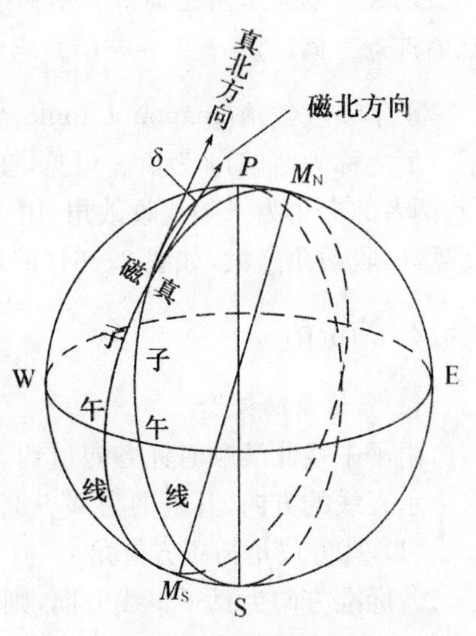

图2-60　标准方向

3. 轴子午线(坐标纵轴)方向

高斯-克吕格平面直角坐标系的坐标纵轴方向。地面上任一点与其高斯平面直角坐标系或假定坐标系的坐标纵轴平行的方向。我国采用高斯平面直角坐标系，每一 6°带或 3°带内都以该带的中央子午线作为坐标纵轴。因此，该带内直线定向，就用该带的坐标纵轴方向作为标准方向。

4. 标准方向之间的关系

由于地球磁极与地球旋转轴南北极不重合，因此过地球上某点的真子午线与磁子午线不重合。两者之间的夹角称为磁偏角，用 δ 表示。磁子午线北端偏于真子午线以东为东偏($+\delta$)，偏于真子午线以西为西偏($-\delta$)，如图 2-61(a)所示。

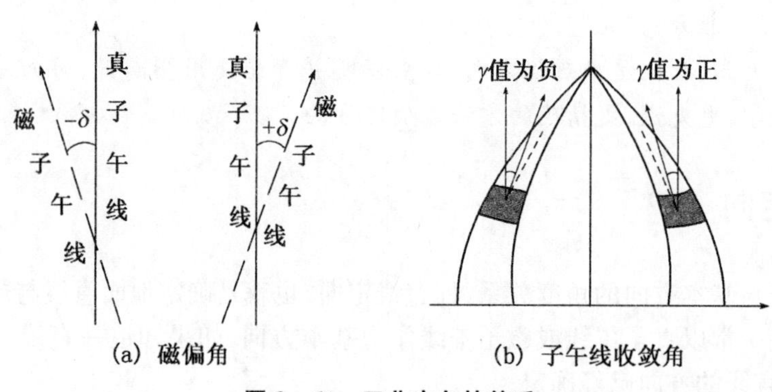

图 2-61　三北方向的关系

知识拓展

地球上地点不同磁偏角也不同。我国磁偏角的变化大约在$+6°\sim-10°$之间，北京地区的磁偏角为西偏，约在$-5°\sim-6°$。地球磁极是不断变化的，磁偏角也在变化。

子午线收敛角(mapping angle)γ：当轴子午线方向在真子午线方向以东时，称为东偏，γ 为正。反之称为西偏，γ 为负。可见，在中央子午线上，真子午线与轴子午线重合，其他地区不重合，两者的夹角为子午线收敛角，用 γ 表示。纬度愈低，子午线收敛角愈小，在赤道上为零；纬度越高，收敛角愈大，如图 2-61(b)所示。

2.5.2　方位角

1. 方位角的概念

由子午线北端顺时针方向量到测线上的夹角，称为该直线的方位角。测量中常用方位角来表示直线的方向，其范围为 0°～360°，有真方位角 A、磁方位角 A_m、坐标方位角 α。

(1) 真方位角与磁方位角

若标准方向为真子午线方向，则称真方位角，用 A 表示。若标准方向为磁子午线方向，则称磁方位角，用 A_m 表示。

(2) 坐标方位角

从每带的坐标纵轴的北端按顺时针方向到一直线的水平角为该直线的坐标方位角，或称方位角，用 α 表示。

2. 三种方位角之间的关系

真方位角 A=磁方位角 A_m+磁偏角 δ=坐标方位角 α+子午线收敛角 γ　(2-60)

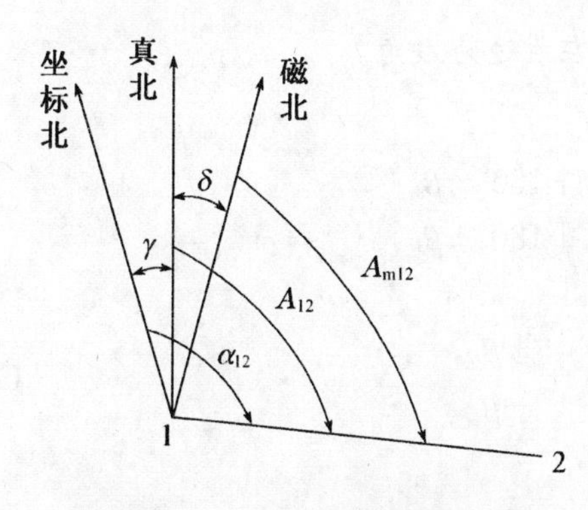

图 2-62　三种方位角之间的关系

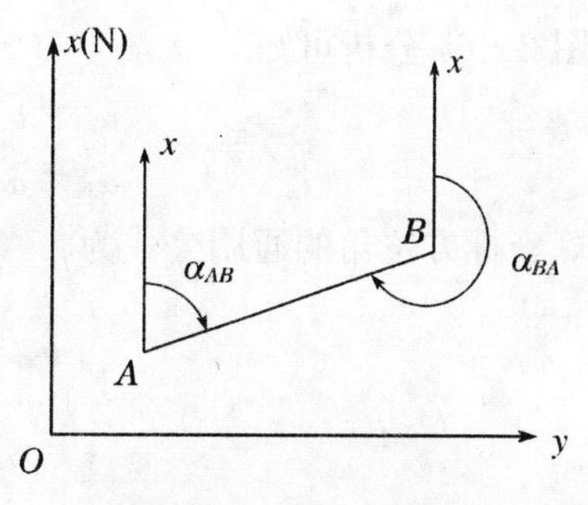

图 2-63　正、反方位角

3. 正、反方位角

同一条直线在不同端点量测,其方位角也不同。测量中常把直线前进方向称为正方向,反之称为反方向。同一直线正反坐标方位角相差 180°。

如图 2-63 所示,以 A 为起点、B 为终点的直线 AB 的坐标方位角 α_{AB},称为直线 AB 的坐标方位角。而直线 BA 的坐标方位角 α_{BA},称为直线 AB 的反坐标方位角。由图 2-63 可以看出正、反坐标方位角间的关系为

$$\alpha_{正}=\alpha_{反}\pm180° \tag{2-61}$$

4. 方位角的测量与推算

(1) 方位角的测量

真方位角可用天文观测方法或用陀螺经纬仪来测定;磁方位角可用罗盘仪来测定。不宜作精密定向的坐标方位角是由 2 个已知点坐标经"坐标反算"求得,详见 2.6.3 节。

(2) 坐标方位角的推算

如图 2-64 所示,α_{12} 已知,通过连测求得 12 边与 23 边的连接角为 β_2(右角)、23 边与 34 边的连接角为 β_3(左角),现推算 α_{23}、α_{34}。

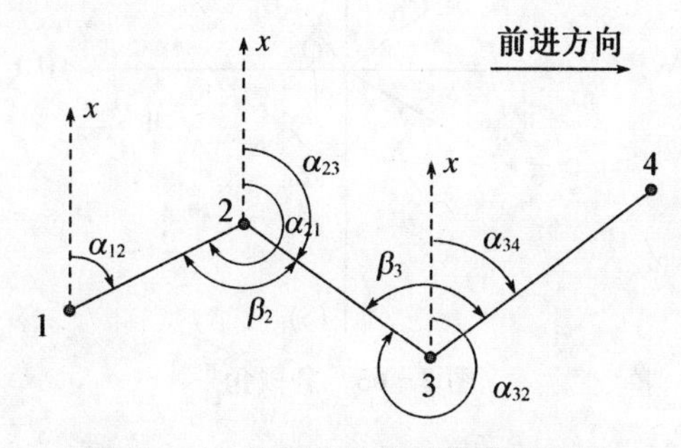

图 2-64　坐标方位角的推算示意图

注意

沿着前进方向，水平角在左边为左角，水平角在右边为右角。

由图 2－64 分析可知

$$\alpha_{23}=\alpha_{21}-\beta_2=\alpha_{12}+180°-\beta_2$$
$$\alpha_{34}=\alpha_{32}+\beta_3=\alpha_{23}+180°+\beta_3$$

推算坐标方位角的通用公式为

$$\alpha_{前}=\alpha_{后}+180°\pm\begin{matrix}+\beta_{左}\\-\beta_{右}\end{matrix} \tag{2-62}$$

若 β 角为左角，取“＋”；若 β 角为右角，取“－”。

计算中，若 $\alpha_{前}>360°$，减 360°；若 $\alpha_{前}<0°$，加 360°。因此，公式(2－62)中 180°前的“＋”有时也可用“－”。

2.5.3 象限角

1. 象限角的概念

由坐标纵轴的北端或南端起，沿顺时针或逆时针方向量至直线的锐角（也可以为 0°或 90°），称为该直线的象限角，用 R 表示，其角值范围为 0°～90°。

如图 2－65 所示，直线 $O1$、$O2$、$O3$ 和 $O4$ 的象限角分别为北东 R_{O1}、南东 R_{O2}、南西 R_{O3} 和北西 R_{O4}。

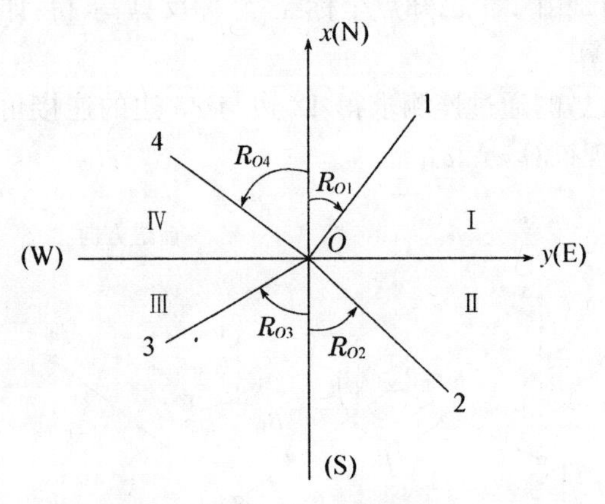

图 2－65　象限角

2. 坐标方位角与象限角的换算关系

由图 2－66 可以看出坐标方位角与象限角的换算关系（表 2－11）在第Ⅰ象限，$R=\alpha$；在第Ⅱ象限，$R=180°-\alpha$；在第Ⅲ象限，$R=\alpha-180°$；在第Ⅳ象限，$R=360°-\alpha$。

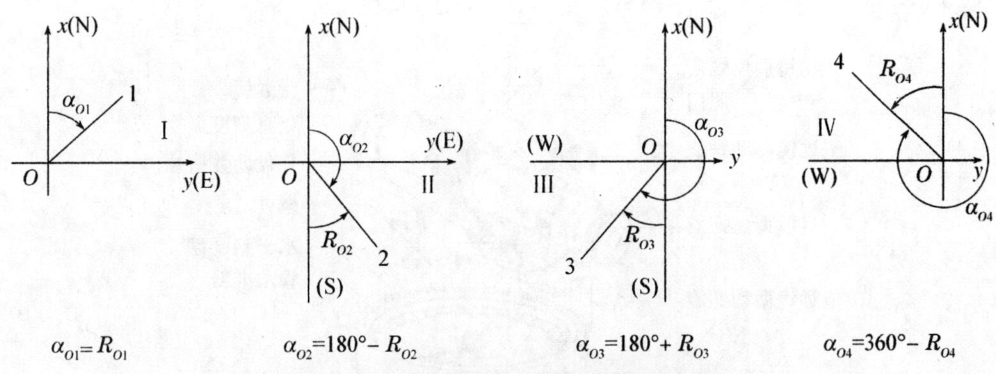

图2-66 坐标方位角与象限角的换算示意图

表2-11 坐标方位角和象限角换算表

直线所在象限	坐标方位角换算象限角	象限角换算坐标方位角
Ⅰ(北东)	$R=\alpha$	$\alpha=R$
Ⅱ(南东)	$R=180°-\alpha$	$\alpha=180°-R$
Ⅲ(南西)	$R=\alpha-180°$	$\alpha=R+180°$
Ⅳ(北西)	$R=360°-\alpha$	$\alpha=360°-R$

【例2-11】 已知$\alpha_{12}=46°$，β_2、β_3及β_4的角值均注于下图上。试求其余各边坐标方位角。

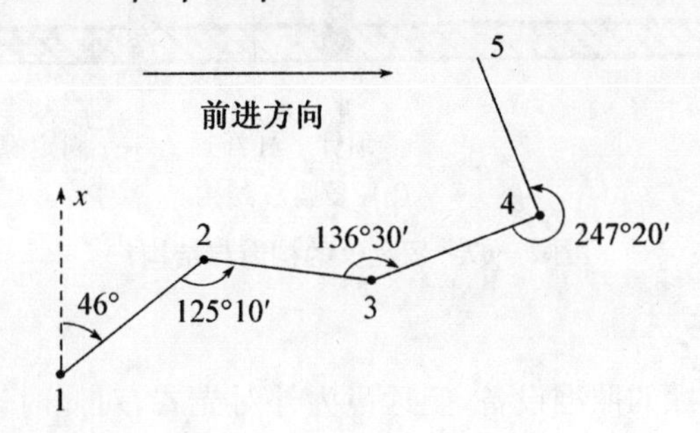

解：$\alpha_{23}=\alpha_{12}+180°-\beta_2=46°+180°-125°10'=100°50'$

$\alpha_{34}=\alpha_{23}-180°+\beta_3=100°50'-180°+136°30'=57°20'$

$\alpha_{45}=\alpha_{34}+180°-\beta_4=57°20'+180°-247°20'=-10°<0°$，$\alpha_{45}=-10°+360°=350°$

2.5.4 罗盘仪的构造及使用

在小测区建立独立的平面控制网时，可用罗盘仪测定直线的磁方位角，作为该控制网起始边的坐标方位角，将过起始点的磁子午线当作坐标纵轴线。

1. 罗盘仪的构造

罗盘仪是测定磁方位角的仪器，其主要部件有磁针、望远镜和刻度盘等，如图2-67所示。

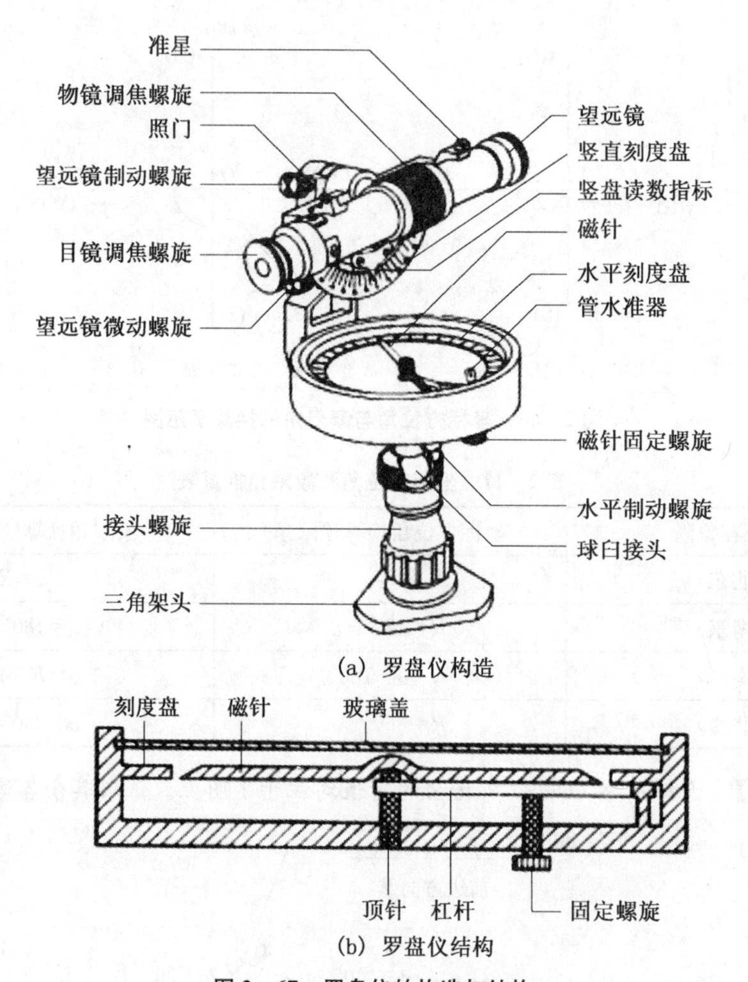

(a) 罗盘仪构造

(b) 罗盘仪结构

图 2-67　罗盘仪的构造与结构

(1) 望远镜

望远镜是用来瞄准目标的照准设备，望远镜为外对光式，对光时转动对光螺旋，望远镜物镜就前后移动，使物像与十字丝分划板重合，目标清晰。由一铁臂将望远镜与刻度盘的侧面连在一起，当望远镜转动照准目标时，刻度盘与望远镜一起转动，其一侧装一个半圆形的竖直度盘，用来测量竖直角。

(2) 罗盘盒

罗盘盒是由磁针和刻度盘组成的，用来测定线磁子午线(标准方向)与读出磁方位角和磁象限角的度数。磁针是用人造磁铁制成的，刻度盘为铜或者铝制的圆盘，盘面有 0°～360°，每个 1°为一个划分，每 10°做一个标记。

(3) 基座

基座是个球臼结构，松开球臼接头螺旋，罗盘盒可摆动，调整罗盘盒，使两个互成正交的水准器气泡居中，刻度盘则处于水平位置，然后再拧紧接头螺旋。

2. 罗盘仪的使用

(1) 安置仪器

首先将三脚架支开安放在欲测直线的一个端点上，移动整个三联脚架或个别的架腿，使锤球的尖端对准测站中心(称为对中)。误差范围一般要求在1～2 cm,然后将仪器安置于架头上,稍松球臼螺旋,用双手轻轻扳动罗盘盒,使两水准器的气泡同时居中后,拧紧球臼螺旋,罗盘盒即成水平位置,称为整平。

(2) 瞄准

瞄准前先把磁针松开,然后将望远镜制动螺旋和水平制动螺旋松开,转动仪器利用照门和准星大致瞄准目标,拧紧水平制动螺旋及望远镜,制动螺旋,旋转目镜使十字丝清晰,旋转对光螺旋使物像清晰。再稍动水平制动螺旋,左右微动罗盘盒,使十字丝交点正对目标中心,最后拧紧水平制动螺旋。

(3) 读数

顺着静止的磁针,沿注记增大方向,读出磁针北端(不绕铜线的一端)所指的读数,即得所测直线的磁方位角。如果度盘上0°位于物镜端,180°位于目镜端,应根据磁针北端读数。反之,应根据磁针南端读数,如图2-68所示。

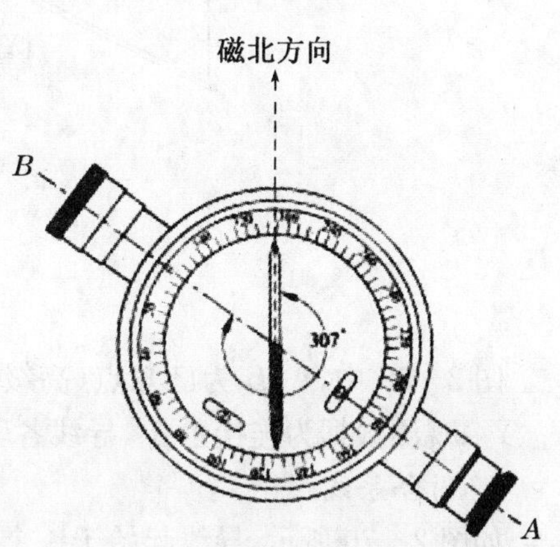

图2-68 罗盘仪测定直线磁方位角

3. 注意事项

(1) 导线点勿选在高压线、钢铁构造物、变压器等附近,以避免局部引力。

(2) 罗盘仪在每个导线点上对中整平后,不要忘记放松磁钉,并轻敲玻璃盖,以防磁针黏在玻璃盖上,并注意磁针转动是否灵活。

(3) 用望远镜瞄准目标时,须首先旋转目镜调清十字丝,通过望远镜上方的准星大致瞄准目标;用对光螺旋调清物像,微微转动望远镜,使十字丝交点正对目标中心,然后固定竖轴。

(4) 注意度盘的刻度注记是按反时针方向增加,读数应按反时针、由少向多的注记方向读取。读数时,顺磁针方向在磁针北端(不缠铜丝的一端)读数。

(5) 为不影响磁针的方向,斧子、测钎、小刀等铁制品勿靠近罗盘仪。

工程导入

某工程场区地势平坦,但通视较为困难,为了进行施工放线,首先需要在场地进行控制测量。经过研究,项目部决定采用导线作为场区的控制网。为此,进行了角度测量和距离测量,并对数据进行了处理,最终得出控制点坐标,为施工测量提供了依据。

2.6 导线测量

2.6.1 导线的布网形式

导线是由若干条直线连成的折线,每条直线叫导线边,转折点叫作导线点,相邻两直线之间的水平角叫作转折角。测定了转折角和导线边长后,即可根据已知坐标方位角和已知坐标算出各导线点的坐标。

按照测区的条件和需要，导线可以布置成下列几种形式：

1. 闭合导线

如图 2－69 所示，由一个已知控制点出发，最后仍旧回到这一点，形成一个闭合多边形。在闭合导线的已知控制点上必须有一条边的坐标方位角是已知的。

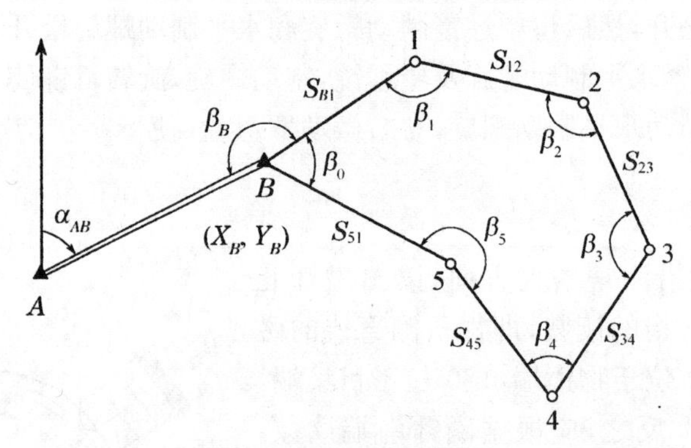

图 2－69　闭合导线

图 2－69 中，A、B 为已知点（高级控制点），1、2、3、4、5 为新建导线点。已知数据为 α_{AB}、X_B、Y_B；观测数据为连接角 β_B，导线各转折角 β_0、β_1、…、β_5，导线各边长 S_{B1}、S_{12}、…、S_{51}。

2. 附合导线

如图 2－70 所示，导线起始于一个已知控制点，而终止于另一个已知控制点。控制点上可以有一条边或几条边是已知坐标方位角的边，也可以没有已知坐标方位角的边。

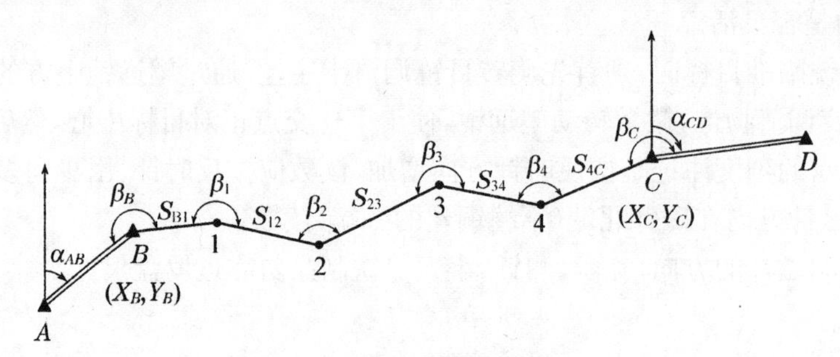

图 2－70　附合导线

AB、CD 为已知边，点 1、2、3、4 为新建导线点。已知数据为 α_{AB}、X_B、Y_B、α_{CD}、X_C、Y_C；观测数据为连接角 β_B、β_C，导线各转折角 β_1、β_2、β_3、β_4，导线各边长 S_{B1}、S_{12}、…、S_{4C}。

3. 支导线

如图 2－71 所示，从一个已知控制点出发，既不符合到另一个控制点，也不回到原来的始点。由于支导线没有检核条件，故一般只限于地形测量的图根导线中采用。

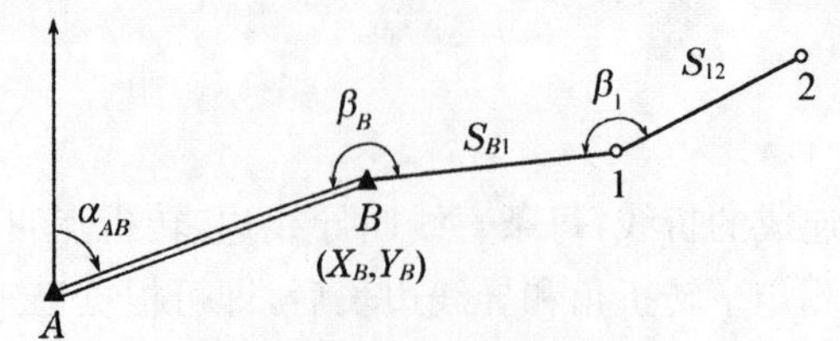

图 2－71　支导线

AB 为已知边，点 1、2 为新建支导线点。已知数据为 α_{AB}、X_B、Y_B；观测数据为转折角 β_B、β_1，边长 S_{B1}、S_{12}。

2.6.2　导线测量的外业工作

导线测量的外业包括踏勘选点、建立标志、测角、量边、连接测量。

1. 踏勘选点及埋设标志

踏勘是为了了解测区范围内地形及控制点情况，以便确定导线的形式和布置方案；选点应考虑便于导线测量、地形测量和施工放样。

选点的原则：相邻导线点间必须通视良好；土质坚硬，便于安置仪器和保存标志；密度适宜，点位均匀，便于控制整个测区；等级导线点应便于加密图根点，导线点应选在地势高、视野开阔、便于碎部测量的地方；导线边长大致相同。

选好点后应直接在地上打入木桩。桩顶钉一小铁钉或画"＋"作点的标志，必要时在木桩周围灌上混凝土。如导线点需要长期保存，则应埋设混凝土桩或标石。埋桩后应统一进行编号。为了今后便于查找，应量出导线点至附近明显地物的距离。绘出草图，注明尺寸，称为点之记。

2. 测角

统一测左角(右角)，闭合导线测内角，精度要求见表 2-12。

表 2-12　导线测量的主要技术要求

等级	导线长度/km	平均边长/km	测角中误差/(″)	测距中误差/mm	测回数		方位角闭合差/(″)	导线全长相对闭合差
					DJ2	DJ6		
Ⅰ级	3.6	0.3	±5	±15	2	4	$\pm 10\sqrt{n}$	1/15 000
Ⅱ级	2.4	0.2	±8	±15	1	3	$\pm 16\sqrt{n}$	1/10 000
Ⅲ级	1.5	0.12	±12	±15	1	2	$\pm 24\sqrt{n}$	1/5 000
图根	$\leqslant 1.0M$		±30			1	$\pm 60\sqrt{n}$	1/2 000

注：n 为测站数，M 为测图比例尺分母。

3. 量边

导线边长可采用钢尺、测距仪(气象、倾斜改正)等方法。随着测绘技术的发展，目前全站仪已成为距离测量的主要手段。

4. 连接测量

测区内有国家高级控制点时，可与控制点连测，包括测定连测角和连测边；当联测有困难时，也可采用罗盘仪测磁方位角或用陀螺经纬仪测定方向。

2.6.3　导线测量的内业计算

导线测量内业计算的目的：评价外业角度测量和边长丈量的质量是否达到导线的精度要求，在合格的情况下，最终求得各导线点的平面坐标。计算之前，对测量纪录作全面、仔细的检查，检查无误后，再进行计算。

1. 几个基本公式

(1) 坐标方位角的推算

见式(2-62)：

$$\alpha_{前}=\alpha_{后}\pm180^\circ\begin{matrix}+\beta_{左}\\-\beta_{右}\end{matrix}$$

如前所述，若计算出的 $\alpha_{前}>360^\circ$，则减去 360°；若为负值，则加上 360°。

(2) 坐标正算公式

已知点 A 的坐标 x_A、y_A，边长 D_{AB} 和坐标方位角 α_{AB}，求 B 点的坐标 x_B、y_B，称为坐标正算，如图 2-72 所示。

$$\Delta x_{AB}=D_{AB}\cos\alpha_{AB}=x_B-x_A$$

$$\Delta y_{AB}=D_{AB}\sin\alpha_{AB}=y_B-y_A$$

则

$$x_B=D_{AB}\cos\alpha_{AB}+x_A$$

$$y_B=D_{AB}\sin\alpha_{AB}+y_A \qquad (2-63)$$

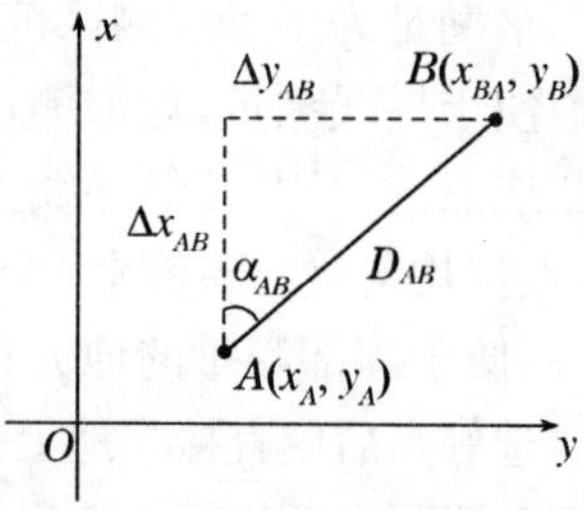

图 2-72 坐标正、反算

(3) 坐标反算公式

由 A、B 两点坐标来计算 α_{AB}、D_{AB}，称为坐标反算。

$$D_{AB}=\sqrt{\Delta x_{AB}^2+\Delta y_{AB}^2} \qquad (2-64)$$

$$\tan\alpha_{AB}=\frac{\Delta y_{AB}}{\Delta x_{AB}} \qquad (2-65)$$

式中：$\Delta x_{AB}=x_B-x_A$，$\Delta y_{AB}=y_B-y_A$。

α_{AB}的具体计算方法如下：

$$\Delta x_{AB}=x_B-x_A$$

$$\Delta y_{AB}=y_B-y_A$$

$$R_{AB}=\arctan\frac{|\Delta y_{AB}|}{|\Delta x_{AB}|}$$

若 $\Delta x_{AB}>0$，$\Delta y_{AB}>0$，则 AB 指向第Ⅰ象限方向，$\alpha_{AB}=R_{AB}$；

若 $\Delta x_{AB}<0$，$\Delta y_{AB}>0$，则 AB 指向第Ⅱ象限方向，$\alpha_{AB}=180^\circ-R_{AB}$；

若 $\Delta x_{AB}<0$，$\Delta y_{AB}<0$，则 AB 指向第Ⅲ象限方向，$\alpha_{AB}=180^\circ+R_{AB}$；

若 $\Delta x_{AB}>0$，$\Delta y_{AB}<0$，则 AB 指向第Ⅳ象限方向，$\alpha_{AB}=360^\circ-R_{AB}$；

若 $\Delta x_{AB}>0$，$\Delta y_{AB}=0$，则 AB 指向 x 轴正向，$\alpha_{AB}=0$；

若 $\Delta x_{AB}=0$，$\Delta y_{AB}>0$，则 AB 指向 y 轴正向，$\alpha_{AB}=90^\circ$；

若 $\Delta x_{AB}<0$，$\Delta y_{AB}=0$，则 AB 指向 x 轴负向，$\alpha_{AB}=180^\circ$；

若 $\Delta x_{AB}=0$，$\Delta y_{AB}<0$，则 AB 指向 y 轴负向，$\alpha_{AB}=270^\circ$。

2. 导线计算过程

(1) 推算各边坐标方位角

(2) 计算各边坐标增量

(3) 推算各点坐标

3. 闭合导线的坐标计算

(1) 绘制计算草图，在图上填写已知数据和观测数据

(2) 角度闭合差的计算与调整

由于导线角度测量中存在误差，测量的角度总和往往与理论值存在一个不符值，即为角度闭合差，用 f_β 表示。

① 计算闭合差

$$f_\beta=\sum\beta_{测}-\sum\beta_{理}=(\beta_1+\beta_2+\cdots+\beta_n)-(n-2)\times180^\circ \tag{2-66}$$

② 计算限差

$$f_{\beta容}=\pm60''\sqrt{n}\text{（图根级）} \tag{2-67}$$

若 $|f_\beta|\leqslant|f_{\beta容}|$，说明测角精度合格，即可进行闭合差分配调整；若 $|f_\beta|>|f_{\beta容}|$，应仔细查找记录、计算中有无错误。若无记录、计算错误，应进行重测。

③ 若在限差内，则按反号平均分配原则，计算改正数

$$V_\beta=\frac{-f_\beta}{n} \tag{2-68}$$

不能整除而多出的余数，分到中短边对应的角上。校核：

$$\sum V_\beta=-f_\beta \tag{2-69}$$

④ 计算改正后的角值

$$\beta_{改i}=\beta_i+V_\beta \tag{2-70}$$

校核：

$$\sum\beta_{改i}=\sum\beta_{理} \tag{2-71}$$

(3) 用改正后的角值，依据式(2-62)推算各边坐标方位角

校核：

$$\alpha_{始}\text{（推算）}=\alpha_{始}\text{（已知）}$$

注意

以图 2-69 为例，通常先由 A、B 的坐标反算 α_{AB}，再由 α_{AB} 和连接角 β_B 推算出 α_{B1} 作为起始已知方位角，闭合导线经过一周推算又推回起始方位角 α_{B1}。

(4) 按坐标正算公式，计算各边坐标增量

(5) 坐标增量闭合差的计算与调整

由于闭合导线在距离测量中存在误差，根据第(4)步计算出的 x 与 y 方向坐标增量总和往往与理论值上的坐标增量总和(0)存在一个不符值，即为坐标增量闭合差，分别用 f_x、f_y 表示。

① 计算坐标增量闭合差，有

$$\begin{cases}f_x=\sum\Delta x_{算}-\sum\Delta x_{理}=\sum\Delta x_{算}\\ f_y=\sum\Delta y_{算}-\sum\Delta y_{理}=\sum\Delta y_{算}\end{cases} \tag{2-72}$$

由于 f_x、f_y 的存在，闭合导线不闭合，产生了一段距离 AA'，如图 2-73 所示，称为导线全长闭合差 f_D。导线全长闭合差：

$$f_D=\sqrt{f_x^2+f_y^2} \tag{2-73}$$

f_D 与导线全长之比，称为导线全长相对闭合差，用 K 表示：

$$K=\frac{f_D}{\sum D}=\frac{1}{\sum D/f_D} \tag{2-74}$$

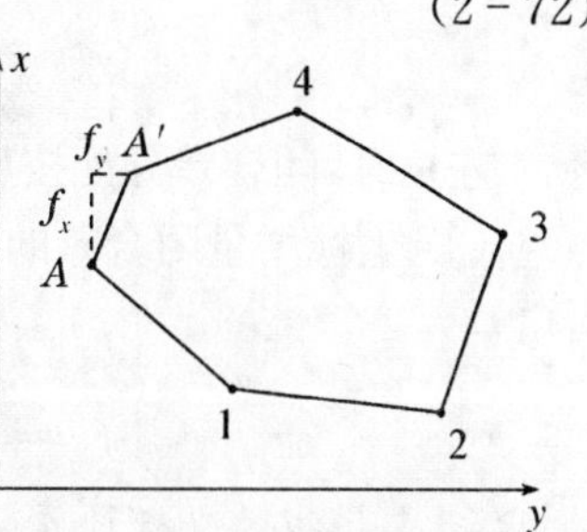

图 2-73　导线全长闭合差

② 分配坐标增量闭合差

若 $K \leqslant 1/2\,000$(图根级),则将 f_x、f_y 以相反符号,按边长成正比分配到各坐标增量上去,并计算改正后的坐标增量,并要分别进行检核。

$$\begin{cases} V_{\Delta xi} = -\dfrac{f_x}{\sum D} D_i \\ V_{\Delta yi} = -\dfrac{f_y}{\sum D} D_i \end{cases} \tag{2-75}$$

$$\begin{cases} \Delta x_{改\,i} = \Delta x + V_{\Delta xi} \\ \Delta y_{改\,i} = \Delta x + V_{\Delta yi} \end{cases} \tag{2-76}$$

校核:

$$\sum V_{\Delta xi} = -f_x, \sum V_{\Delta yi} = -f_y \tag{2-77}$$

$$\sum \Delta x_{改i} = \sum \Delta x_{理}, \sum \Delta y_{改i} = \sum \Delta y_{理} \tag{2-78}$$

(6) 未知点坐标计算

根据起始点已知坐标和经改正后的坐标增量,依次计算各导线点的坐标:

$$\begin{cases} x_{i+1} = x_i + \Delta x_{改\,i,i+1} \\ y_{i+1} = y_i + \Delta y_{改\,i,i+1} \end{cases} \tag{2-79}$$

检核:

$$x_{终}(推算) = x_{终}(已知), y_{终}(推算) = y_{终}(已知) \tag{2-80}$$

4. 附合导线的坐标计算

附合导线与闭合导线计算方法基本一样,只是角度闭合差和坐标增量闭合差的计算有所不同。下面就分别说明这两点不同之处。

(1) 角度闭合差的计算

以图 2-70 为例,$\alpha'_{B1} = \alpha_{AB} + 180° + \beta_B$

$$\alpha'_{12} = \alpha'_{B1} + 180° + \beta_1$$
$$\alpha'_{23} = \alpha'_{12} + 180° + \beta_2$$
$$\alpha'_{34} = \alpha'_{23} + 180° + \beta_3$$
$$\alpha'_{4C} = \alpha'_{34} + 180° + \beta_4$$
$$\alpha'_{CD} = \alpha'_{4C} + 180° + \beta_C$$

则 $\alpha'_{CD} = \alpha_{AB} + 6 \times 180° + \sum \beta$,左角为正号,右角为负号。

推出总的角度闭合差的计算公式:

$$f_\beta = \alpha'_{CD} - \alpha_{CD} = \alpha_{AB} - \alpha_{CD} + n \times 180° \begin{matrix} +\sum \beta_{左} \\ -\sum \beta_{右} \end{matrix} \tag{2-81}$$

左角时,闭合差分配按反号平均分配;右角时,闭合差分配按同号平均分配。

(2) 坐标增量闭合差的计算

$$\begin{cases} f_x = \sum \Delta x_{测} - \sum \Delta x_{理} = \sum \Delta x_{测} - (x_{终} - x_{始}) \\ f_y = \sum \Delta y_{测} - \sum \Delta y_{理} = \sum \Delta y_{测} - (y_{终} - y_{始}) \end{cases} \tag{2-82}$$

5. 支导线的坐标计算

支导线没有任何检核条件,要保证其精度,必须要保证测出的角度、边长的精度,直接按照测出的角度、边长进行计算即可。

(1) 根据观测的转折角推算各边的坐标方位角

(2) 根据各边坐标方位角和边长计算坐标增量

(3) 根据各边的坐标增量推算各点的坐标

【例2-12】 某闭合导线，如图2-74所示，已知1点的坐标及12的坐标方位角，$x_1=500\ \mathrm{m}$、$y_1=500\ \mathrm{m}$、$\alpha_{12}=124°59'43''$；测得角度$\beta_1=89°36'30''$，$\beta_2=107°48'30''$，$\beta_3=73°00'20''$，$\beta_4=89°33'50''$；量得各边边长$D_{12}=105.22\ \mathrm{m}$，$D_{23}=80.18\ \mathrm{m}$，$D_{34}=129.34\ \mathrm{m}$，$D_{41}=78.16\ \mathrm{m}$。求2、3、4点的平面坐标。

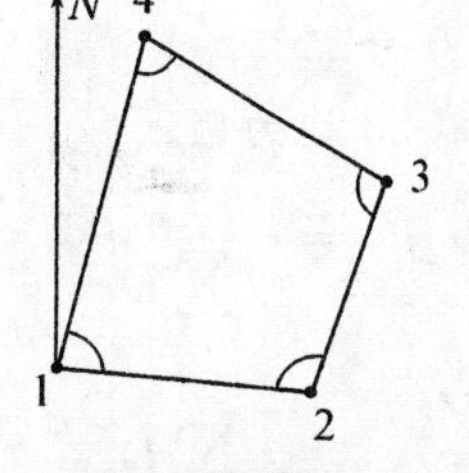

图2-74　闭合导线的内业计算

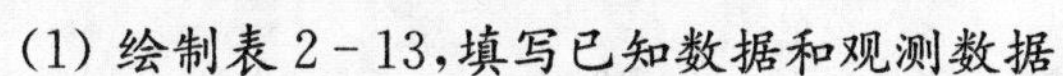
(1) 绘制表2-13，填写已知数据和观测数据

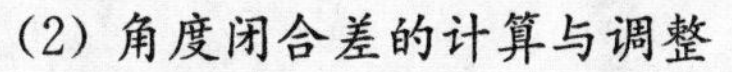
(2) 角度闭合差的计算与调整

① 计算闭合差：$f_\beta=\sum\beta_{测}-\sum\beta_{理}=(\beta_1+\beta_2+\cdots+\beta_n)-(n-2)\times180°=89°36'30''+107°48'30''+73°00'20''+89°33'50''-360°\approx-50''$

② 计算限差：$f_{\beta容}=\pm60''\sqrt{n}=\pm120''$

③ 计算改正数：$V_{\beta i}=\dfrac{-f_\beta}{n}=\dfrac{50''}{4}$（写于第3栏）

不能整除，分得$2\times12''$、$2\times13''$，两个$13''$分到β_1、β_2上。

校核：$\sum V_\beta=-f_\beta=50''$

④ 计算改正后新的角值：$\beta_{改i}=\beta_i+V_{\beta i}$（写于第4栏）

$\beta_{改1}=\beta_1+V_{\beta1}=89°36'30''+13''=89°36'43''$

$\beta_{改2}=\beta_2+V_{\beta2}=107°48'30''+13''=107°48'43''$

$\beta_{改3}=\beta_3+V_{\beta3}=73°00'20''+12''=73°00'32''$

$\beta_{改4}=\beta_4+V_{\beta4}=89°33'50''+12''=89°34'02''$

校核：$\sum\beta_{改i}=\sum\beta_{理}=360°$

(3) 推算各边坐标方位角（写于第5栏）

转折角为左角，则$\alpha_{前}=\alpha_{后}\pm180°+\beta_{左}$

$\alpha_{23}=\alpha_{12}+180°+\beta_{改2}=124°59'43''-180°+107°48'43''=52°48'26''$

$\alpha_{34}=\alpha_{23}+180°+\beta_{改3}=52°48'26''+180°+73°00'32''=305°48'58''$

$\alpha_{41}=\alpha_{34}+180°+\beta_{改4}=305°48'58''-180°+89°34'02''=215°23'00''$

$\alpha_{12}=\alpha_{41}+180°+\beta_{改1}=124°59'43''$

校核：$\alpha_{12(推算)}=\alpha_{12(已知)}$，说明计算无误。

(4) 计算各边坐标增量（写于第7、8栏）

以23边为例：

$\Delta x_{算23}=D_{23}\cos\alpha_{23}=80.18\times\cos52°48'26''\approx+48.47$

$\Delta y_{算23}=D_{23}\sin\alpha_{23}=80.18\times\sin52°48'26''\approx+63.87$

其他代入数据计算就可。

(5) 坐标增量闭合差的计算与调整

① 计算

$f_x=\sum\Delta x_{算}=+0.10\ \mathrm{m}$

$$f_y = \sum \Delta y_{算} = -0.07\ \mathrm{m}$$

$$f_D = \sqrt{f_x^2 + f_y^2} = 0.12\ \mathrm{m}$$

$$K = \frac{f_D}{\sum D} = \frac{1}{\sum D / f_D} = \frac{1}{3\,200} < K_{容} = 1/2\,000$$

② 分配

以 23 边为例：

$$V_{\Delta x23} = -\frac{f_x}{\sum D} D_{23} = -\frac{0.1}{392.90} \times 80.18 \approx -0.02\ \mathrm{m} = -2\ \mathrm{cm}$$

$$V_{\Delta y23} = -\frac{f_y}{\sum D} D_{23} = -\frac{-0.07}{392.90} \times 80.18 \approx 0.02\ \mathrm{m} = 2\ \mathrm{cm}$$

$$\Delta x_{改23} = \Delta x_{算23} + V_{\Delta x23} = +48.45\ \mathrm{m}$$
$$\Delta y_{改23} = \Delta y_{算23} + V_{\Delta y23} = +63.89\ \mathrm{m}$$
（写于第 9、10 栏）

校核：$\sum V_{\Delta xi} = -f_x = -0.1\ \mathrm{m}, \sum V_{\Delta yi} = -f_y = 0.07$

$$\sum \Delta x_{改i} = \sum \Delta x_{理} = 0, \sum \Delta y_{改i} = \sum \Delta y_{理} = 0$$

表 2－13　闭合导线坐标计算表

点号	观测角	改正数/(″)	改正后的角值	坐标方位角	边长/m	增量计算值		改正后的增量值		坐标	
						$\Delta x_{算i}$/m	$\Delta y_{算i}$/m	$\Delta x_{改i}$/m	$\Delta y_{改i}$/m	x/m	y/m
1	2	3	4	5	6	7	8	9	10	11	12
1	**89°36′30″**	+13	89°36′43″							**500.00**	**500.00**
				124°59′43″	**105.22**	−3 −60.34	+2 +86.20	−60.37	+86.22		
2	**107°48′30″**	+13	107°48′43″							439.63	586.22
				52°48′26″	**80.18**	−2 +48.47	+2 +63.87	+48.45	+63.89		
3	**73°00′20″**	+12	73°00′32″							488.08	650.11
				305°48′58″	**129.34**	−3 +75.69	+2 −104.88	+75.66	−104.86		
4	**89°33′50″**	+12	89°34′02″							563.74	545.25
				215°23′00″	**78.16**	−2 −63.72	+1 −45.26	−63.74	−45.25		
1										500.00	500.00
				124°59′43″							
2											
∑	359°59′10″	+50	360°00′00″		392.90	+0.1	−0.07	0.00	0.00		

(6) 未知点坐标计算(写于第11、12栏)

以点3为例：

$x_3 = x_2 + \Delta x_{改2,3} = 439.63 + 48.45 = 488.08\ \text{m}$

$y_3 = y_i + \Delta y_{改2,3} = 586.22 + 63.89 = 650.11\ \text{m}$

检核：$x_{终(推算)} = x_{终(已知)} = 500\ \text{m}$，$y_{终(推算)} = y_{终(已知)} = 500\ \text{m}$

到此，计算全部结束。

【例2-13】 某附合导线，已知 $B(1)$、$C(4)$ 点的坐标及 AB、CD 的坐标方位角，$x_B = 3\,509.58\ \text{m}$、$y_B = 2\,675.89\ \text{m}$，$x_C = 3\,529.00\ \text{m}$、$y_C = 2\,801.54\ \text{m}$，$\alpha_{AB} = 127°20'30''$、$\alpha_{CD} = 24°26'45''$；测得左角 $\beta_1 = 231°02'30''$，$\beta_2 = 64°52'00''$，$\beta_3 = 182°29'00''$，$\beta_4 = 138°42'30''$，量得各边边长 $D_{12} = 40.51\ \text{m}$，$D_{23} = 79.04\ \text{m}$，$D_{34} = 59.12\ \text{m}$。求2、3、4点的平面坐标。

附合导线(见表2-14)：

附合与闭合导线计算只有两点不同，相同的步骤在此省略，重点计算角度、坐标增量闭合差。

(1) 角度闭合差的计算、调整

① 计算闭合差：$f_\beta = \alpha'_{CD} - \alpha_{CD} = \alpha_{AB} - \alpha_{CD} + n \times 180° + \sum \beta_{左} = -15''$

表2-14　附合导线坐标计算表

点号	观测角	改正数/(″)	改正后的角值	坐标方位角	边长/m	增量计算值		改正后的增量值		坐标	
						$\Delta x_{算i}$/m	$\Delta y_{算i}$/m	$\Delta x_{改i}$/m	$\Delta y_{改i}$/m	x/m	y/m
1	2	3	4	5	6	7	8	9	10	11	12
A											
				127°20′30″							
B(1)	**231°02′30″**	+4	231°02′34″							**3 509.58**	**2 675.89**
				178°23′04″	**40.51**	(0.01) −40.49	(0.01) 1.14	−40.48	1.15		
2	**64°52′00″**	+4	64°52′04″							3 469.10	2 677.04
				63°15′08″	**79.04**	(0.02) 35.57	(0.01) 70.58	35.59	70.59		
3	**182°29′00″**	+3	182°29′03″							3 504.69	2 747.63
				65°44′11″	**59.12**	(0.02) 24.29	(0.01) 53.90	24.31	53.91		
C(4)	**138°42′30″**	+4	138°42′34″							**3 529.00**	**2 801.54**
				24°26′45″							
D											
$\sum$	617°06′00″	+15	617°06′15″		178.67	19.37	125.62	19.42	125.65		

② 计算限差：$f_{\beta容}=\pm 60''\sqrt{n}=\pm 120''$

③ 计算改正数：$V_{\beta i}=\frac{-f_{\beta}}{n}=\frac{15''}{4}$（写于第 3 栏）

不能整除，分得 $3\times 4''$、$1\times 3''$，1 个 $3''$分到 β_3 上。

校核：$\sum V_{\beta}=-f_{\beta}=15''$

（2）坐标增量闭合差的计算、调整

$$f_x=\sum \Delta x_{测}-\sum \Delta x_{理}=\sum \Delta x_{测}-(x_{终}-x_{始})=-0.05\ \text{m}$$

$$f_y=\sum \Delta y_{测}-\sum \Delta y_{理}=\sum \Delta y_{测}-(y_{终}-y_{始})=-0.03\ \text{m}$$

$$f_D=\sqrt{f_x^2+f_y^2}=0.06\ \text{m}$$

$$K=\frac{f_D}{\sum D}=\frac{1}{\sum D/f_D}=\frac{1}{3\,264}<K_{容}=1/2\,000$$

知识拓展

全站仪光电导线用全站仪进行角度测量和距离测量，进行导线外业测量。

根据工程测量规范（GB 50026—2007），一级光电导线应符合表 2-15 的规定。

表 2-15　一级导线的主要技术要求

导线长度/km	平均边长/km	测角中误差/″	测距中误差/mm	测距相对中误差	测回数			方位角闭合差/(″)	导线全长相对闭合差
					1″级仪器	2″级仪器	6″级仪器		
4	0.5	5	15	1/30 000	—	2	4	$10\sqrt{n}$	≤1/1 500

根据城市测量规范（CJJ/T 8—2011），一级光电导线应符合表 2-16 的规定。

表 2-16　一级光电导线主要技术指标

闭合环或附合导线长度/km	平均边长/m	测距中误差/mm	测角中误差/(″)	导线全长相对闭合差
≤3.6	300	≤15	≤5	≤1/14 000

工程导入

国家大剧院的施工控制测量：根据总平面图，利用全站仪在场区布设一条闭合导线或附合导线，然后利用极坐标法，定出建筑物纵横两条主轴线，经角度、距离检验符合点位限差要求后，作为主场区首级平面控制网。首级控制网布设完成后，建立建筑物平面控制网——建筑方格网。

2.7 施工控制测量

2.7.1 施工控制网概述

由于在勘探设计阶段所建立的控制网，是为测图而建立的，有时并未考虑施工的需要，所以控制点的分布、密度和精度，都难以满足施工测量的要求；另外，在平整场地时，大多控制点被破坏。因此，施工之前，应重新在建筑场地建立专门的施工控制网。

1. 施工控制网的分类

施工控制网分为平面控制网和高程控制网两种。

(1) 施工平面控制网

施工平面控制网可以布设成三角网、导线网、建筑方格网和建筑基线四种形式。

① 三角网

对于地势起伏较大、通视条件较好的施工场地，可采用三角网。

② 导线网

对于地势平坦、通视又比较困难的施工场地，可采用导线网。

③ 建筑方格网

对于建筑物多为矩形且布置比较规则和密集的施工场地，可采用建筑方格网。

④ 建筑基线

对于地势平坦且又简单的小型施工场地，可采用建筑基线。

(2) 施工高程控制网

施工高程控制网采用水准网。

2. 施工控制网的特点

与测图控制网相比，施工控制网具有控制范围小、控制点密度大、精度要求高及使用频繁等特点。

2.7.2 施工场地的平面控制测量

1. 施工坐标系与测量坐标系的坐标换算

施工坐标系亦称建筑坐标系，其坐标轴与主要建筑物主轴线平行或垂直，以便用直角坐标法进行建筑物的放样。

施工控制测量的建筑基线和建筑方格网一般采用施工坐标系，而施工坐标系与测量坐标系往往不一致。因此，施工测量前常常需要进行施工坐标系与测量坐标系的坐标换算。

如图 2-75 所示，设 xOy 为测量坐标系，$x'O'y'$ 为施工坐标系，x_O、y_O 为施工坐标系的原点 O' 在测量坐标系中的坐标，α 为施工坐标系的纵轴 $O'x'$ 在测量坐标系中的坐标方位角。

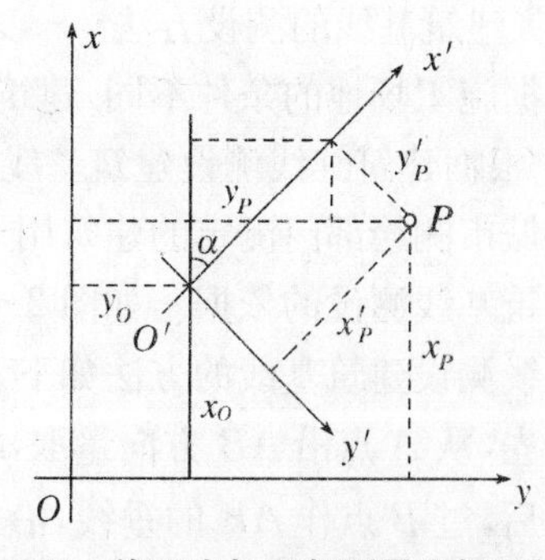

图 2-75 施工坐标系与测量坐标系的换算

设已知 P 点的施工坐标为 (x'_P, y'_P)，则可按式

(2－83)将其换算为测量坐标(x_P,y_P)：

$$\begin{cases} x_P = x_O + x'_P\cos\alpha - y'_P\sin\alpha \\ y_P = y_O + x'_P\sin\alpha + y'_P\cos\alpha \end{cases} \tag{2-83}$$

如已知 P 点的测量坐标，则可按式(2－84)将其换算为施工坐标：

$$\begin{cases} x'_P = (x_P - x_O)\cos\alpha + (y_P - y_O)\sin\alpha \\ y'_P = -(x_P - x_O)\sin\alpha + (y_P - y_O)\cos\alpha \end{cases} \tag{2-84}$$

2. 建筑基线

建筑基线是建筑场地的施工控制基准线，即在建筑场地布置一条或几条轴线。它适用于建筑设计总平面图布置比较简单的小型建筑场地。

(1) 建筑基线的布设形式

建筑基线的布设形式，应根据建筑物的分布、施工场地地形等因素来确定。常用的布设形式有“一”字形、“L”形、“十”字形和“T”形，如图 2－76 所示。

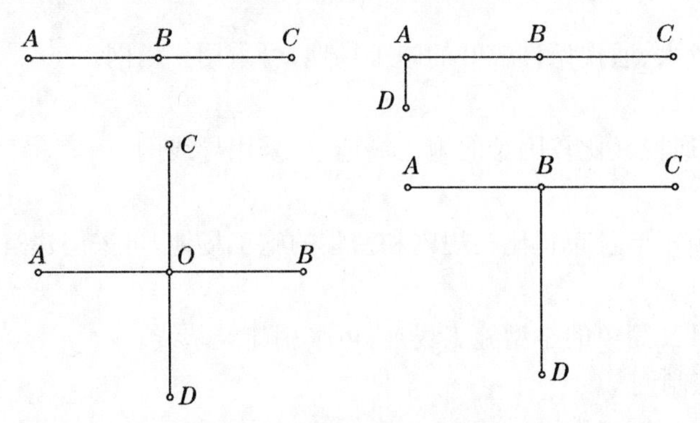

图 2－76　建筑基线的布设形式

(2) 建筑基线的布设要求

① 建筑基线应尽可能靠近拟建的主要建筑物，并与其主要轴线平行，以便使用比较简单的直角坐标法进行建筑物的定位。

② 建筑基线上的基线点应不少于三个，以便相互检核。

③ 建筑基线应尽可能与施工场地的建筑红线相联系。

④ 基线点位应选在通视良好和不易被破坏的地方，为能长期保存，要埋设永久性的混凝土桩。

(3) 建筑基线的测设方法

根据施工场地的条件不同，建筑基线的测设方法有以下两种：

① 根据建筑红线测设建筑基线

由城市测绘部门测定的建筑用地界定基准线，称为建筑红线。在城市建设区，建筑红线可用作建筑基线测设的依据。如图 2－77 所示，AB、AC 为建筑红线，1、2、3 为建筑基线点，利用建筑红线测设建筑基线的方法如下。

首先，从 A 点沿 AB 方向量取 d_2 定出 P 点，沿 AC 方向量取 d_1 定出 Q 点。

然后，过 B 点作 AB 的垂线，沿垂线量取 d_1 定出 2 点，作出标志；过 C 点作 AC 的垂线，沿垂线量取 d_2 定出 3 点，作出标志；用细线拉出直线 $P3$ 和 $Q2$，两条直线的交点即为 1 点，作出

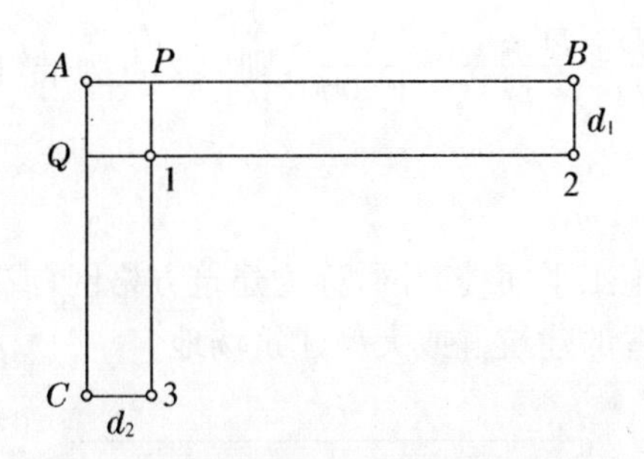

图 2-77　根据建筑红线测设建筑基线

标志。

最后，在 1 点安置经纬仪，精确观测∠213，其与 90°的差值应小于±20″。

② 根据附近已有控制点测设建筑基线

在新建筑区，可以利用建筑基线的设计坐标和附近已有控制点的坐标，用极坐标法测设建筑基线。如图 2-78 所示，A、B 为附近已有控制点，1、2、3 为选定的建筑基线点。测设方法如下。

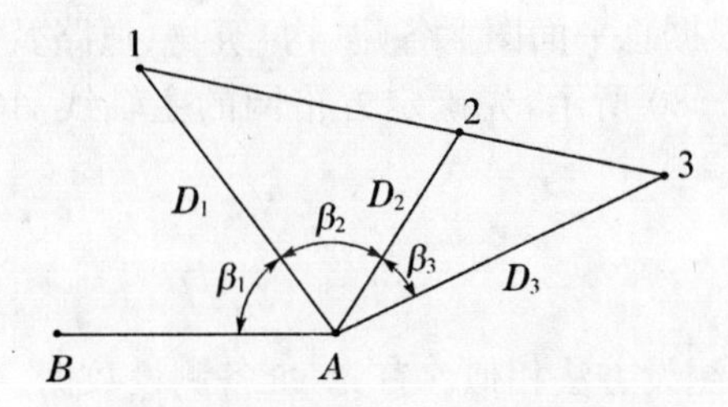

图 2-78　根据控制点测设建筑基线

首先，根据已知控制点和建筑基线点的坐标，计算出测设数据 β_1、D_1、β_2、D_2、β_3、D_3。然后，用极坐标法测设 1、2、3 点。

③ 基线的调整

由于存在测量误差，测设的基线点往往不在同一直线上，且点与点之间的距离与设计值也不完全相符，因此，需要精确测出已测设直线的折角 β' 和距离 D'，并与设计值相比较。如图 2-79 所示，如果 $\Delta\beta=\beta'-180°$ 超过±15″，则应对 1′、2′、3′点在与基线垂直的方向上进行等量调整，调整量按式(2-85)计算：

$$\delta=\frac{ab}{a+b}\times\frac{\Delta\beta}{2\rho} \tag{2-85}$$

式中：δ 为各点的调整值(m)；a、b 为分别为 12、23 的长度(m)。

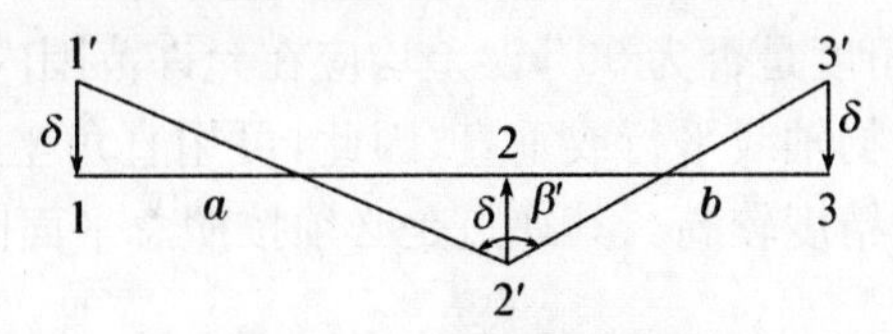

图 2-79　基线点的调整

如果测设距离超限，如$\frac{\Delta D}{D}=\frac{D'-D}{D}>\frac{1}{10\,000}$，则以 2 点为准，按设计长度沿基线方向调整 $1'$、$3'$点。

3. 建筑方格网

由正方形或矩形组成的施工平面控制网，称为建筑方格网，或称矩形网，如图 2－80 所示。建筑方格网适用于按矩形布置的建筑群或大型建筑场地。

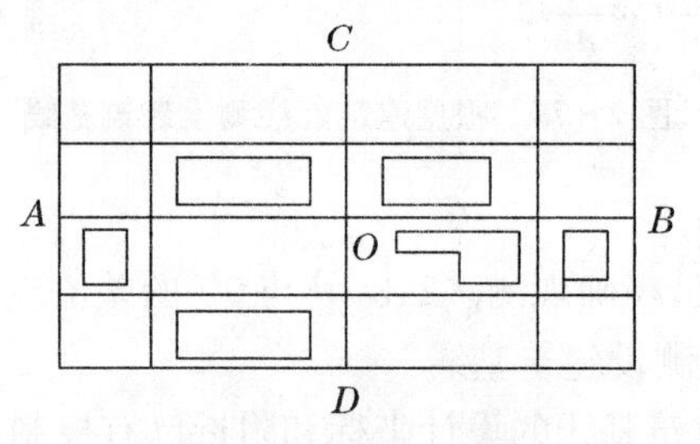

图 2－80 建筑方格网

（1）建筑方格网的布设

布设建筑方格网时，应根据总平面图上各建（构）筑物、道路及各种管线的布置，结合现场的地形条件来确定。如图 2－80 所示，先确定方格网的主轴线 *AOB* 和 *COD*，然后再布设方格网。

（2）建筑方格网的测设

① 主轴线测设

主轴线测设与建筑基线测设方法相似。首先，准备测设数据。然后，测设两条互相垂直的主轴线 *AOB* 和 *COD*，如图 2－80 所示。主轴线实质上是由 5 个主点 *A*、*B*、*O*、*C* 和 *D* 组成的。最后，精确检测主轴线点的相对位置关系，并与设计值相比较，如果超限，则应进行调整。建筑方格网的主要技术要求如表 2－17 所示。

表 2－17 建筑方格网的主要技术要求

等级	边长/m	测角中误差/(″)	边长相对中误差	测角检测限差/(″)	边长检测限差
Ⅰ级	100～300	5	1/30 000	10	1/15 000
Ⅱ级	100～300	8	1/20 000	16	1/10 000

② 方格网点测设

如图 2－80 所示，主轴线测设后，分别在主点 *A*、*B* 和 *C*、*D* 安置经纬仪，后视主点 *O*，向左右测设 90°水平角，即可交会出田字形方格网点。随后再作检核，测量相邻两点间的距离，看是否与设计值相等，测量其角度是否为 90°，误差均应在允许范围内，并埋设永久性标志。

建筑方格网轴线与建筑物轴线平行或垂直，因此，可用直角坐标法进行建筑物的定位，计算简单，测设比较方便，而且精度较高。其缺点是必须按照总平面图布置，其点位易被破坏，而且测设工作量也较大。

由于建筑方格网的测设工作量大，测设精度要求高，因此可委托专业测量单位进行。

2.7.3　施工场地的高程控制测量

1. 施工场地高程控制网的建立

建筑施工场地的高程控制测量一般采用水准测量方法，应根据施工场地附近的国家或城市已知水准点，测定施工场地水准点的高程，以便纳入统一的高程系统。

在施工场地上，水准点的密度应尽可能满足安置一次仪器即可测设出所需的高程。而测图时布设的水准点往往是不够的，因此，还需增设一些水准点。在一般情况下，建筑基线点、建筑方格网点以及导线点也可兼作高程控制点。只要在平面控制点桩面上中心点旁边设置一个突出的半球状标志即可。

为了便于检核和提高测量精度，施工场地高程控制网应布设成闭合或附合路线。高程控制网可分为首级网和加密网，相应的水准点称为基本水准点和施工水准点。

2. 基本水准点

基本水准点应布设在土质坚实、不受施工影响、无震动和便于实测的地方，并埋设永久性标志。一般情况下，按四等水准测量的方法测定其高程，而对于为连续性生产车间或地下管道测设所建立的基本水准点，则需按三等水准测量的方法测定其高程。

3. 施工水准点

施工水准点是用来直接测设建筑物高程的。为了测设方便和减少误差，施工水准点应靠近建筑物。

此外，由于设计建筑物常以底层室内地坪高±0 标高为高程起算面，为了施工引测方便，常在建筑物内部或附近测设±0 水准点。±0 水准点的位置，一般选在稳定的建筑物墙、柱的侧面，用红漆绘成顶为水平线的“▼”形，其顶端表示±0 位置。

拓展与实训

一、填空题

1. 测量误差按性质分为________、________、________。

2. 对某个三角形进行七次观测，测得三角形闭合差分别为$-2''$、$+5''$、$-8''$、$-3''$、$+9''$、$-5''$、$+2''$。其观测中误差为 $m=$________。

3. 闭合多边形内角和计算公式：$\sum\beta=$ ________。

4. 已知 A、B 两点间的距离 D，AB 与 X 轴的夹角为 α，则 A 到 B 的坐标增量：$\Delta x_{AB}=$________、$\Delta y_{AB}=$________。

5. 已知某四等附合导线起始边方位角为 $\alpha_{ab}=224°03'00''$，终结边方位角 $\alpha_{mn}=24°09'00''$，$\sum\beta_{测}=1\,099°53'55''$，测站 $n=5$，其导线角度闭合差________、允许闭合差________。

6. 已知 $\alpha_{ab}=45°30'00''$，$\alpha_{ac}=135°50'20''$，其水平角 $\beta=$________或________。

二、选择题

1. 某多边形内角和为 1 260°，那么此多边形为(　　)。

A. 六边形　　B. 七边形　　C. 八边形　　D. 九边形

2. 视距测量中，上丝读数为 3.076 m，中丝读数为 2.826 m，则距离为(　　)。

A. 25 m　　B. 50 m　　C. 75 m　　D. 100 m

3. 已知 A(161.59,102.386)与 B(288.36,136.41)的坐标值,其 α_{AB} 的坐标方位角与反坐标方位角分别在(　　)象限。

A. 2、4 象限　　B. 4、2 象限　　C. 1、3 象限　　D. 3、1 象限

4. 用测回法观测水平角,不能消除仪器误差中的(　　)。

A. 视准轴误差　　B. 竖轴误差　　C. 横轴误差　　D. 度盘偏心差

三、判断题

1. 坐标计算中,地面两点间所量距离为斜距时,需将斜距改算为水平距离。(　　)
2. 直线定线在两点通视情况下,有目估定向和经纬仪定向两种方法。(　　)
3. 使用测量仪器时可调节目镜螺旋使十字丝影像清晰。(　　)
4. 圆水准器的用途是用来粗略整平仪器。(　　)
5. 经纬仪照准部的主要部件由水平度盘、望远镜和光学读数显微镜组成。(　　)
6. 水平角观测时,测站上整置仪器包括对中、整平两项。(　　)
7. 水平角观测中,测回法通常有归零差、$2c$ 互差和测回差。(　　)
8. 测距仪的测距精度比钢尺量距的精度高。(　　)
9. 经纬仪导线可布设成附合导线、闭合导线、支导线和导线网。(　　)

四、名词解释

1. 闭合导线
2. 符合导线
3. 支导线

五、问答题

1. 测角时为什么一定要对中、整平？如何进行？

2. 测量水平角时,采用盘左、盘右观测取平均值的方法可以消除哪些仪器误差对测量结果带来的影响?

3. 测量竖直角时,为什么每次竖盘读数前应转动竖盘指标水准管的微动螺旋使气泡居中?

4. 何谓竖盘指标差？观测垂直角时如何消除竖盘指标差的影响?

5. 经纬仪有哪些主要轴线？它们之间应满足哪些几何关系?

6. 用经纬仪测角时,采用盘左、盘右观测取平均值的方法可以消除哪些误差的影响？观测水平角时,为什么要改变每一测回的起始读数？用电子经纬仪观测竖直角,若盘左位置望远镜视线大致水平时竖盘读数为 89°12′15″,那么该读数是视线方向的天顶距还是竖直角？该仪器竖直角零方向是怎样设置的?

7. 直线定线的目的是什么？有哪些方法？如何进行?

8. 简述用钢尺在平坦地面量距的步骤。

9. 钢尺量距会产生哪些误差?

10. 衡量距离测量的精度为什么采用相对误差?

11. 说明视距测量的方法。

12. 直线定向的目的是什么？它与直线定线有何区别?

13. 标准北方向有哪几种？它们之间有何关系?

14. 直线定向的标准方向分类？

15. 视距测量的误差来源及消减方法是什么？

16. 控制测量的作用是什么？建立平面控制和高程控制的主要方法有哪些？

17. 如何建立小地区测图控制网？在什么情况下建立小地区的独立控制网？国家控制网有哪些形式？

18. 为什么导线点要与高级控制点连接？

19. 导线计算的目的是什么？计算内容和步骤有哪些？

20. 闭合导线和附合导线计算有哪些异同点？

21. 影响三角高程精度的主要因素是什么？如何减弱其影响？

22. 高程控制测量主要采取什么方法？各自适用于什么情况？

23. 简述三、四等水准测量的观测顺序及测站检核方法。

24. 叙述在实地测设某已知角度一般方法(盘左盘右分中法)的步骤。

25. 简述精密测设水平角的方法。

六、计算题

1. 试完成表中测回法观测水平角的计算。

水平角观测手簿(测回法)

测站	竖盘位置	目标	水平度盘读数	半测回角值	一测回角值	各测回平均值	备注
第一测回 O	左	A	0°01′30″				
		B	98°20′48″				
	右	A	180°01′42″				
		B	278°21′12″				
第二测合 O	左	A	90°01′06″				
		B	188°20′36″				
	右	A	270°00′54″				
		B	8°20′36″				

2. 试完成表中全圆方向观测法观测记录。

水平角观测手簿(方向观测法)

测站	测回数	目标	水平度盘读数		2c	平均读数	归零后方向值	各测回归零后方向平均值	略图及角值
			盘左	盘右					
O	1	A	0°02′30″	180°02′36″					
		B	60°23′36″	240°23′42″					
		C	225°19′06″	45°19′18″					
		D	290°14′54″	110°14′48″					
		A	0°02′36″	180°02′42″					
	2	A	90°03′30″	270°03′24″					
		B	150°23′48″	330°23′30″					
		C	315°19′42″	135°19′30″					
		D	20°15′06″	200°15′00″					
		A	90°03′24″	270°03′18″					

3. 完成表中竖直角的计算。

垂直角观测手簿

测站	目标	竖盘位置	竖盘读数	半测回竖角	指标差	一测回竖角	备注
O	A	左	76°33′36″				
		右	283°25′30″				
	B	左	107°15′06″				
		右	252°45′24″				

4. 已知闭合导线的观测数据如下,试计算导线点的坐标。

导线点号	观测值(右角)	坐标方位角	坐标		
			边长/m	x	y
1	83°21′45″	74°20′00″	92.65	200	200
2	96°31′30″		70.71		
3	176°50′30″		116.2		
4	90°37′45″		74.17		
5	98°32′45″		109.85		
6	174°05′30″		84.57		
1					

5. 已知下列数据，计算附合导线各点的坐标。

点号	左角观测值	坐标方位角	边长/m	坐标	
				X	Y
B					
		127°20′30″			
A	231°02′30″			3 509.58	2 675.89
			40.51		
1	64°52′00″				
			79.04		
2	182°29′00″				
			59.12		
C	138°42′30″			3 529.00	2 801.54
		24°26′45″			
D					

6. 要在坡度一致的倾斜地面上测设水平距离为 45.000 m 的线段，所用钢尺的尺长方程式为 $l_t=30\ \text{m}-0.007\ \text{m}+1.25\times10^{-5}\times(t-20\ ℃)\times30\ \text{m}$。预先测定线段两端的高差为 −1.20 m，测设时的温度为 12 ℃。试计算用这把钢尺在实地沿倾斜地面应量的长度。

职业技能训练

由已知点和三个未知点组成的闭合导线约 1 km。每组 4 人独立完成指定导线的全部观测，每人完成 1 测站的仪器安置、观测、记录计算工作；不得采用三联脚架法，每组只能使用三个脚架。要求经过 3 个指定的未知点并测算出其平面坐标。各组独立观测一条导线，路线的起始点及待定点由抽签确定。计算表中必须注明角度闭合差及允许值、坐标闭合差、相对闭合差及允许值。角度测量采用测回法精确到秒，距离测量精确到毫米位。

评分标准：成果全部符合限差要求和无违反记录规定者定为一类成果；存在重大问题或违规的判定为二类成果。二类成果评分先按评分标准评定，再以一类成果最低分乘以该二类成果得分除以 100 为二类成果分。

成绩主要从参赛队的作业速度、成果质量等方面考虑，采用百分制。其中成果质量由教师按照事先公布的规则裁定，作业速度按各组用时统一计算，时间以秒为单位。得分计算方法：

$$S_i=\left(1-\frac{T_i-T_1}{T_n-T_1}\times40\%\right)\times40$$

式中：T_1 为所有各组中用时最少的时间；T_n 所有各组中不超过最大时长的队伍中用时最多的时间；T_i 为第 i 组实际用时。

测量最大时长限制为 2.5 小时。凡超过最大时长的小组，终止操作。

项目 3　高程控制测量

项目概述

本项目介绍了高程测量的方法和原理；DS3 型水准仪的组成和使用；水准误差的来源和调整。通过本章学习，应了解水准测量的原理和水准仪的基本构造、自动安平水准仪和精密水准仪的特点。掌握 DS3 型水准仪的使用方法、水准测量的施测方法和内业计算，视差及消除视差的方法。

知识目标

◆ 掌握水准测量的原理和水准仪的基本构造；
◆ 了解自动安平水准仪和精密水准仪的特点；
◆ 掌握 DS3 型水准仪的使用方法；
◆ 掌握水准测量的施测方法和内业计算。

技能目标

◆ 会使用 DS3 型自动安平水准仪进行水准测量；
◆ 能根据水准测量外业测量数据进行内业计算。

学时建议

12 课时

项目导图

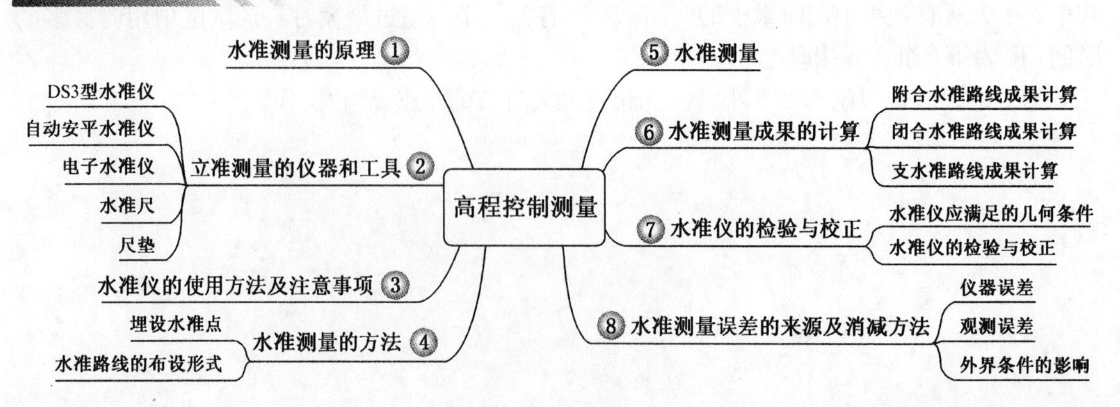

工程导入

A 点为后视点，*B* 点为前视点，*A* 点高程为 87.425 m。当后视读数为 1.124 m、前视读数为 1.428 m 时，*A*、*B* 两点的高差是多少？*B* 点比 *A* 点高还是低？*B* 点高程是多少？请绘图说明。

3.1　水准测量的原理

水准测量原理是利用水准仪提供水平视线，借助竖立在地面点上的水准尺，直接测定地面上各点间的高差，然后根据已知高程推算其他各点未知的高程。

如图 3-1 所示，设已知 *A* 点的高程为 H_A，欲测定 *B* 点的高程 H_B，则可在 *A*、*B* 两点上分别竖立有刻划的尺子——水准尺，并在 *A*、*B* 两点之间安置一台能提供水平视线的仪器——水准仪。根据仪器的水平视线，在 *A* 点尺上读数，设为 a；在 *B* 点尺上读数，设为 b。则 *A*、*B* 两点间的高差为

$$h_{AB}=a-b \tag{3-1}$$

B 点的高程为

$$H_B=H_A+h_{AB} \tag{3-2}$$

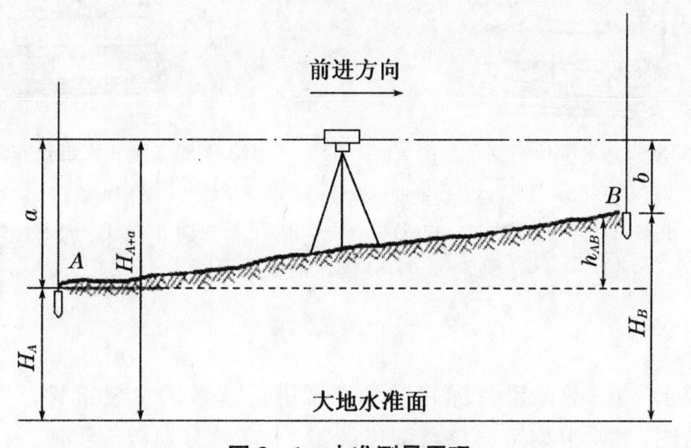

图 3-1　水准测量原理

如果方向是由已知点 *A* 到待定点 *B* 进行的，如图 3-1 中的箭头所示，则称 *A* 点为后视点，*A* 点尺上读数 a 为水准测量后视读数；*B* 点为前视点，*B* 点上读数 b 为前视读数。*A*、*B* 两点间的高差，等于后视读数减去前视读数。高差有正、有负。当读数 $a>b$ 时，h_{AB} 为正值，说明 *B* 点高于 *A* 点；反之，当读数 $a<b$ 时，h_{AB} 为负值，说明 *B* 点低于 *A* 点。在计算高程时，高差应连同其符号一并运算。

还可以通过仪器的视线高程 H_i 计算 *B* 点的高程，如图 3-1 所示：

$$\begin{cases} H_i=H_A+a \\ H_B=H_i-b \end{cases} \tag{3-3}$$

由式(3-2)根据高差计算高程，称为高差法；由式(3-3)根据视线高程计算高程，称为视

线高法。当只需安置一次仪器就能确定若干个地面点高程时，使用视线高法比较方便。

3.2 水准测量的仪器和工具

水准测量所使用的仪器为水准仪，工具有水准尺和尺垫。水准仪按其精度分有 DS0.5、DS1、DS3、DS10 等不同精度。“D”和“S”分别是“大地”和“水准仪”的汉语拼音的第一个字母，数字 0.5、1、3、10 表示该类仪器的精度，即每千米往、返测高差中数的偶然中误差（毫米数）。数字越小，精度越高。建筑工程测量中一般多使用 DS3 型水准仪，使用该仪器进行水准测量，每千米往、返测高差中数的偶然中误差为±3 mm。

3.2.1 DS3 型水准仪

根据水准测量的原理，水准仪的主要作用是提供一条水平视线，并能照准水准尺进行读数。DS3 型水准仪的基本构造由望远镜、水准器和基座三部分组成。如图 3-2 所示是我国生产的 DS3 型水准仪。

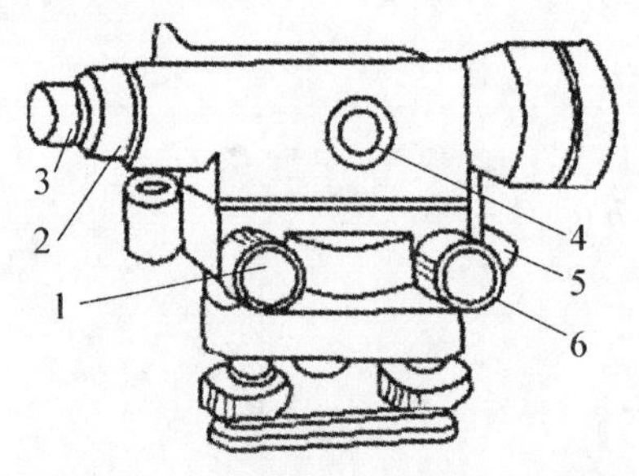

(a) DS3微倾式水准仪右侧示意图

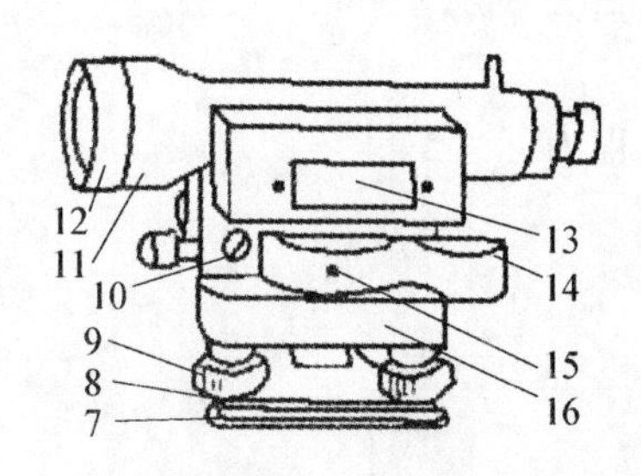

(b) DS3微倾式水准仪左侧示意图

1—微倾螺旋；2—分划板护罩；3—目镜；4—物镜调焦螺旋；5—制动螺旋；6—微动螺旋；7—底板；8—三角压板；9—脚螺旋；10—弹簧帽；11—望远镜；12—物镜；13—管水准器；14—圆水准器；15—连接小螺钉；16—轴座

图 3-2 DS3 型水准仪外形图

1. 望远镜

望远镜是构成水平视线、瞄准目标并对水准尺进行读数的主要部件。图 3-3 是 DS3 水准仪望远镜的构造图，主要由物镜、目镜、调焦透镜、十字丝分划板等组成。

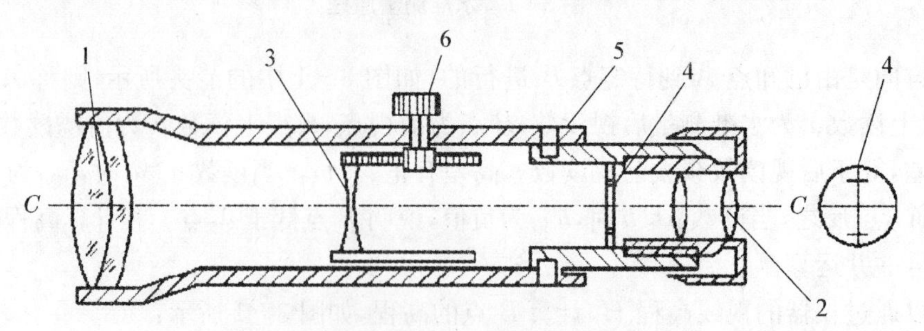

1—物镜；2—目镜；3—调焦透镜；4—十字丝分划板；5—连接螺钉；6—调焦螺旋

图 3-3 DS3 水准仪望远镜的构造图

物镜和目镜多采用复合透镜组。物镜的作用是和调焦透镜一起使远处的目标在十字丝分划板上，形成缩小的实像。转动物镜调焦螺旋，可使不同距离目标的成像清晰地落在十字丝分划板上，称为调焦或物镜对光。目镜的作用是将物镜所成的实像与十字丝一起放大成虚像。转动目镜螺旋，可使十字丝影像清晰，称目镜对光。

十字丝分划板是一块刻有分划线的透明薄平板玻璃片。分划板上互相垂直的两条长丝，称为十字丝。竖直的一条称为纵丝，水平的一条称为横丝（又称中丝），与横丝平行的上、下两条对称的短丝称为视距丝，用于测定距离。水准测量时，用十字丝交叉点和中丝瞄准目标并读数。

十字丝交点与物镜光心的连线，称为望远镜的视准轴（图 3-3 中的 C-C）。水准测量是在视准轴水平时，用十字丝的中丝读取水准尺上的读数。从望远镜内所看到的目标影像的视角 β 与肉眼直接观察该目标的视角 α 之比，称为望远镜的放大率，$V=\beta/\alpha$。DS3 水准仪望远镜的放大率一般为 25～30 倍。

2. 水准器

水准器是用来整平仪器、指示视准轴是否水平，供操作人员判断水准仪是否置平的重要部件，有圆水准器（图 3-4）和管水准器（图 3-5）两种。

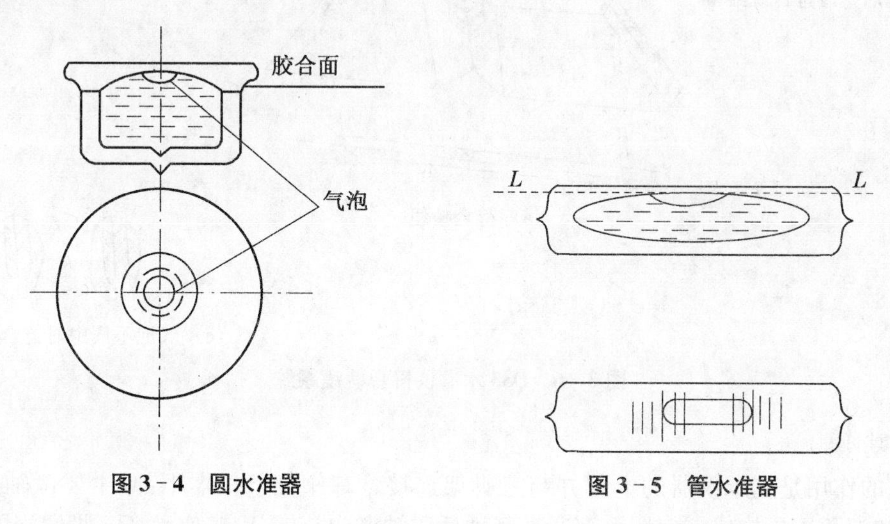

图 3-4　圆水准器　　　图 3-5　管水准器

（1）圆水准器

如图 3-4 所示，圆水准器为一密闭的玻璃圆盒，它的顶面内壁为球面，内装有乙醚溶液，密封后留有气泡。球面中心有圆形分划圈，圆圈的中心为圆水准器的零点。通过零点与球面球心的连线称为圆水准器轴。当气泡居中时，该轴线处于铅垂位置；气泡偏离零点，轴线呈倾斜状态。气泡中心偏离零点 2 mm，轴线所倾斜的角值，称为圆水准器的分划值。DS3 水准仪圆水准器分划值一般为 $8'$～$10'$。圆水准器的功能是用于仪器的粗略整平。

（2）管水准器

管水准器又称水准管，它是一个管状玻璃管，其纵向内壁磨成一定半径的圆弧，管内装有乙醚溶液，加热融封冷却后在管内留有一个气泡（图 3-5）。由于气泡较液体轻，气泡恒处于最高位置。水准管内壁圆弧的中心点（最高点）为水准管的零点。过零点与圆弧相切的切线称水准管轴（图 3-5 中 L-L）。当气泡中点处于零点位置时，称气泡居中，这时水准管轴处于水平位置，否则水准管轴处于倾斜位置。水准管的两端各刻有数条间隔为 2 mm 的分划线，水准管上 2 mm 间隔的圆弧所对的圆心角，称为水准管的分划值，用“τ”表示。

$$\tau=2\rho/R \tag{3-4}$$

式中：R 为水准管圆弧半径(mm)；ρ 为弧度相应的秒值，$\rho=206\ 265''$。

水准管分划值越小，水准管灵敏度越高。DS3 水准仪水准管的分划值为 20″，记作 20″/2 mm。由于水准管的精度较高，因而用于仪器的精确整平。

为了便于观测和提高水准管气泡居中的精度，DS3 水准仪水准管的上方装有符合棱镜系统，如图 3-6(a)所示。通过棱镜组的反射折光作用，将气泡两端的影像同时反映到望远镜旁的观察窗内。通过观察窗观察，当两端半边气泡的影像符合时，表明气泡居中，如图 3-6(b)所示；若两影像成错开状态，表明气泡不居中，如图 3-6(c)所示，此时应转动微倾螺旋使气泡影像符合。

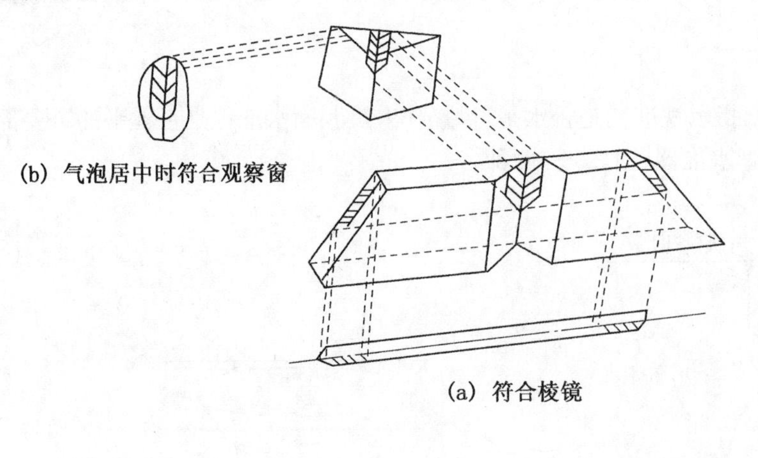

(b) 气泡居中时符合观察窗

(a) 符合棱镜

(c) 气泡不居中时符合观察窗

图 3-6 DS3 水准仪符合棱镜系统

(3) 基座

基座的作用是支承仪器的上部并与三脚架连接。基座位于仪器下部，主要由轴座、脚螺旋、底板和三角压板构成。仪器上部通过竖轴插入轴座内旋转，由基座承托。脚螺旋用于调节圆水准器气泡居中。底板通过连接螺旋与三脚架连接。

水准仪除上述部分外，还装有制动螺旋、微动螺旋和微倾螺旋。制动螺旋用于固定仪器，当仪器固定不动时，转动微动螺旋可使望远镜在水平方向做微小转动，用以精确瞄准目标。微倾螺旋可使望远镜在竖直面内微动，圆水准器气泡居中后，转动微倾螺旋使管水准器气泡影像符合，即可利用水平视线读数。

3.2.2 自动安平水准仪

自动安平水准仪是一种只需粗略整平即可获得水平视线读数的仪器，即利用水准仪上的圆水准器将仪器粗略整平时，由于仪器内部自动安平机构(自动安平补偿器)的作用，十字丝交点上读得的读数始终为视线水平时的读数。由于无需精平，这样不仅可以缩短水准测量的观测时间，而且对于施工场地地面的微小震动、松软土地的仪器下沉以及大风吹刮等原因，引起的视线微小倾斜，能迅速自动安平仪器，从而提高了水准测量的观测精度。

自动安平水准仪与微倾式水准仪的区别：

(1) 自动安平水准仪的机械部分采用了摩擦制动(无制动螺旋)控制望远镜的转动。

(2) 自动安平水准仪在望远镜的光学系统中装有一个自动补偿器代替了管水准器，起到了自动安平的作用。当望远镜视线有微量倾斜时，补偿器在重力作用下对望远镜做相对移动，从而能自动而迅速地获得视线水平时的标尺读数。

自动安平水准仪由于没有制动螺旋、管水准器和微倾螺旋，在观测时，在仪器粗略整平后，即可直接在水准尺上进行读数。因此，自动安平水准仪的优点是省略了“精平”过程，从而大大加快了测量速度。

3.2.3 电子水准仪

电子水准仪的主要优点：

(1) 操作简捷，自动观测和记录，并立即用数字显示测量结果。

(2) 整个观测过程在几秒钟内即可完成，从而大大减少观测错误和误差。

(3) 仪器还附有数据处理器及与之配套的软件，从而可将观测结果输入计算机进入后处理，实现测量工作自动化和流水线作业，大大提高功效。

1. 电子水准仪的观测精度

电子水准仪的观测精度高，如瑞士徕卡公司开发的NA2000型电子水准仪的分辨力为0.1 mm，每千米往返测得高差中数的偶然中误差为2.0 mm；NA3003型电子水准仪的分辨力为0.01 mm，每千米往返测得高差中数的偶然中误差为0.4 mm。

2. 电子水准仪测量原理简述

与电子水准仪配套使用的水准尺为条形编码尺，通常由玻璃纤维或铟钢制成。在电子水准仪中装置有行阵传感器，它可识别水准标尺上的条形编码。电子水准仪摄入条形编码后，经处理器转变为相应的数字，再通过信号转换和数据化，在显示屏上直接显示中丝读数和视距。

3. 电子水准仪的使用

NA2000型电子水准仪用15个键的键盘和安装在侧面的测量键来操作。有两行LCD显示器显示给使用者，并显示测量结果和系统的状态。观测时，电子水准仪在人工完成安置与粗平、瞄准目标(条形编码水准尺)后，按下测量键后约3～4秒即显示出测量结果。其测量结果可储存在电子水准仪内或通过电缆连接存入机内记录器中。

另外，观测中如水准标尺条形编码被局部遮挡<30%，仍可进行观测。

3.2.4 水准尺

水准尺是水准测量时使用的标尺，其质量好坏直接影响水准测量的精度。因此，水准尺需用伸缩性小、不易变形的优质材料制成，如优质木材、玻璃钢、铝合金等。常用的水准尺有塔尺和双面尺两种，如图3-7所示。塔尺[图3-7(a)]，仅用于等外水准测量。一般由两节或三节套接而成，其长度有3 m和5 m两种。

塔尺可以伸缩，尺的底部为零点。尺上黑白格相间，每格宽度为1 cm，有的为0.5 cm，每米和分米处皆注有数字。数字有正字和倒字两种。数字上加红点表示米数。

双面尺[图3-7(b)]多用于三四等水准测量，其长度为3 m，两根尺为一对。尺的两面均有刻划，一面为红白相间称红面尺；另一面为黑白相间，称黑面尺(也称主尺)，两面的最小刻划均为 1 cm，并在分米处注字。两根尺的黑面均由零开始；而红面，一根尺由 4.687 m 开始至 7.687 m，另一根由 4.787 m 开始至 7.787 m。其目的是避免观测时的读数错误，以便校核读数；同时，用红、黑面读数求得高差，可进行测站检核计算。

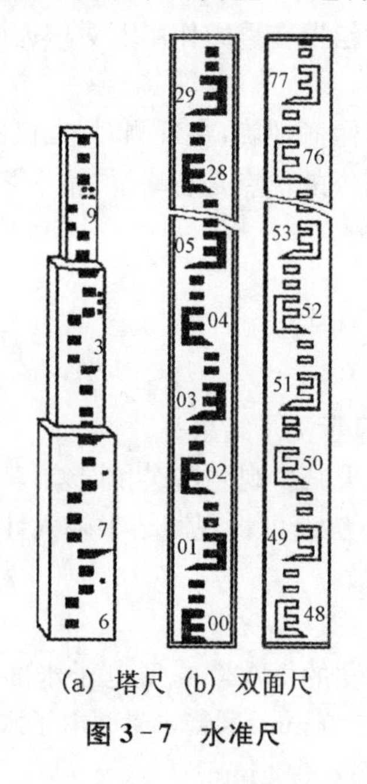

(a) 塔尺 (b) 双面尺

图 3-7 水准尺

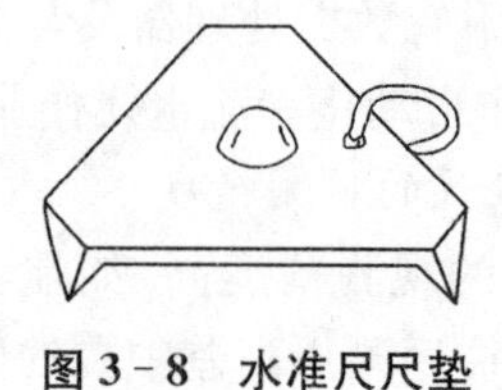

图 3-8 水准尺尺垫

3.2.5 尺垫

尺垫是在转点处放置水准尺用的。如图 3-8 所示，尺垫用生铁铸成，一般为三角形，中间有一突起的半球体，下方有三个支脚。使用时将支脚牢固地踩入土中，以防下沉。上方突起的半球形顶点作为竖立水准尺和标志转点之用。

3.3 水准仪的使用方法及注意事项

普通水准仪的使用包括仪器安置、粗略整平、瞄准、读数等操作步骤。

(1) 安置水准仪

在测站上安置三脚架，根据需要的高度调整架腿的长度，使其高度适中，再拧紧固定螺旋，张开三脚架将架腿踩实，并使三脚架架头大致水平。操作要点一是高度适中，为观测者的胸襟之间，二是腿架稳当，三是架头大致水平。

(2) 粗略整平仪器

粗略整平就是通过调节脚螺旋使圆水准器的气泡居中，仪器竖轴大致竖直，视线粗略水平。具体步骤是：先将脚架的两脚踏实，操纵另一脚架前后、左右慢慢移动，使圆水准器气泡基本居中，将此脚架踩实。再转动脚螺旋，使气泡居中，达到整平仪器的目的。如图 3-9(a)所示，如气泡不在圆水准器的中心而偏到点 a，首先用双手同时向内或向外转动脚螺旋①和②，使气泡从 a 移动到 b，如图 3-9(b)所示(气泡移动的方向与左手大拇指移动方向一致)，再转动脚螺旋③，即可使气泡居中。这时仪器竖轴基本处于铅垂位置。

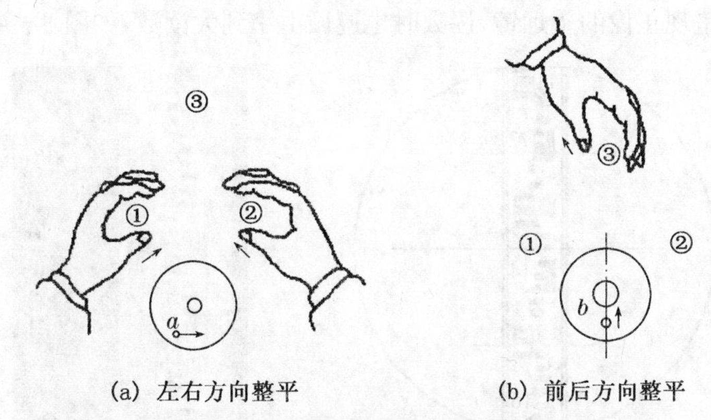

(a) 左右方向整平　　(b) 前后方向整平

图3-9　圆水准器整平示意图

(3) 瞄准水准尺

其基本步骤如下：

① 目镜对光。先将望远镜对着明亮背景，根据观测者的视力，转动十字丝调焦螺旋，使十字丝看得十分清晰。

② 瞄准。先松开制动螺旋，转动望远镜，利用镜筒上的缺口和准星概略瞄准目标，在望远镜内看到水准尺后，拧紧制动螺旋。转动对光螺旋，使水准尺的成像清晰。再转动微动螺旋，使十字丝竖丝对准水准尺，以便读取读数。

③ 消除视差。瞄准目标时，如对光不完善，尺像就不能落在十字丝的平面上，眼睛靠近目镜端上下微动，如图3-10(a)所示，若发现十字丝与目标影像有相对移动，这种现象称为十字丝视差。产生视差的原因是水准尺没有恰好成像于十字丝分划板平面。十字丝视差的存在将影响读数的正确性。消除的方法是反复交替调节十字丝调焦螺旋和物镜对光螺旋，直到十字丝和尺像稳定、读数不变为止。此时，从目镜端看到十字丝与目标的像十分清晰，如图3-10(b)所示。

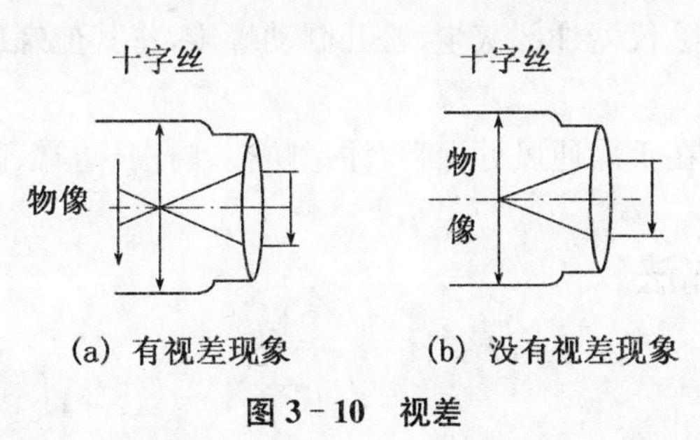

(a) 有视差现象　　(b) 没有视差现象

图3-10　视差

(4) 精确整平并读数

每次读数前，眼睛在目镜左方的气泡观察窗看水准管气泡是否居中，如两边气泡的像未吻合，转动微倾螺旋，使两个像严格吻合。由于气泡移动有惯性，所以转动微倾螺旋的速度要慢。气泡的两个像完全吻合而又稳定，表明视准轴已精确水平，即可用十字丝中丝在水准尺上读数。如图3-11(a)所示，中丝读数为1.337 m。读完读数应回头看一下气泡是否仍居中，如居中则读数有效，否则读数无效，需重读。目前大多数水准仪均采用倒像望远镜，所以水准尺倒写的数字从望远镜中看到的是正写的数字，读数时应由小到大读数，直接读出米、分米和厘米，估读毫米。同样，呈现正像的望远镜，读数时也遵循由小到大读数，如图 3－11(b)所示。

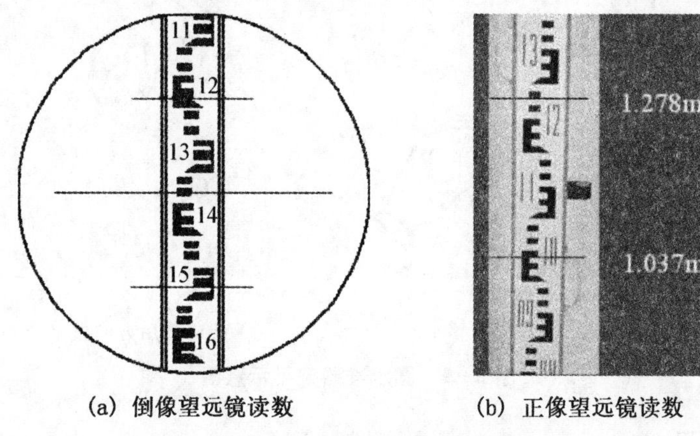

(a) 倒像望远镜读数　　(b) 正像望远镜读数

图 3－11　水准尺读数示意图

(5) 注意事项

① 每次作业时，必须检查仪器箱是否扣好或锁好，提手和背带是否牢固。

② 取出仪器时，应先看清楚仪器在箱内的安放位置，以便使用完毕照原样装箱，仪器取出后，要盖好仪器箱。

③ 安置仪器时，注意拧紧架腿螺旋和中心连接螺旋，作业员在测量过程中不得离开仪器，特别是在建筑工地等处工作时，更需防止意外事故发生。

④ 操作仪器时，制动螺旋不要拧得过紧，仪器制动后，不得用力转动仪器，转动仪器时必须先松开制动螺旋。

⑤ 仪器在工作时，应撑伞遮住仪器，以避免仪器被暴晒和雨淋，影响观测精度。

⑥ 迁站时，若距离较近，可将仪器各制动螺旋固紧，收拢三脚架，一手持脚架，一手托住仪器搬移。若距离较远，应装箱搬运。

⑦ 仪器装箱前，先清除仪器外部灰尘，松开制动螺旋，将其他螺旋旋至中部位置。按仪器在箱内的原安放位置装箱。

⑧ 仪器装箱后，应放在干燥通风处保存，注意防盗、防潮、防霉、防碰撞。

3.4　水准测量的方法

3.4.1　埋设水准点

用水准测量方法测定的高程达到一定精度的高程控制点，通常称这些点为水准点(Bench-Mark)，简记为 BM。

水准点有永久性和临时性两种。国家等级水准点，如图 3－12 所示，一般用石料或钢筋混凝土制成，深埋到地面冻结线以下，在标石的顶面设有不锈钢或其他不易锈蚀的材料制成的半球状标志。半球状标志顶点表示水准点的点位。有的用金属标志埋设于基础稳固的建筑物墙脚下，称为墙上水准点，如图 3－13 所示。

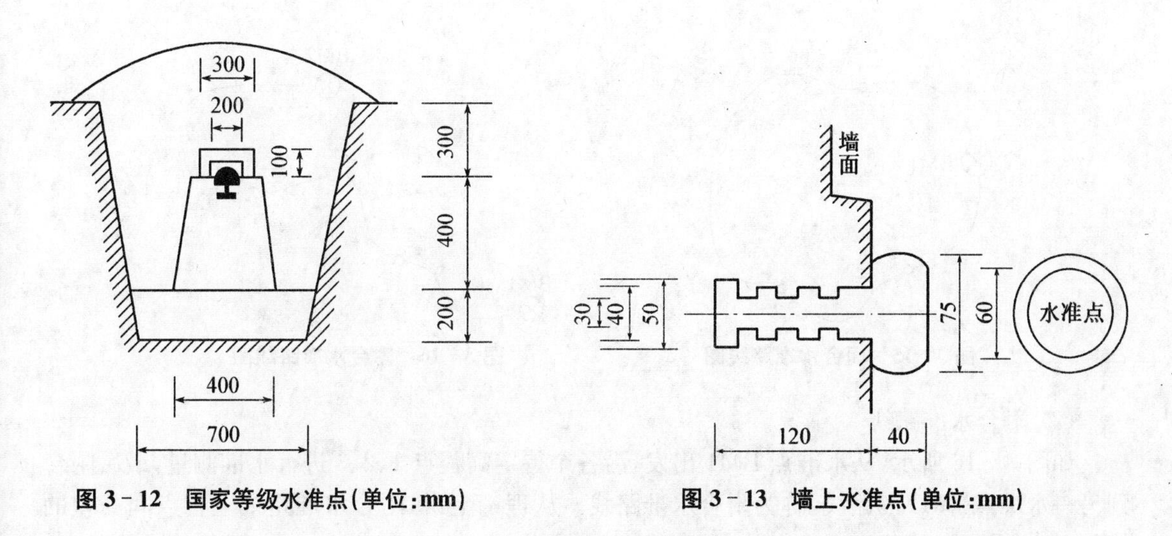

图 3－12　国家等级水准点(单位:mm)　　　　图 3－13　墙上水准点(单位:mm)

建筑工地上的永久性水准点一般用混凝土预制而成,顶面嵌入半球形的金属标志[图 3－14(a)]表示该水准点的点位。临时性的水准点可选在地面突出的坚硬岩石或房屋勒脚、台阶上,用红漆做标记,也可用大木桩打入地下,桩顶上钉一半球形钉子作为标志[图3－14(b)]。选择埋设水准点的具体地点,应能保证标石稳定、安全、长期保存,而且又便于使用。埋设水准点后,为了便于寻找水准点,应绘出能标记水准点位置的草图(称点之记),图上要注明水准点的编号,与周围地物的位置关系。

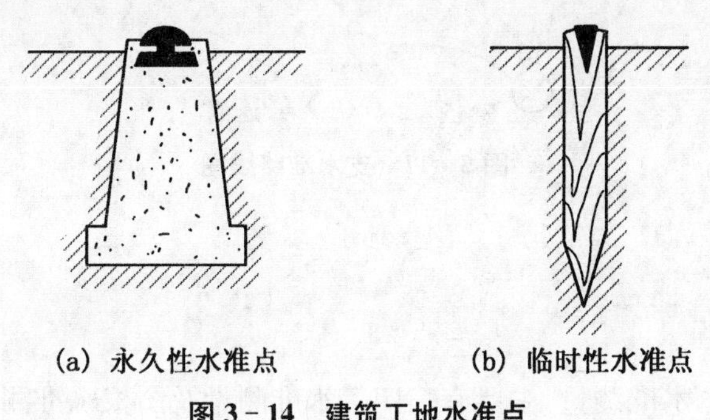

(a) 永久性水准点　　　　(b) 临时性水准点

图 3－14　建筑工地水准点

3.4.2　水准路线的布设形式

水准测量所经过的路线称为水准路线。在水准测量中,为了避免观测、记录和计算中发生人为粗差,并保证测量成果能达到一定的精度要求,必须布设某种形式的水准路线,利用一定的条件来检核所测结果的正确性。在一般的工程测量中,水准路线主要有如下 3 种形式:

(1) 如图 3－15 所示,闭合水准路线 BM1 出发,沿待定高程点 1、2、3、4 进行水准测量,最后回到原始出发点 BM1 的路线,称为闭合水准路线。从理论上讲,闭合水准路线上各点之间的高差代数和应等于零。

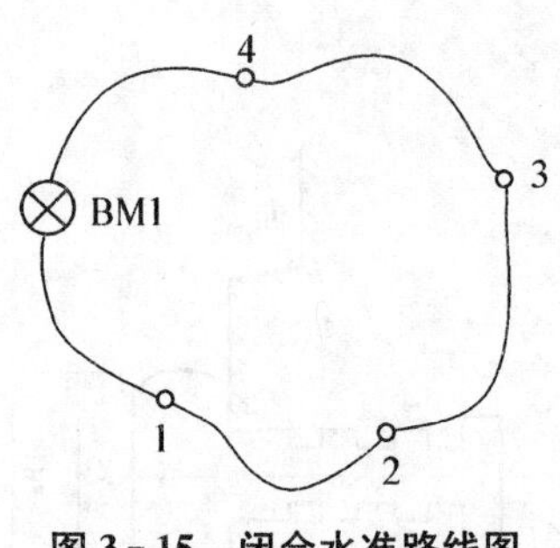

图 3-15　闭合水准路线图

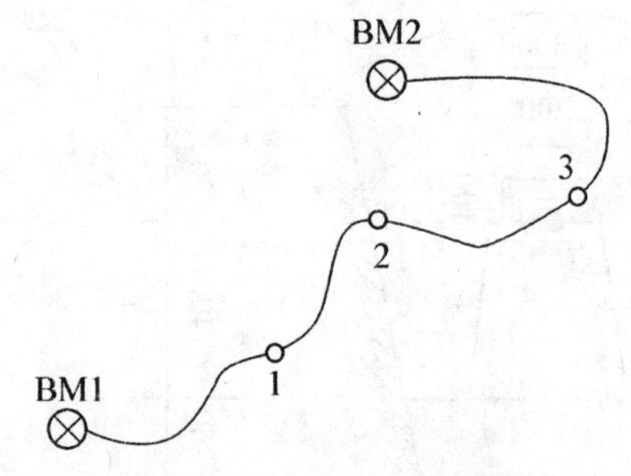

图 3-16　附合水准路线图

(2) 附合水准路线

如图 3-16 所示,从水准点 BM1 出发,沿各个待定高程点 1、2、3 进行水准测量,最后附合到另一水准点 BM2 的路线,称为附合水准路线。从理论上讲,附合水准路线上各点间高差的代数和应等于始、终两个水准点的高程之差。

(3) 支水准路线

如图 3-17 所示,从一已知水准点 BM5 出发,沿待定高程点 1、2 进行水准测量,既不闭合又不附合,这种水准路线称为支水准路线。支水准路线要进行往、返观测,以便检核。

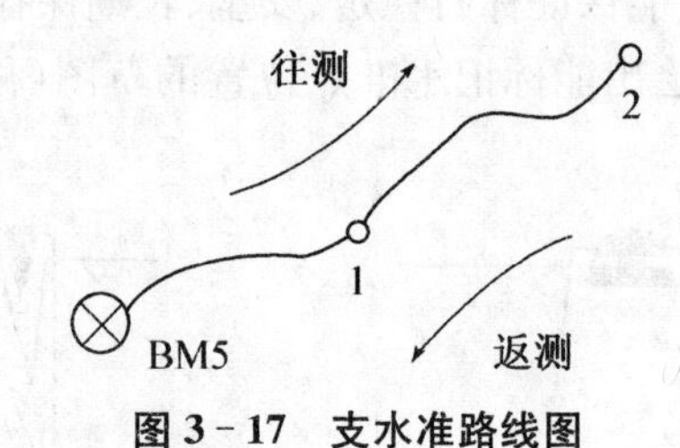

图 3-17　支水准路线图

3.5　水准测量

小地区高程控制的水准测量,主要有三四等水准测量及图根水准测量,主要适用于平坦地区的高程控制测量,其主要技术要求和实测方法如下。

1. 水准测量的等级及主要技术要求

三、四等水准测量,常作为小地区测绘大比例尺地形图和施工测量的高程基本控制。三、四等水准测量的主要技术要求见表 3-1。

表 3-1　三、四等水准测量的主要技术要求

等级	路线长度/km	水准仪	水准尺	观测次数		往返较差、附合或环线闭合差	
				与已知点联测	符合或环线	平地/mm	山地/mm
三	≤50	DS1	因瓦	往返各一次	往一次	$\pm 12\sqrt{L}$	$\pm 4\sqrt{n}$
		DS3	双面		往返各一次		
四	≤16	DS3	双面	往返各一次	往一次	$\pm 20\sqrt{L}$	$\pm 6\sqrt{n}$

注：L 为水准路线长度(km)；n 为测站数。

2. 三、四等水准测量观测的技术要求

三、四等水准测量观测的技术要求见表 3-2。

表 3-2　三、四等水准测量观测的技术要求

等级	水准仪	视线长度/m	前后视距差/m	前后视距累积差/m	视线高度	黑面、红面读数之差/mm	黑面、红面所测高差之差/mm
三	DS1	100	3	6	三丝能读数	1.0	1.5
	DS3	75				2.0	3.0
四	DS3	100	5	10	三丝能读数	3.0	5.0

3. 一个测站上的观测程序和记录

一个测站上的这种观测程序简称“后—前—前—后”或“黑—黑—红—红”。四等水准测量也可采用“后—后—前—前”或“黑—红—黑—红”的观测程序。

4. 测站计算与检核

三、四等水准测量手簿如表 3-3 所示。

(1) 视距部分

视距等于上丝读数与下丝读数的差乘以 100。

后视距离：(9)＝[(1)－(2)]×100

前视距离：(10)＝[(4)－(5)]×100

计算前、后视距差：(11)＝(9)－(10)

计算前、后视距累积差：(12)＝上站(12)＋本站(11)

(2) 水准尺读数检核

同一水准尺的红、黑面中丝读数之差，应等于该尺红、黑面的尺常数 K(4.687 m 或 4.787m)。红、黑面中丝读数差(13)、(14)按下式计算：

$$(13)=K_{前}+(6)-(7)$$

$$(14)=K_{后}+(3)-(8)$$

红、黑面中丝读数差(13)、(14)的值，三等不得超过 2 mm，四等不得超过 3 mm。

(3) 高差计算与校核

根据黑面、红面读数计算黑面、红面高差(15)、(16)，计算平均高差(18)。

黑面高差：(15)＝(3)－(6)

红面高差：(16)＝(8)－(7)

黑、红面高差之差：(17)＝(15)－[(16)±0.100]＝(14)－(13)(校核用)

式中：0.100 为两根水准尺的尺常数之差(m)。

黑、红面高差之差(17)的值，三等不得超过 3 mm，四等不得超过 5 mm。

平均高差：(18)＝{(15)＋[(16)±0.100]}/2

当 $K_{后}$＝4.687 m 时，式中取＋0.100 m；当 $K_{后}$＝4.787 m 时，式中取－0.100 m。

表 3-3 三、四等水准测量手簿(双面尺法)

测站编号	点号	后尺/mm 上丝 / 下丝 后视距/m 视距差/m	前尺/mm 上丝 / 下丝 前视距/m $\sum d$/m	方向及尺号	水准尺读数 黑面	水准尺读数 红面	K＋黑－红/mm	平均高差/m	备注
		(1) (2) (9) (11)	(4) (5) (10) (12)	后 前 后—前	(3) (6) (15)	(8) (7) (16)	(14) (13) (17)	(18)	
1	BMA-TP1	1 673 1 290 38.3 ＋0.1	1 378 0996 38.2 ＋0.1	后 47 前 48 后—前	1 483 1 290 0.193	6 170 6 076 0.094	＋0 ＋1 －1	＋0.193 5	K 为水准尺常数，表中 K47＝4 687 K48＝4 787
2	TP1-1	1 285 0860 42.5 －0.2	1 848 1 421 42.7 －0.1	后 48 前 47 后—前	1 062 1 744 －0.682	5 849 6 430 －0.581	＋0 ＋1 －1	－0.681 5	
3	1-TP2	1 198 0843 35.5 ＋0.9	1 448 1 102 34.6 ＋0.8	后 47 前 48 后—前	1 061 1 330 －0.269	5 749 6 117 －0.368	－1 ＋0 －1	－0.268 5	
4	TP2-2	1 180 0791 38.9 ＋0.1	1 630 1 242 38.8 ＋0.9	后 48 前 47 后—前	0985 1 454 －0.469	5 772 6 140 －0.368	＋0 ＋1 －1	－0.468 5	
每页检核	$\sum(9)=155.2$　$\sum[(3)+(8)]=28.131$　$\sum[(15)+(16)]=-2.45$ $-\sum(10)=154.3$　$-\sum[(6)+(7)]=30.581$ $=+0.9=4$ 站(12)　$=-2.45$ $\sum(18)=-1.225$　$2\sum(18)=-2.45$								

（续表）

测站编号	点号	后尺/mm 上丝 下丝 后视距/m 视距差/m	前尺/mm 上丝 下丝 前视距/m $\sum d$/m	方向及尺号	水准尺读数 黑面	水准尺读数 红面	K+黑−红/mm	平均高差/m	备注
		(1) (2) (9) (11)	(4) (5) (10) (12)	后 前 后—前	(3) (6) (15)	(8) (7) (16)	(14) (13) (17)	(18)	
5	2 - TP3	1 115 0718 39.7 −0.1	1 259 0861 39.8 +0.8	后 47 前 48 后—前	0916 1 062 −0.146	5 603 5 850 −0.247	+0 −1 +1	−0.146 5	
6	TP3 - 3	1 685 1 228 45.7 +0.1	1 066 0610 45.6 +0.9	后 48 前 47 后—前	1 358 0910 +0.448	6 145 5 597 +0.548	+0 +0 +0	+0.448 0	K 为水准尺常数，表中 $K47$ =4 687 $K48$= 4787
7	3 - TP4	1 720 1 318 40.2 +0	1 120 0718 40.2 +0.9	后 47 前 48 后—前	1 521 0920 +0.601	6 208 5 707 +0.501	+0 +0 +0	+0.601 0	
8	TP4 - BMA	1 542 1 151 39.1 +0.1	1 119 0729 39.0 +1.0	后 48 前 47 后—前	1 250 0922 +0.328	6 036 5 609 +0.427	+1 +0 +1	+0.327 5	
每页检核	$\sum(9)=164.7$　$-\sum(10)=164.6$　$=+0.1=8$ 站(12) $\sum[(3)+(8)]=29.037$　$-\sum[(6)+(7)]=26.577$　-4 站(12)　$=2.46$ $\sum[(15)+(16)]=2.46$ $\sum(18)=1.23, 2\sum(18)=2.46$								

5. 每页计算的校核

(1) 视距部分

后视距离总和减前视距离总和应等于末站视距累积差，即

$$\sum(9)-\sum(10)=\text{末站}(12)$$

$$\text{总视距}=\sum(9)+\sum(10)$$

(2) 高差部分

红、黑面后视读数总和减红、黑面前视读数总和应等于黑、红面高差总和,还应等于平均高差总和的两倍,即

测站数为偶数时:

$$\sum[(3)+(8)]-\sum[(6)+(7)]=\sum[(15)+(16)]=2\sum(18)$$

测站数为奇数时:

$$\sum[(3)+(8)]-\sum[(6)+(7)]=\sum[(15)+(16)]=2\sum(18)\pm 0.100$$

3.6 水准测量成果的计算

水准测量成果计算时,要先检查外业观测手簿,计算各点间高差。经检核无误,则根据外业观测高差计算闭合差。若闭合差符合规定的精度要求,则调整闭合差,最后计算各点的高程。不同等级的水准测量,对高差闭合差的限差有不同的规定。等外水准测量的高差闭合差容许值:

$$\text{平地}\ f_{h容}=\pm 40\sqrt{L}\ \text{mm} \tag{3-5}$$

$$\text{山地}\ f_{h容}=\pm 12\sqrt{n}\ \text{mm} \tag{3-6}$$

式中:L 为水准路线长度,以 km 计;n 为测站数。

施工中,如设计单位根据工程性质提出具体要求时,应按要求精度施测。

3.6.1 附合水准路线成果计算

如图 3-18 所示,A、B 为两个已知水准点,测区为平地,A 点高程为 65.376 m,B 点高程为 68.623 m,点 1、2、3 为待测水准点,各测段高差、测站数、距离如图 3-18 所示。现以图 3-18 为例,按高程推算顺序将各点号、测段距离、实测高差及已知高程填入表 3-4 相应栏内。

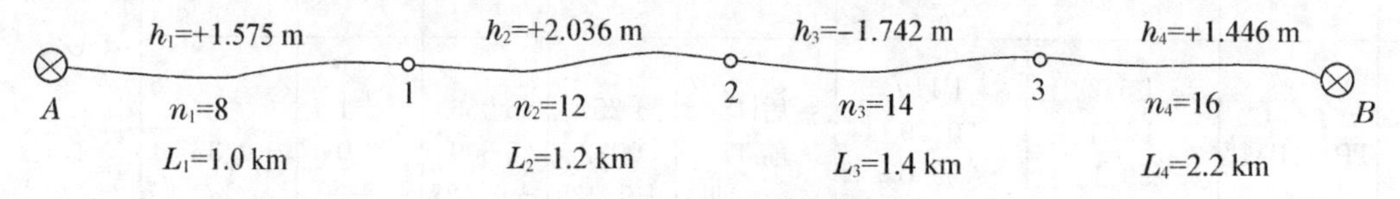

图 3-18 附和水准路线示意图

表 3-4 水准路线计算表

点号	距离/km	高差/m		改正后高差/m	高程/m
		观测值	改正数		
BMA					65.376
	1.0	+1.575	−0.012	+1.563	
1					66.939
	1.2	+2.036	−0.014	+2.022	
2					68.961
	1.4	−1.742	−0.016	−1.758	
3					67.203
	2.2	+1.446	−0.026	+1.420	
BMB					68.623

(续表)

点号	距离/km	高差/m		改正后高差/m	高程/m
		观测值	改正数		
Σ	5.8	+3.315	−0.068	+3.247	
辅助计算	$f_h=\sum h_{测}-(H_B-H_A)=+3.315-(68.623-65.376)$ m $=+0.068$ m $=+68$ mm $f_{h容}=\pm 40\sqrt{L}=\pm 40\sqrt{5.8}$ mm $\approx \pm 96$ mm，$\mid f_h\mid<\mid f_{h容}\mid$，成果合格				

(1) 计算高差闭合差

附合水准路线各段实测高差总和应与两已知高程之差相等。否则，其差值为高差闭合差，即

$$f_h=\sum h_{测}-(H_B-H_A) \tag{3-7}$$

例中 $f_h=\sum h_{测}-(H_B-H_A)=+3.315-(68.623-65.376)$ m $=+0.068$ m $=+68$ mm

因是山区，闭合差容许值为

$$f_{h容}=\pm 40\sqrt{L}=\pm 40\sqrt{5.8}\text{ mm}\approx \pm 96\text{ mm}$$

因为 $|f_h|<|f_{h容}|$，其精度符合要求。

(2) 调整高差闭合差

高差闭合差调整的原则和方法是按其与测段距离（或测站数）成正比例并反符号改正到各相应测段的高差上，得改正后高差，即

$$\begin{cases} v_i=\dfrac{-f_h}{\sum l}\times l_i \\ v_i=\dfrac{-f_h}{\sum n}\times n_i \end{cases} \tag{3-8}$$

改正后高差 $h_{i改}=h_{i测}+v_i$。式中：v_i 和 $h_{i改}$ 分别为第 i 测段的高差改正数和改正后高差；$\sum n$ 和 $\sum l$ 分别为路线总测站数与总长度；n_i 和 l_i 分别为第 i 测段的测站数与长度。

例中各段改正数

$$v_1=\frac{-0.068}{5.8}\times 1.0\approx -0.012$$

$$v_2=\frac{-0.068}{5.8}\times 1.2\approx -0.014$$

$$v_3=\frac{-0.068}{5.8}\times 1.4\approx -0.016$$

$$v_4=\frac{-0.068}{5.8}\times 2.2\approx -0.026$$

将各测段高差改正数分别填入相应改正数栏内，并检核：改正数的总和与所求得的高差闭

合差绝对值相等、符号相反，即 $\sum v = -f_h = -0.068$ m。

各测段改正后高差为

$$h_{1改} = h_{1测} + v_1 = +1.575 - 0.012 = +1.563(\text{m})$$

$$h_{2改} = h_{2测} + v_2 = +2.036 - 0.014 = +2.022(\text{m})$$

$$h_{3改} = h_{3测} + v_3 = -1.742 - 0.016 = -1.758(\text{m})$$

$$h_{4改} = h_{4测} + v_4 = +1.446 - 0.026 = +1.420(\text{m})$$

将各测段改正后高差分别填入相应栏内，并检核：改正后高差总和应等于两已知高程之差，即

$$\sum h_{改} = H_B - H_A = +3.247\ \text{m}$$

(3) 计算待定点高程

由水准点 BMA 已知高程开始，逐一加各测段改正后高差，即得各待定点高程，并填入相应高程栏内。

$$H_1 = H_A + h_{1改} = 65.376 + 1.563 = 66.939(\text{m})$$

$$H_2 = H_1 + h_{2改} = 66.939 + 2.022 = 68.961(\text{m})$$

$$H_3 = H_2 + h_{3改} = 68.961 - 1.758 = 67.203(\text{m})$$

$$H_B = H_3 + h_{4改} = 67.203 + 1.420 = 68.623(\text{m})$$

推算的 H_B 应等于该点的已知高程，以此作为计算的检核。

3.6.2 闭合水准路线成果计算

如图 3－19 所示，水准点 BMA 高程为 500.000 m，1、2、3 点为待定高程点。各段高差及水准路线长度均根据表 3－3 计算后标注于图 3－19 中。图中箭头表示水准测量进行的方向。按高程推算顺序将各点号、测站距离、实测高差（高差观测值）及已知高程填入表 3－5 相应栏内。

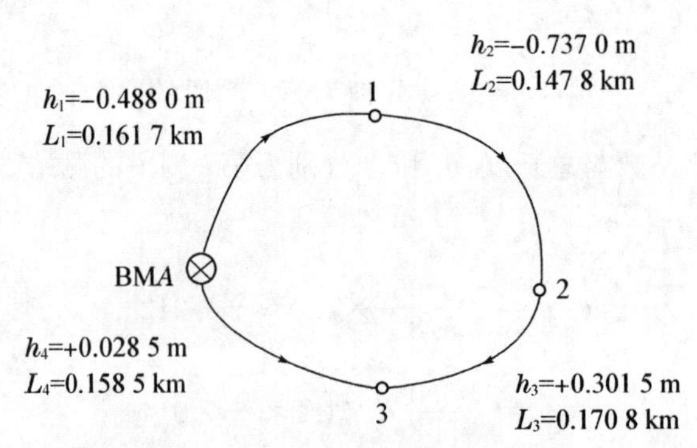

图 3－19　闭合水准路线成果计算

表 3-5　闭合水准测量成果计算表

点号	距离/km	高差/m		改正后高差/m	高程/m
		观测值	改正数		
BMA					500.000
	0.161 7	−0.488 0	−0.001 3	−0.489 3	
1					499.511
	0.147 8	−0.737 0	−0.001 2	−0.738 2	
2					498.773
	0.170 8	+0.301 5	−0.001 3	+0.300 2	
3					499.073
	0.158 5	+0.928 5	−0.001 2	+0.927 3	
BMA					500.000
$\sum$	0.638 8	+0.005 0	−0.005 0	0	
辅助计算	$f_{h容}=\pm 40\sqrt{L}=\pm 40\sqrt{0.6388}$ mm $\approx \pm 32$ mm $\lvert f_h \rvert < \lvert f_{h容} \rvert$，成果合格				

(1) 计算高差闭合差

闭合水准路线的起点、终点为同一点，因此，路线上各段高差代数和的理论值应为零，即$\sum h_{理}=0$。实际上，由于各测站观测高差存在误差，致使观测高差总和往往不等于零，其值即为高差闭合差，即

$$f_h = \sum h_{测} \tag{3-9}$$

例中

$$f_h = \sum h_{测} = +0.0050 \text{ m}$$

而

$$f_{h容} = \pm 40\sqrt{L} = \pm 40\sqrt{0.6388} \text{ mm} \approx \pm 32 \text{ mm}$$

因为$\lvert f_h \rvert < \lvert f_{h容} \rvert$，精度符合要求，可以调整闭合差。

(2) 调整高差闭合差

高差闭合差调整的原则和方法同附合水准路线，各段改正数为

$$v_1 = -\frac{f_h}{\sum l} \times l_1 = -\frac{-0.0050}{0.6388} \times 0.1617 \approx -0.0013$$

$$v_2 = -\frac{f_h}{\sum l} \times l_2 = -\frac{-0.0050}{0.6388} \times 0.1478 \approx -0.0012$$

$$v_3 = -\frac{f_h}{\sum l} \times l_3 = -\frac{-0.0050}{0.6388} \times 0.1708 \approx -0.0013$$

$$v_4 = -\frac{f_h}{\sum l} \times l_4 = -\frac{-0.0050}{0.6388} \times 0.1585 \approx -0.0012$$

检核：$\sum v = -f_h = -0.0050$。

各测段改正后的高差：

$$h_{1改} = h_{1测} + v_1 = -0.4880 - 0.0013 = -0.4893(\text{m})$$

$$h_{2改}=h_{2测}+v_2=-0.7370-0.0012=-0.7382(\mathrm{m})$$
$$h_{3改}=h_{3测}+v_3=0.3015-0.0013=0.3002(\mathrm{m})$$
$$h_{4改}=h_{4测}+v_4=0.9285-0.0012=+0.9273(\mathrm{m})$$

检核:改正后高差总和应等于零,$\sum h_{改}=0$。

(3) 计算待定点高程

用改正后高差,按顺序逐点计算各点的高程,即

$$H_1=H_A+h_{1改}=500.000-0.4893\approx 499.511(\mathrm{m})$$
$$H_2=H_1+h_{2改}=499.511-0.7382=498.773(\mathrm{m})$$
$$H_3=H_2+h_{3改}=498.773+0.3002=499.073(\mathrm{m})$$
$$H_A=H_3+h_{4改}=499.073+0.9273=500.000(\mathrm{m})$$

检核:H_A(算)$=H_A$(已知)$=500.000$ m,公式中高程取位到 0.001 m。

3.6.3 支水准路线成果计算

如图 3-20 为一支水准路线。支水准路线应进行往、返测。已知水准点 A 的高程为 86.785 m,往、返测站共 16 站。

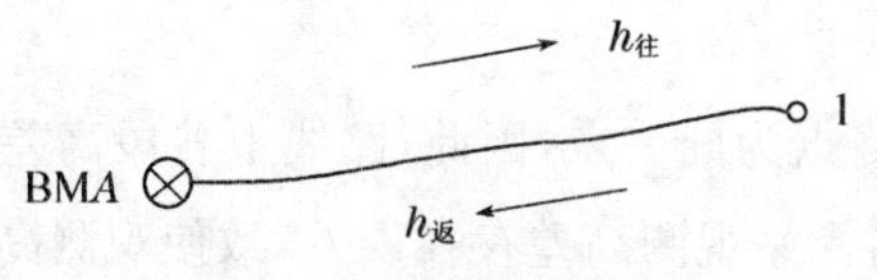

图 3-20 支水准路线示意图

(1) 求往、返测高差闭合差

支线往、返两次测得高差应绝对值相等,符号相反,即高差代数和应等于零。否则,其值为闭合差。

$$f_h=h_往+h_返 \tag{3-10}$$

例中 $$f_h=-1.375\ \mathrm{mm}+1.396\ \mathrm{mm}=0.021\ \mathrm{m}=21\ \mathrm{mm}$$

而 $$f_{h容}=\pm 12\sqrt{16}\ \mathrm{mm}=\pm 48\ \mathrm{mm}$$

因为$|f_h|<|f_{h容}|$,说明符合精度要求。

(2) 求改正后高差

支水准路线各测段往、返测高差的平均值即为改正后高差,其符号与往测高差符号相同。

$$h_{A1}=\frac{h_往+h_返}{2}=\frac{-1.375+(-1.396)}{2}\approx -1.386(\mathrm{m})$$

(3) 计算待定点高程

待定点 1 的高程为

$$H_1=H_A+h_{A1}=86.785-1.386=85.399(\mathrm{m})$$

必须指出,若支水准路线起始点的高程抄录错误和该点的位置搞错,其所计算待定点高程也是错误的。因此,采用支水准路线时应注意检查。

3.7　水准仪的检验与校正

3.7.1　水准仪应满足的几何条件

如图3-21所示，DS3水准仪有四条轴线，即望远镜的视准轴 CC、水准管轴 LL、圆水准器轴 $L'L'$、仪器的竖轴 VV。各轴线间应满足的几何条件如下：

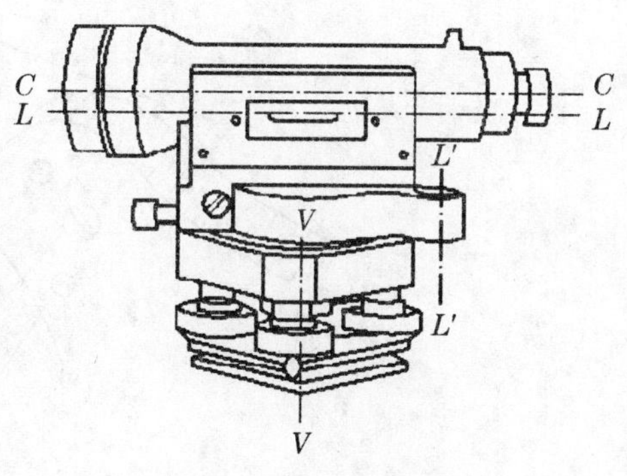

图3-21　DS3水准仪

(1) 圆水准器平行于仪器竖轴，即 $L'L' /\!/ VV$。

当条件满足时，圆水准气泡居中，仪器的竖轴处于垂直位置，这样仪器转动到任何位置，圆水准气泡都应居中。

(2) 十字丝横丝垂直于竖轴，即十字丝横丝水平。

这样，在水准尺上进行读数时，可以用横丝的任何位置读数。

(3) 水准管平行于视准轴，即 $LL /\!/ CC$。当此条件满足时，水准管气泡居中，水准管轴水平，视准轴处于水平位置。

以上这些条件，在仪器出厂前经过严格检校都是满足的，但是由于仪器长期使用和运输中的震动等原因，可能使某些部件松动，上述各轴线间的关系会发生变化。因此，为保准水准测量质量，在正式作业之前，必须对水准仪进行检验与校正。

3.7.2　水准仪的检验与校正

1. 圆水准器的检验与校正

目的：使圆水准器轴平行于竖轴，即

$$L'L' /\!/ VV$$

检验：如图3-22(a)所示，转动脚螺旋使圆水准器气泡居中，此时，圆水准器轴 $L'L'$ 处于竖直位置。如果仪器竖轴 VV 与 $L'L'$ 不平行，且夹角为 α，那么竖轴 VV 与竖直位置偏差为 α 角。将仪器绕竖轴旋转180°，如图3-22(b)所示，圆水准器转到竖轴的左侧，$L'L'$ 不但不竖直，而且与竖直线的交角为 2α。显然，气泡不再居中，气泡中心偏离零点的弧长所对的圆心角为 2α。这说明圆水准器轴 $L'L'$ 不平行于竖轴 VV，需要校正。

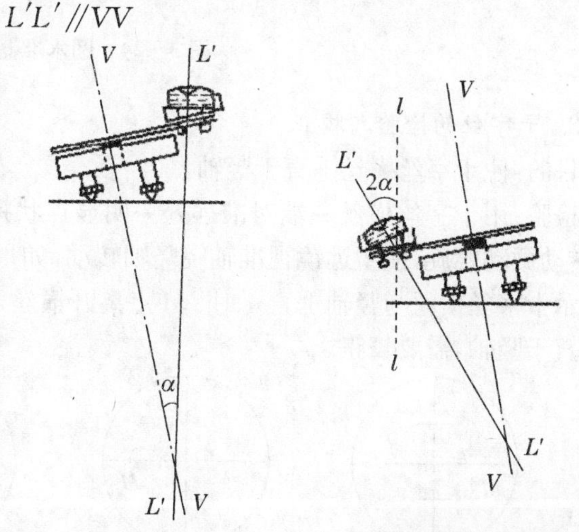

(a) 圆水准气泡居中时　(b) 仪器绕竖轴VV旋转180°时

图3-22　圆水准器的检验

校正：圆水准器校正结构如图3-23所示。校正前应先拧松中间的固紧螺丝，然后调整三个校正螺丝，使气泡向居中的位置移动偏移量的一半，如图 3－24(a)所示，这时，圆水准器轴 $L'L'$ 与 VV 平行。然后再用脚螺旋整平，使圆水准器气泡居中，竖轴 VV 则处于竖直状态，如图 3－24(b)所示。校正工作一般都难以一次完成，需反复进行，直到仪器旋转到任何位置圆水准器气泡皆居中时为止。最后应注意拧紧固紧螺丝。

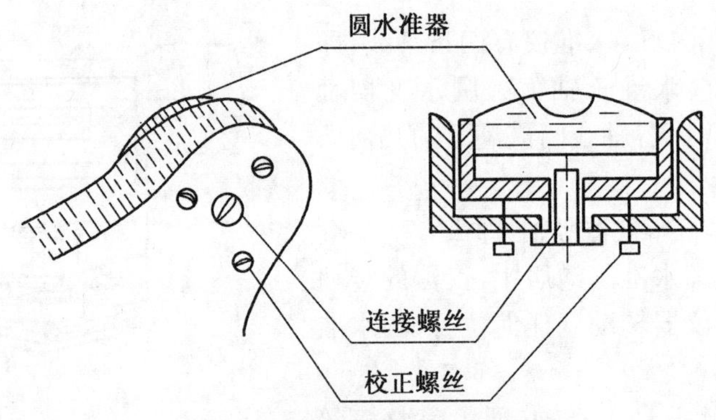

图 3－23　圆水准器校正螺丝图

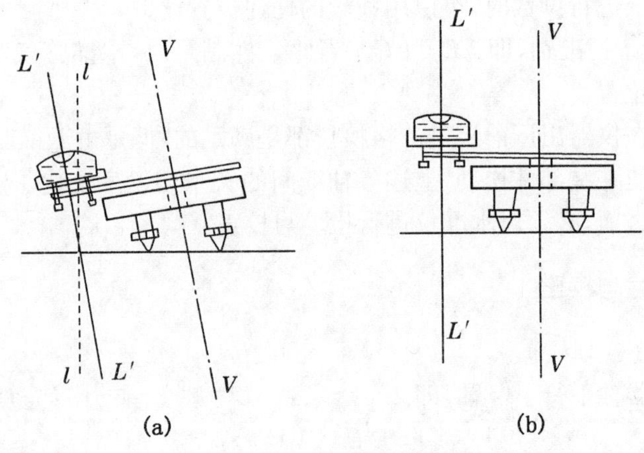

图 3－24　圆水准器的校正

2. 十字丝的检验与校正

目的：使十字丝横丝垂直于竖轴。

检验：用十字丝横丝一端对准远处一明显点状标志 M，如图 3－25(a)所示。拧紧制动螺旋，转动微动螺旋，使望远镜视准轴绕竖轴转动，如果 M 点沿着横丝移动，如图 3－25(b)所示，则表示十字丝横丝与竖轴垂直；如果 M 点离开横丝，如图 3－25(c，d)所示，则表示十字丝横丝不垂直于竖轴，需要校正。

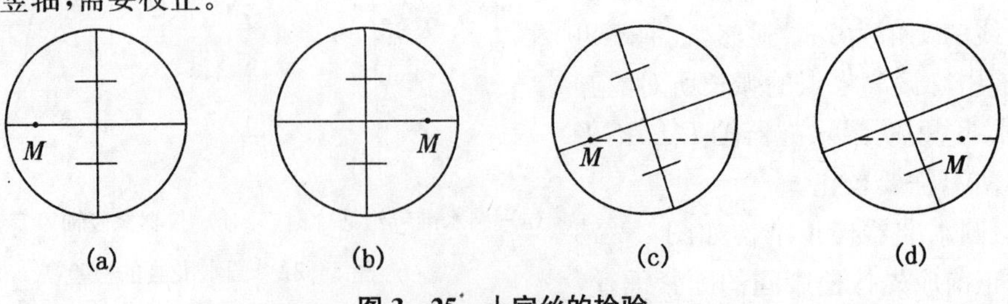

图 3－25　十字丝的检验

十字丝的检验校正：松开十字丝分划板座的固定螺丝，如图3-26所示，转动整个目镜座，使十字丝横丝与M点轨迹一致，再将固定螺丝拧紧。当此项误差不明显时，一般不进行校正，因为在作业中通常利用横丝的中央部分读数。

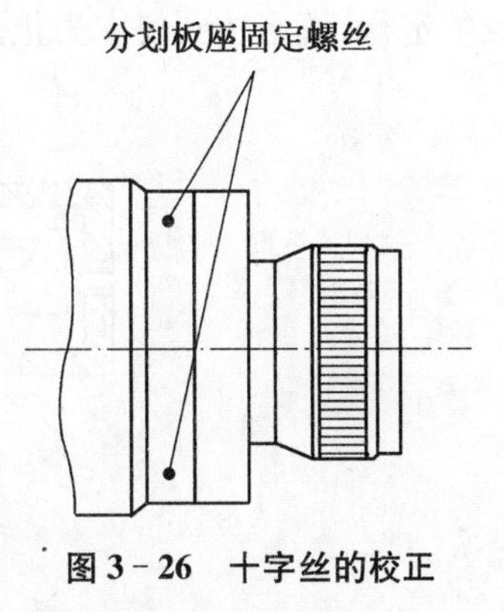

图3-26　十字丝的校正

3. 水准管轴的检验与校正

目的：使水准管轴平行于视准轴，即$LL/\!/CC$。

检验：设水准管轴不平行于视准轴，它们之间的交角为i（图3-27）。水准仪至水准尺的距离越远，由此引起的读数偏差也越大。当仪器至尺子的前后视距离相等时，则在两根尺子上的读数偏差Δ也相等，因此不影响所求的高差。前后视距离相差越大，则i角对高差的影响也越大。视准轴不平行于水准管轴的误差也称i角误差。

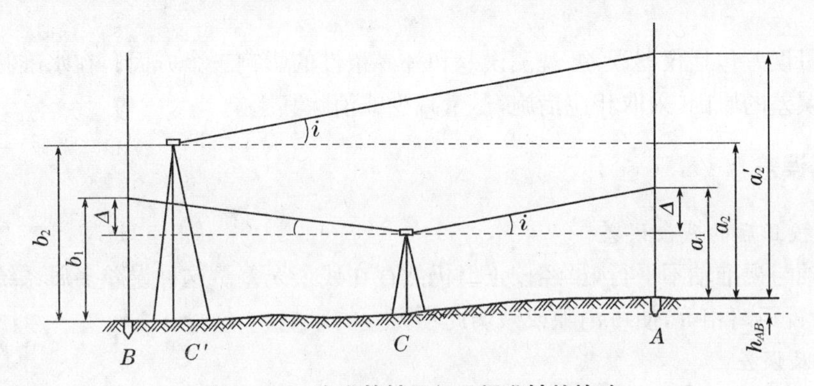

图3-27　水准管轴平行于视准轴的检验

检验时，在平坦地面选择同一直线上的A、B、C三点，A、B相距80 m左右，各打一木桩或放尺垫，并使$AC=BC$，如图3-27所示。先将水准仪安置于C点，在A、B两点竖立水准尺，瞄准、精平后分别在A、B点水准尺上读得a_1和b_1，则A、B点间的正确高差（一般用变动仪器高法或双面尺法测定高差取其平均值）为

$$h_{AB}=(a_1-\Delta)-(b_1-\Delta)=a_1-b_1$$

然后将水准仪安置于B点附近的C'处，离B点大约3 m，精平后，读得B点尺上读数b_2。因为仪器离B点很近，两轴不平行引起的误差可忽略不计。根据b_2和高差h_{AB}算出A点尺上水平视线的读数应为

$$a_2=b_2+h_{AB}$$

然后瞄准A点水准尺，精平并读取A点尺读数a_2'。如果$a_2'=a_2$，说明两轴平行。否则，存在i角，其值为

$$i=\frac{a_2'-a_2}{D_{AB}}\rho'' \tag{3-11}$$

式中：D_{AB}为A、B两点间的平距；$\rho''=206\,265''$。对于DS3水准仪来说，i角值大于20″时，则需校正。

校正：转动微倾螺旋，使十字丝的中丝对准A点尺上读数a_2，此时视准轴处于水平位置，而水准管气泡却偏离了中心。用拨针先拨松水准管一端左边（或右边）的校正螺丝（图3-28），再拨动上、下两个校正螺丝，使偏离的气泡重新居中，最后将校正螺丝旋紧。此项校正工作应

反复进行，直至达到要求为止。

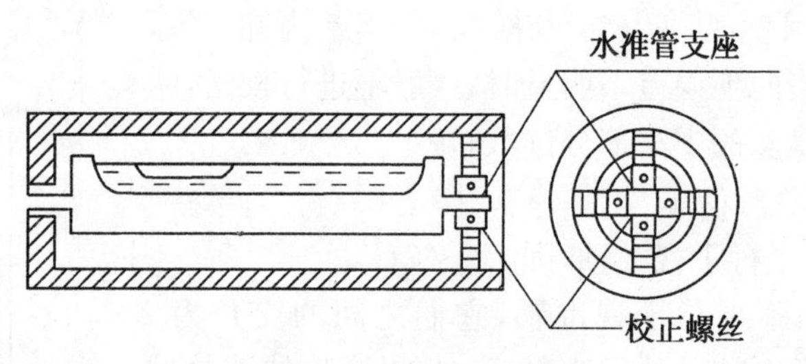

图 3-28　水准管校正螺丝

3.8　水准测量误差的来源及消减方法

水准测量误差包括仪器误差、观测误差和外界条件的影响三个方面。在水准测量作业中，应根据产生误差的原因，采取相应措施，尽量减少或消除其影响。

3.8.1　仪器误差

1. 仪器校正后的残余误差

水准管轴与视准轴不平行，虽经校正但仍然存在残余误差。这种误差多属系统性的，若观测时使前、后视距离相等，便可消除或减弱此项误差的影响。

2. 水准尺误差

水准尺刻划不准确、尺长变化、尺身弯曲及底部零点磨损等，都会直接影响水准测量的精度。因此，对水准尺要进行检定，凡刻划达不到精度要求及弯曲变形的水准尺，均不能使用。对于尺底的零点差，可采取在起终点之间设置偶数站的方法消除其对高差的影响。

3.8.2　观测误差

1. 水准管气泡居中误差

水准测量时，视线的水平是根据水准管气泡居中来实现的。由于气泡居中存在误差，视线偏离水平位置，从而带来读数误差。减少此误差的办法是每次读数时使气泡严格居中。

2. 估读水准尺的误差

在水准尺上估读毫米数的误差与人眼的分辨能力、望远镜的放大倍率，以及视线长度有关。通常按式(3-12)计算：

$$m_v=\frac{60''}{V}\cdot\frac{D}{\rho''} \tag{3-12}$$

式中：V 为望远镜的放大倍率；$60''$为人眼的极限分辨能力；D 为水准仪到水准尺的距离；$\rho''=206\,265''$。

式(3-12)说明，视线越长，估读误差愈大。因此，在测量作业中，应遵循不同等级的水准测量对望远镜放大率和最大视线长度的规定，以保证估读精度。

3. 视差

当存在视差时，由于十字丝平面与水准尺影像不重合，若眼睛位置不同，便读出不同的读数，而产生读数误差。因此，观测时要仔细调焦，严格消除视差。

4. 水准尺倾斜误差

水准尺倾斜使读数增大，且视线离开地面越高，误差越大。如水准尺倾斜 3°30′，在水准尺上 1 m 处读数时，将产生 2 mm 的误差，若读数或倾斜角增大，误差也增大。为了减小这种误差的影响，扶尺必须认真，使尺既竖直又稳。由于一测站高差为后、前视读数之差，故在高差较大的测段，误差也较大。

3.8.3 外界条件的影响

1. 仪器下沉

当仪器安置在土质松软的地面时，会出现缓慢的下沉现象，致使后视读数及后视线降低，前视读数减少，而引起高差误差。如果采用“后、前、前、后”的观测程序，可减少其影响。

2. 尺垫下沉

如果转点选在土质松软的地面，尺垫受水准尺的撞击及重压后也会下沉，将使下一站后视读数增加，也将引起高差误差。采用往返观测的方法，取成果的中数，可以减少其影响。

3. 地球曲率及大气折射的影响

如图 3-29 所示，用水平视线代替大地水准面的平行曲线，对尺上读数产生的影响为 c，则

$$c=\frac{D^2}{2R}$$

式中：D 为仪器到水准尺的距离；R 为地球的平均半径，6 371 km。

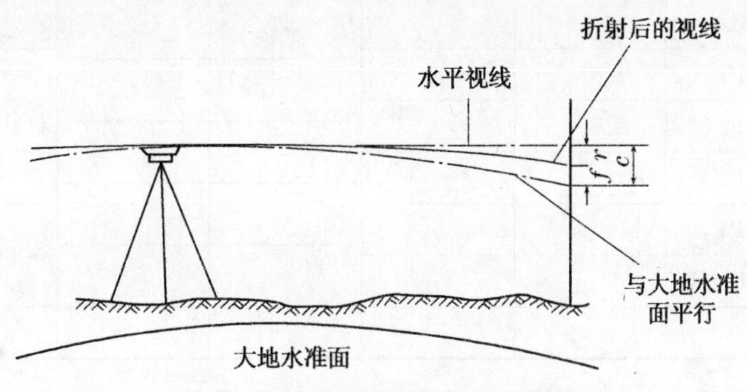

图 3-29　地球曲率差和大气折射差

实际上，由于大气的折射，视线并非是水平的，而是一条曲线，曲线的半径大致为地球半径的 6～7 倍。其折射量的大小对水准尺读数产生的影响为

$$r=\frac{D^2}{2\times 7R}$$

折射影响与地球曲率影响之差为

$$f=c-r=\frac{D^2}{2R}-\frac{D^2}{14R}\approx 0.43\frac{D^2}{R} \tag{3-13}$$

计算测站的高差时，应从前、后视读数中分别减去 f，方能得出正确的高差，即

$$h=(a-f_a)-(b-f_b)$$

若前、后视距离相等，则 $f_a=f_b$，地球曲率与大气折射的影响在计算高差中被互相抵消。

所以,在水准测量中,前、后视距离应尽量相等。同时,视线高出地面应有足够的高度,在坡度较大的地面观测应适当缩短视线。此外,还应选择有利的时间进行观测,尽量避免在不利的气象条件下进行作业。

4. 温度的影响

温度的变化不仅引起大气折射的变化,而且当烈日照射水准管时,水准管和管内的液体温度升高,气泡移向温度高的一端,从而影响仪器水平,产生气泡居中误差。因此,应随时注意撑伞遮阳,防止阳光直接照射仪器。

拓展与实训

一、计算题

1. 设 A 点为后视点,B 点为前视点,A 点高程为 87.425 m。当后视读数为 1.124 m、前视读数为 1.428 m 时,A、B 两点的高差是多少? B 点比 A 点高还是低? B 点高程是多少? 并绘图说明。

2. 将图中水准测量观测数据填入下表中,计算出各点的高差及 B 点的高程,并进行计算检核。

测站	点号	后视读数/m	前视读数/m	高差/m		高程/m	备注
				+	−		
Ⅰ	BMA						
Ⅱ	TP1						
Ⅲ	TP2						
Ⅳ	TP3						
Ⅴ	TP4						
	B						
计算检核							

3. 调整下表中附合水准路线等外水准测量观测成果,并求出各点高程。

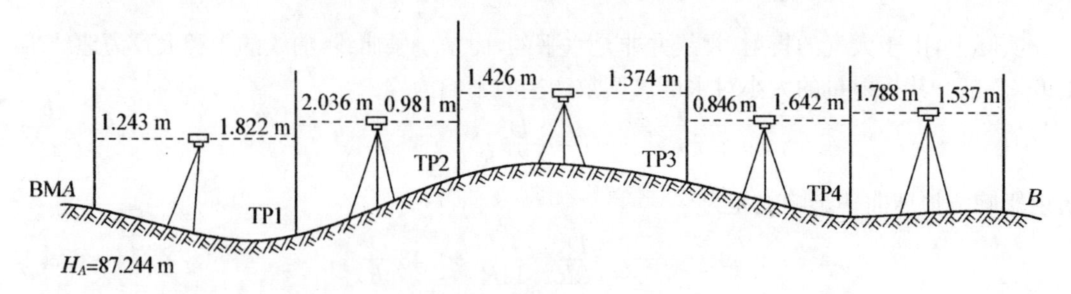

测段	测点	测站数	实测高差/m	改正数/mm	改正后的高差/m	高程/m	备注
$A-1$	BMA	7	+4.363			57.967	
1－2	1	3	+2.413				
2－3	2	4	－3.121				
3－4	3	5	+1.263				
4－5	4	6	+2.716				
$5-B$	5	8	－3.715				
	BMB					61.819	
辅助计算							

4. 调整如图所示的闭合水准路线的观测成果，并求出各点的高程。

5. 如图所示为支水准路线。设已知水准点 A 的高程为 48.305 m，由 A 点往测至 1 点的高差为－2.456 m，由 1 点返测至 A 点的高差为＋2.478 m，A、1 两点间的水准路线长度约为 1.6 km。试计算高差闭合差、高差容许闭合差及 1 点的高程。

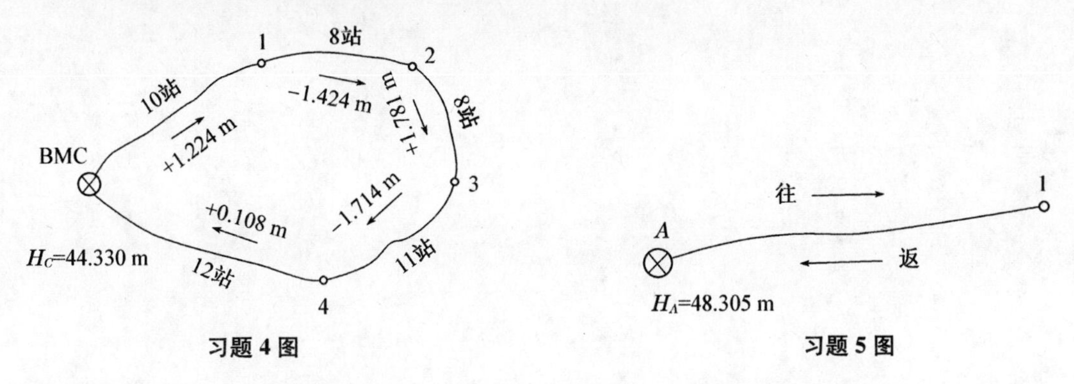

习题 4 图　　习题 5 图

6. 设 A、B 两点相距 80 m，水准仪安置在中点 C，测得 A、B 两点的高差 $h_{AB}=+0.224$ m。仪器搬至 B 点附近处，B 尺读数 $b_2=1.446$ m，A 尺读数 $a_2=1.695$ m。试问：水准管轴是否平行于视准轴？如果不平行，应如何校正？

二、简答题

1. 何谓视准轴？何谓视差？产生视差的原因是什么？怎样消除视差？

2. 圆水准器和管水准器在水准测量中各起什么作用？

3. 何谓水准点？何谓转点？转点在水准测量中起什么作用？

4. 水准测量时，前、后视距离相等可消除哪些误差？

5. DS3 水准仪有哪些轴线？它们之间应满足什么条件？什么是主条件？为什么？

职业技能训练

由已知水准点和三个未知点组成的闭合水准路线约 1 km，每测段必须设偶数站。每组 4

人独立完成指定水准路线的全部观测，每人至少完成2测站的仪器安置、观测和另外2测站的记录计算工作。要求经过3个指定的未知点并测算出其高程。各组独立观测一条水准路线，路线的起始点及待定点由抽签确定。计算表中必须注明高差闭合差及允许值。数据精确位数依据仪器而定。

评分标准：成果全部符合限差要求和无违反记录规定者定为一类成果，存在重大问题或违规的判定为二类成果，二类成果评分先按评分标准评定，再以一类成果最低分乘以该二类成果得分除以100为二类成果分。

成绩主要从参赛队的作业速度、成果质量等方面考虑，采用百分制。其中成果质量由教师按照事先公布的规则裁定，作业速度按各组用时统一计算，时间以秒为单位。得分计算方法：

$$S_i=\left(1-\frac{T_i-T_1}{T_n-T_1}\times 40\%\right)\times 40$$

式中：T_1 为所有各组中用时最少的时间；T_n 为所有各组中不超过最大时长的队伍中用时最多的时间；T_i 为第 i 组实际用时。

测量最大时长限制为1.5小时。凡超过最大时长的小组，终止操作。

项目 4　GPS 控制测量

项目概述

本章主要介绍了 GPS 的系统构成，重点讲述了 GPS 的定位原理，影响定位精度的误差源、作业方式以及 GPS 测量设计和实施。最后结合 GPS 的发展，详细介绍了全球导航卫星系统(GNSS)及网络 RTK 等的发展现状。

知识目标

◆ 了解 GPS 系统的组成及其定位原理；
◆ 熟悉 GPS 的作业方式；
◆ 掌握 GPS 测量的设计和实施；
◆ 了解国内外 GPS 的发展现状。

技能目标

◆ 能够进行 GPS 测量的设计和实施。

学时建议

4 课时

项目导图

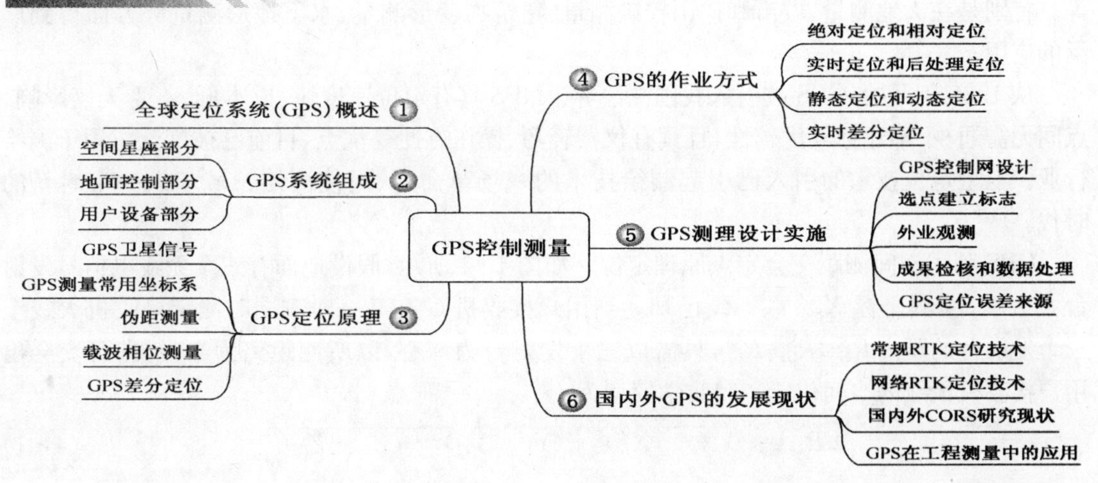

工程导入

1973年12月，美国国防部组织开始研制新一代军用卫星导航系统——GPS；1989年2月14日发射第一颗GPS卫星；1994年3月28日发射完第24颗卫星。目前在轨卫星数>32颗，均匀分布在6个与赤道倾角为55°近似圆形轨道上，每个轨道4颗卫星运行，距地表平均高度20 200 km，速度为3 800 m/s，运行周期为11 h 58 min，每颗卫星覆盖全球38%面积，保证地球上任何地点、任何时刻、高度15°以上天空能同时观测到4颗以上卫星。

GPS在道路工程中的应用，主要是用于建立各种道路工程控制网及测定航测外控点等。高等级公路的迅速发展，对勘测技术提出了更高的要求，由于线路长，已知点少，因此用常规测量手段不仅布网困难，而且难以满足高精度的要求。中国已逐步采用GPS技术建立线路首级高精度控制网，然后用常规方法布设导线加密。实践证明，在几十公里范围内的点位误差只有2厘米左右，达到了常规方法难以实现的精度，同时也大大提前了工期。GPS技术也同样应用于特大桥梁的控制测量中。由于无需通视，可构成较强的网形，提高点位精度，同时对检测常规测量的支点也非常有效。GPS技术在隧道测量中也具有广泛的应用前景，GPS测量无需通视，减少了常规方法的中间环节。因此，速度快、精度高，具有明显的经济和社会效益。

4.1 全球定位系统概述

全球定位系统(GPS)是"授时、测距、导航系统/全球定位系统(navigation system timing and ranging/global positioning system)"的简称。该系统是由美国国防部于1973年组织研制，历经20年，耗资300亿美元，于1993年建设成功，主要为军事导航与定位服务的系统。GPS利用卫星发射的无线电信号进行导航、定位，具有全球性、全天候、高精度、快速实时的三维导航、定位、测速和授时功能，以及良好的保密性和抗干扰性。它已成为美国导航技术现代化的重要标志，被称为20世纪继阿波罗登月、航天飞机之后第三大航天技术。

GPS导航定位系统不但可以用于军事上各种兵种和武器的导航定位，而且也在民用上发挥重大作用。如智能交通系统中的车辆导航、车辆管理和救援，民用飞机和船只导航及姿态测量，大气参数测试，电力和通信系统中的时间控制，地震和地球板块运动监测，地球动力学研究等。特别是在大地测量、城市和矿山控制测量、建筑物变形测量、水下地形测量等方面得到广泛的应用。

从1986年开始，GPS被引入我国测绘界。GPS具有定位速度快、成本低、不受天气影响、点间无需通视、不建标等优越性，且具有仪器轻巧、操作方便等优点，目前已被广泛应用于测绘行业。卫星定位技术的引入已引起测绘技术的一场革命，从而使测绘领域步入一个崭新的时代。

GPS利用空间测距交会定点原理定位。如图4-1所示，假设地面有三个无线电信号发射台S_1、S_2、S_3，其坐标X_{S_i}、Y_{S_i}、Z_{S_i}已知。当用户接收机G在某一时刻同时测定接收机天线至三个发射台的距离$R_G^{S_1}$，$R_G^{S_2}$，$R_G^{S_3}$，只需以三个发射台为球心，以所测距离为半径，即可交会出用户接收机天线的空间位置。其数学模型为

$$R_G^{S_i}=\sqrt{(X_{S_i}-X_G)^2+(Y_{S_i}-Y_G)^2+(Z_{S_i}-Z_G)^2} \tag{4-1}$$

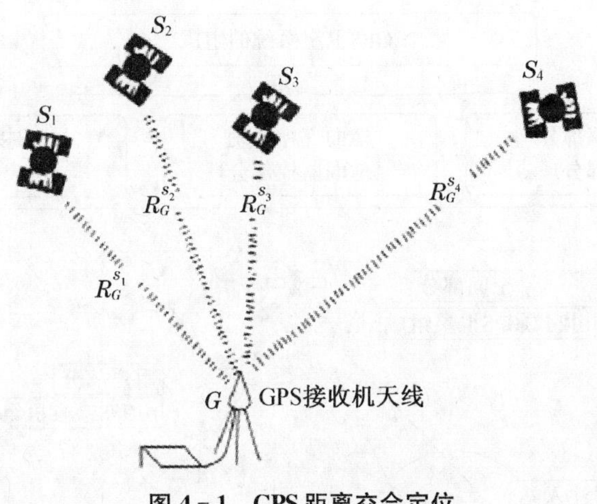

图 4 - 1　GPS 距离交会定位

式中：X_G、Y_G、Z_G为待测点的三维坐标。

GPS 卫星定位是将三个无线电信号发射台放到卫星上。所以，需要知道某时刻卫星的空间位置，并同时测定该时刻的卫星至接收机天线间的距离，即可定位。这里卫星空间位置是由卫星发射的导航电文给出的，而卫星至接收机天线的距离通过接收卫星测距信号并与接收机内时钟进行相关处理求定。由于一般卫星接收机采用石英晶体振荡器，精度低；加之卫星从 2 万千米高空向地面传输，空中经过电离层、对流层，会产生时延，所以接收机测的距离含有误差。通常将此距离称为伪距，用 $\rho_G^{S_i}$ 表示。经改正后可得

$$\rho_G^{S_i}=\rho-\delta_{\rho I}-\delta_{\rho T}+c\delta_t^S-c\delta_{tG} \tag{4-2}$$

式中：ρ 为空间几何距离，$\rho=ct$；c 为光速；$\delta_{\rho I}$ 为电离层延迟改正；$\delta_{\rho T}$ 为对流层延迟改正；δ_t^S 为卫星钟差改正；δ_{tG} 为接收机钟差改正。

这些误差中，$\delta_{\rho I}$、$\delta_{\rho T}$ 可以用模型修正，δ_t^S 可用卫星星历文件中提供的卫星钟修正参数修正。δ_{tG} 为未知数，因而由式(4 - 1、4 - 2)可见，共有四个未知数：X_G，Y_G，Z_G，δ_{tG}。所以，GPS 三维定位至少需要四颗卫星，建立四个方程式才能解算。当地面高程已知时也可用三颗卫星定位。卫星向地面发射的含有卫星空间位置的导航电文是由 GPS 卫星地面监控站测定，并由地面注入站天线送入 GPS 卫星。

4.2　GPS 系统组成

GPS 全球定位系统主要由三部分组成，即由 GPS 卫星组成的空间部分，由若干地面站组成的控制部分和以接收机为主体的广大用户部分，如图 4 - 2 所示。

4.2.1　空间星座部分

1. GPS 卫星

GPS 卫星主体呈圆柱形，直径约为 1.5 m，质量约为 845 kg，两侧设有 2 块双叶太阳能板，能自动对日定向，以保证卫星正常工作用电，如图 4 - 3 所示。

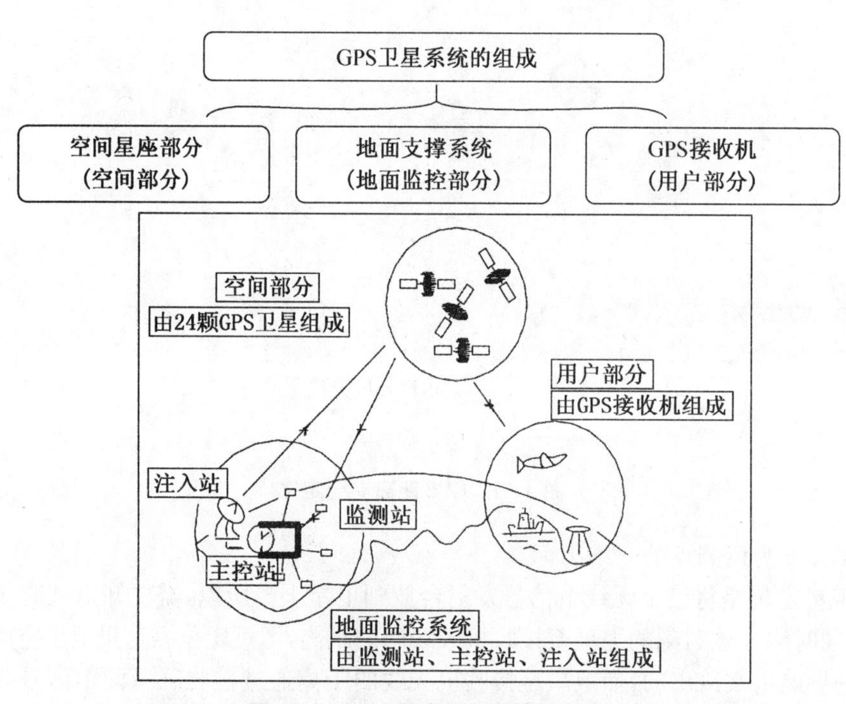

图 4-2　GPS 全球定位系统的组成

图 4-3　GPS 卫星

2. GPS 卫星星座

由 21 颗工作卫星和 3 个在轨备用卫星所组成的 GPS 卫星星座，如图 4-4 所示：24 颗卫星均分布在 6 个轨道平面内，每个轨道平面内有 4 颗卫星运行，距地面的平均高度为 20 200 km。6 个轨道平面相对于地球赤道面的倾角为 55°，各轨道面之间交角为 60°。当地球自转 360°时，卫星绕地球运行 2 圈，环球运行 1 周为 11 小时 58 分，地面观测者每天将提前 4 min 见到同一颗卫星，可见时间约 5 h。这样观测者至少也能观测到 4 颗卫星，最多还可观测到 11 颗卫星。全球导航卫星系统运行示意图如图 4-5 所示。

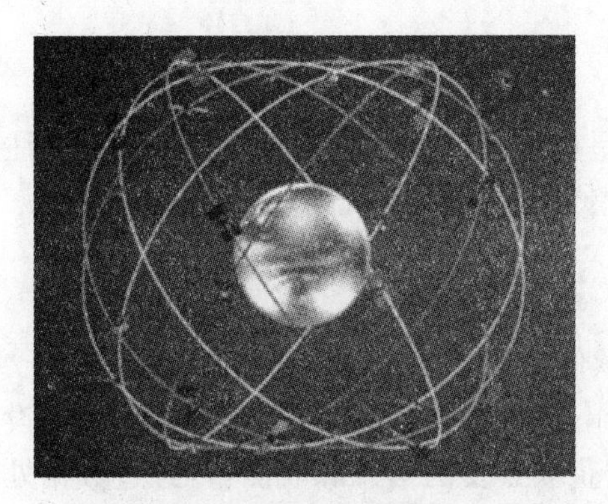

图 4-4　GPS 卫星星座

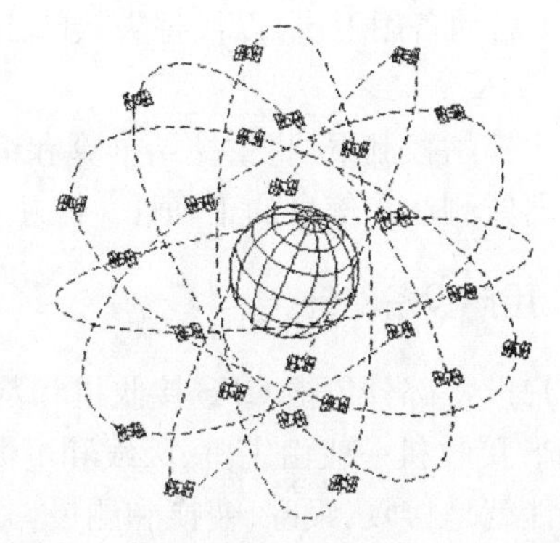

图 4-5　全球导航卫星系统运行示意图

4.2.2　地面控制部分

地面监控系统包括 1 个主控站、3 个注入站、5 个监测站。卫星广播星历包含描述卫星运动及其轨道的参数，每颗卫星广播星历由地面监控系统提供，如图 4-6 所示。

图 4-6　GPS 地面监控系统

1. 监测站

主控站控制下的数据自动采集中心有双频 GPS 接收机、高精度原子钟、气象参数测试仪计算机等设备完成对 GPS 卫星信号连续观测，搜集当地气象数据观测数据经计算机处理后传送到主控站。

2. 主控站

主控站协调和管理所有地面监控系统工作。

(1) 根据观测数据，推算编制各卫星星历、卫星钟差大气层修正参数，数据传送到注入站。

(2) 提供时间基准。各监测站和 GPS 卫星原子钟应与主控站原子钟同步，或测量出其间钟差将钟差信息编入导航电文，送到注入站。

(3) 调整偏离轨道的卫星，使之沿预定的轨道运行。

(4) 启动备用卫星,以代替失效的工作卫星。

3. 注入站

在主控站控制下,将主控站推算和编制的卫星星历、钟差、导航电文其他控制指令注入卫星存储器监测注入信息的正确性。除主控站外,整个地面监控系统无人值守。

4.2.3 用户设备部分

用户设备部分包括 GPS 接收机和数据处理软件两部分。

GPS 接收机一般由主机、天线和电源三部分组成,它是用户设备部分的核心,接收设备的主要功能就是接收、跟踪、变换和测量 GPS 信号,获取必要的信息和观测量,经过数据处理完成定位任务,如图 4-7 所示。

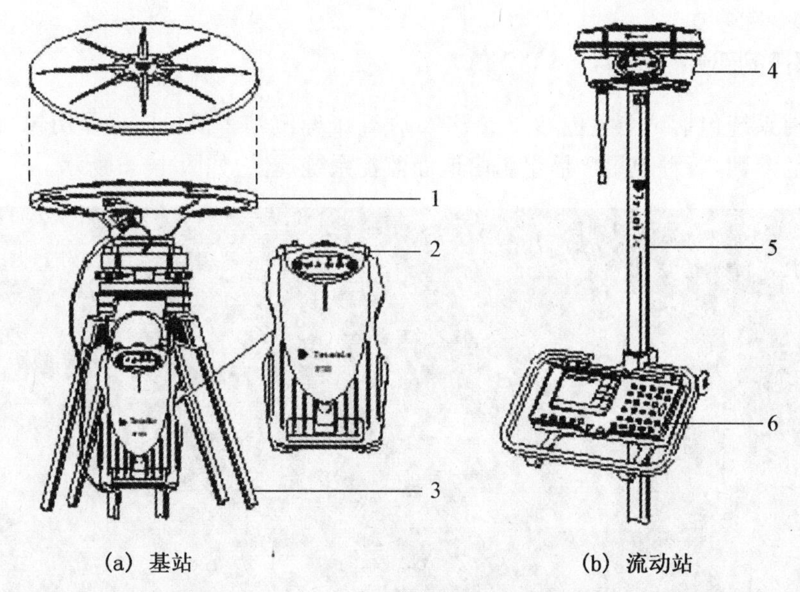

1—接收天线;2—信号处理器;3—三脚架;4—接收天线和信号处理器;5—可伸缩标杆;6—控制器

图 4-7 全球导航卫星系统的地面接收机

GPS 接收机根据接收的卫星信号频率不同,分为单频接收机和双频接收机两种。

单频接收机只能接收 L1 载波信号,单频接收机适用于 10 km 左右或更短距离的相对定位测量工作。如图 4-8 所示为南方测绘 NGS 9600 测地型单频静态 GPS 接收机。

双频接收机可以同时接收 L1 和 L2 载波信号,利用双频技术可以有效地减弱电离层折射对观测量的影响,所以定位精度较高,距离不受限制;其次,双频接收机数据解算时间较短,约为单频机的一半,但其结构复杂,价格昂贵。如图 4-9 所示为苏州光学仪器厂——A20 GPS, GLONASS 接收机。

图4－8　南方测绘NGS9600测地型单频静态GPS接收机

图4－9　苏州光学仪器厂——A20 GPS,GLONASS接收机

4.3　GPS定位原理

GPS定位原理包括伪距测量、载波相位测量、GPS差分定位。

4.3.1　GPS卫星信号

GPS卫星信号包括载波、测距码(C/A码、P码)、数据码(导航电文或称D码),由同一原子钟频率f_0=10.23 MHz产生。GPS卫星向地面发射的信号是经过二次调制的组合信息,它是由铷钟和铯钟提供的基准信号,经过分频或倍频产生D(t)码(50 Hz)、C/A码(1.023 MHz、波长293 m)、P码(10.23 MHz、波长29.3 m)、L1载波和L2载波。各GPS信号见图4－10所示,C/A码和P码参数见表4－1所示。

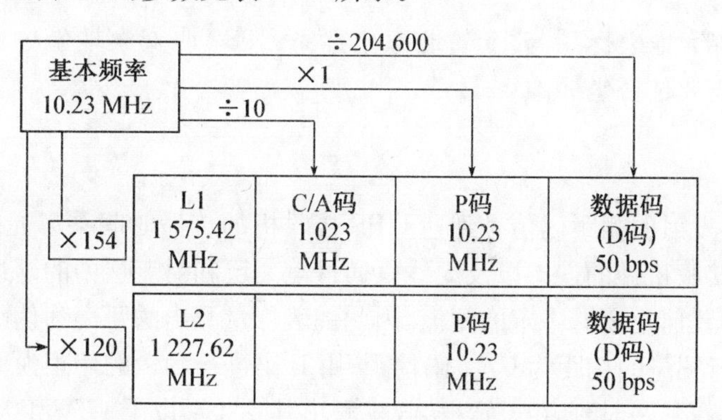

图4－10　同一基本频率控制下的GPS信号

表 4-1 C/A 码和 P 码参数

参　数	C/A 码	P 码
码长/bit	1 023	2.35×10^{14}
频率 f/MHz	1.023	10.23
码元宽度 $t_u(=1/f)/\mu s$	0.977 52	0.097 752 2
码元宽度时间传播的距离 ct_u/m	293.1	29.3
周期 $T_u=N_ut_u$	1 ms	265.41d
数码率 $P_u/\text{bit}\cdot s^{-1}$	1.023	10.23

4.3.2 GPS 测量常用坐标系

WGS-84 坐标系是目前 GPS 所采用的第一手坐标系统，GPS 所发布的星历参数就是基于此坐标系统的。WGS-84 坐标系统的全称是 World Geodical System-84（世界大地坐标系-84），是一个地心地固坐标系统。WGS-84 坐标系的坐标原点位于地球的质心，Z 轴指向 BIH1984.0 定义的协议地球极方向，X 轴指向 BIH1984.0 的起始子午面和赤道的交点，Y 轴与 X 轴和 Z 轴构成右手系，如图 4-11 所示。

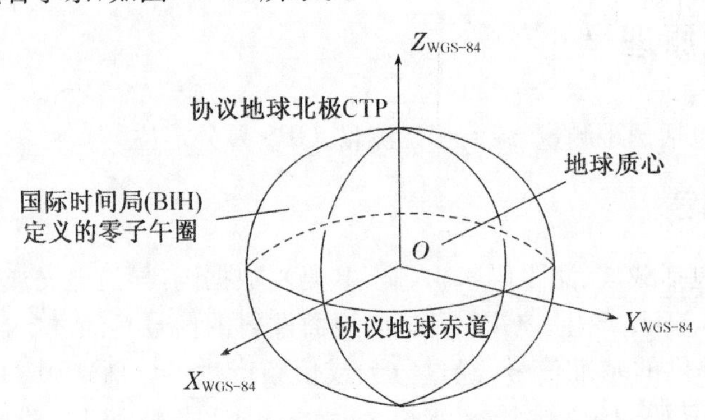

图 4-11 WGS-84 世界大地坐标系

WGS-84 世界大地坐标系与 1954 北京坐标系、1980 西安大地坐标系之间可以相互转换，应用时可根据需要选择坐标。

4.3.3 伪距测量

伪距是由卫星发射的测距码信号到达 GPS 接收机的传播时间乘以光速所得出的量测距离。由于卫星钟、接收机钟的误差以及无线电通过电离层和对流层中的延迟，实际测出的距离与卫星到接收机的几何距离有一定的差值，因此一般称量测出的距离为伪距。

用 C/A 码进行测量的伪距为 C/A 码伪距；用 P 码进行测量的伪距为 P 码伪距。

伪距法定位是在某一时刻，由 GPS 接收机测出其到 4 颗以上 GPS 卫星的伪距，根据已知的卫星位置，采用距离交会的方法求接收机天线所在点的三维坐标。

如图 4-12 所示，由 3 颗卫星测出 3 个伪距，到此 3 颗卫星的距离形成 3 个球面轨迹，3 个球面相交成一个点（另一点不在地球上），3 个距离段可以确定纬度、经度和高程，点的空间位

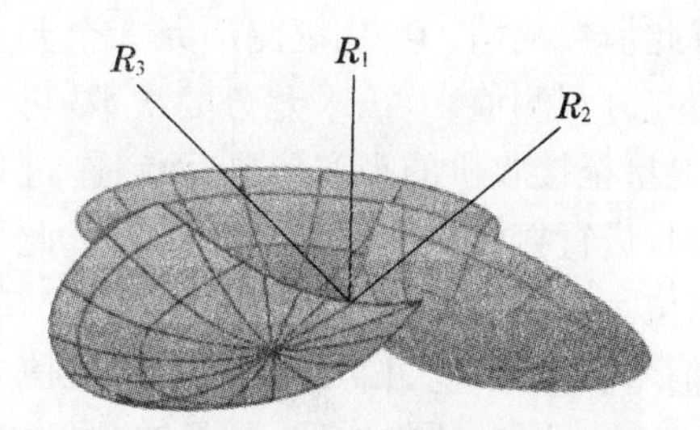

图 4-12　伪距定位

置被确定。

设测距时刻为 t_i，接收卫星 S_i 广播星历解算出 S_i 在 WGS-84 坐标系的三维坐标 (x_i, y_i, z_i)，则 S_i 卫星到 P 点的空间距离为

$$R_P^i=\sqrt{(x_P-x_i)^2+(y_P-y_i)^2+(z_P-z_i)^2} \tag{4-3}$$

伪距观测方程为

$$\tilde{\rho}_P^i=c\Delta t_{iP}+c(v_t^i-v_T)=R_P^i=\sqrt{(x_P-x_i)^2+(y_P-y_i)^2+(z_P-z_i)^2} \tag{4-4}$$

有 x_P、y_P、z_P、v_T 四个未知数，为了解算这四个未知数，应同时锁定 4 颗卫星观测，如图4-13所示。观测 A、B、C、D 四颗卫星的伪距方程为

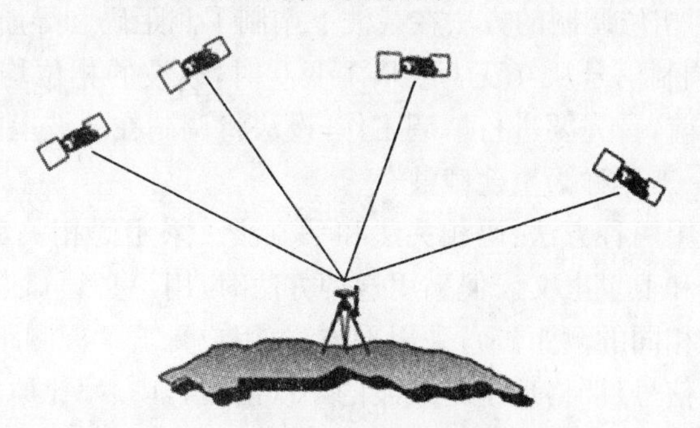

图 4-13　4 颗以上卫星对接收机定位

$$\begin{cases}\tilde{\rho}_P^A=c\Delta t_{AP}+c(v_t^A-v_T)=\sqrt{(x_P-x_A)^2+(y_P-y_A)^2+(z_P-z_A)^2}\\ \tilde{\rho}_P^B=c\Delta t_{BP}+c(v_t^B-v_T)=\sqrt{(x_P-x_B)^2+(y_P-y_B)^2+(z_P-z_B)^2}\\ \tilde{\rho}_P^C=c\Delta t_{CP}+c(v_t^C-v_T)=\sqrt{(x_P-x_C)^2+(y_P-y_C)^2+(z_P-z_C)^2}\\ \tilde{\rho}_P^D=c\Delta t_{DP}+c(v_t^D-v_T)=\sqrt{(x_P-x_D)^2+(y_P-y_D)^2+(z_P-z_D)^2}\end{cases} \tag{4-5}$$

解方程算出 P 点坐标——(x_P, y_P, z_P)。

4.3.4　载波相位测量

1. 载波相位测量概念

载波相位测量(carrier phase measurement)又称 RTK 技术，是利用接收机测定载波相位观测值或其差分观测值，经基线向量解算以获得两个同步观测站之间的基线向量坐标差的技术和方法。

由接收机在某一指定历元产生的基准信号的相位与此时接收到的卫星载波信号的相位之

差(亦称瞬时载波相位差),将此值按测站、卫星、观测历元 3 个要素对其进行差分处理而得到的间接观测值(称载波相位的差分观测值)。按求差分的次数,可分为一次差、二次差、三次差观测值。此两观测值中包含卫星至接收机的距离信息,而它连同卫地距的时间变化,均为卫星与接收机位置的函数,故可用其进行接收机定位和卫星定轨。此种测量可用于较精密的绝对定位,尤适于高精度的相对定位。

载波相位测量属于非码信号测量系统。L1 载波信号的波长为 19.03 cm,L2 载波信号的波长为 24.42 cm。其优点是把载波作为量测信号,对载波进行相位测量,可以达到很高的精度,目前可达到 1~2 mm。缺点是载波信号是一种周期性的正弦信号,相位测量只能测定不足一个波长的小数部分,无法测定其整波长个数。因而存在着整周数的不确定性问题,使解算过程比较复杂。

由于载波的波长远小于码的波长,所以在分辨率相同的情况下,载波相位的观测精度远较码相位的观测精度为高。例如,对载波 L1 而言,其波长为 19 cm,所以相应的距离观测误差约为 2 mm;而对载波 L2 的相应误差约为 2.5 mm。载波相位观测是目前最精确、最高的观测方法,它对精密定位工作具有极为重要的意义。但载波信号是一种周期性的正弦信号,而相位测量又只能测定其不足一个波长的部分,因而存在着整周不确定性问题,使解算过程比较复杂。

2. 重建载波

由于 GPS 信号已用相位调制的方法在载波上调制了测距码和导航电文,所以收到的载波相位已不再连续(凡是调制信号从 0 变 1 或从 1 变 0 时,载波的相位均要变化 1 800)。所以,在进行载波相位测量以前,首先要进行解调工作,设法将调制在载波上的测距码和卫星电文去掉,重新获取载波。这一工作称为重建载波。

恢复载波一般可采用两种方法:码相关法和平方法。采用码相关法恢复载波信号时用户还可同时提取测距信号和卫星电文。但采用这种方法时,用户必须知道测距码的结构(即接收机必须能产生结构完全相同的测距码);采用平方法,用户无需掌握测距码的码结构,但在自乘的过程中只能获得载波信号(严格地说是载波的二次谐波,其频率比原载波频率增加了一倍),而无法获得测距码和卫星电文。

3. 相位测量原理

若卫星 S 发出一载波信号,该信号向各处传播。设某一瞬间,该信号在接收机 R 处的相位为 φ_R,在卫星 S 处的相位为 φ_S,φ_R、φ_S 为从某一起点开始计算的包括整周数在内的载波相位,为方便计算,均以周数为单位。若载波的波长为 λ,则卫星 S 至接收机 R 间的距离为 $\rho=\lambda(\varphi_S-\varphi_R)$,但我们无法测量出卫星上的相位 φ_S。如果接收机的振荡器能产生一个频率与初相和卫星载波信号完全相同的基准信号,问题便迎刃而解,因为任何一个瞬间在接收机处的基准信号的相位就等于卫星处载波信号的相位。因此,$(\varphi_S-\varphi_R)$就等于接收机产生的基准信号的相位 $\varphi_K(T_K)$和接收到的来自卫星的载波信号相位 $\varphi_K^j(T_K)$之差:

$$\Phi_K^j(T_K)=\varphi_K^j(T_K)-\varphi_K(T_K) \tag{4-6}$$

某一瞬间的载波相位测量值(观测量)就是该瞬间接收机所产生的基准信号的相位 $\varphi_K(T_K)$和接收到的来自卫星的载波信号相位 $\varphi_K^j(T_K)$之差。因此,根据某一瞬间的载波相位测量值就可求出该瞬间从卫星到接收机的距离。

但接收机只能测得一周内的相位差,代表卫星到测站距离的相位差还应包括传播已经完成的整周数 N_K^j,故

$$\Phi_K^j(T_K)=N_K^j+\varphi_K^j(T_K)-\varphi_K(T_K) \tag{4-7}$$

假如在初始时刻 t_0 观测得出载波相位观测量为

$$\Phi_K^j(t_0)_K=N_K^j+\varphi_K^j(t_0)-\varphi_K(t_0) \tag{4-8}$$

式中，N_K^j 为第一次观测时相位差的整周数，也叫整周模糊度。

从此接收机开始由一计数器连续记录从 t_0 时刻开始计算的整周数 $INT(\varphi)$，在 t_i 时刻观测的相位观测值为

$$\Phi_K^j(t_i)=N_K^j+INT(\varphi_i)+\varphi_K^j(t_i)-\varphi_K(t_i) \tag{4-9}$$

显然，对于不同的接收机、不同的卫星其模糊参数是不同的。此外，一旦观测中断(例如卫星不可见或信号中断)，因不能进行连续的整周计数，即使是同一接收机观测同一卫星也不能使用同一模糊度，那么同一接收机、同一卫星的不同时段观测(不连续)也不能使用同一模糊度。

如果由于某种原因(例如卫星信号被障碍物挡住而暂时中断)使计数器无法连续计数，那么当信号被重新跟踪后，整周计数中将丢失某一量而变得不正确。而不足一整周的部分(接收机的观测量)是一个瞬时量测值，因而仍是正确的，这种现象叫作整周跳变(简称周跳)或丢失整周(简称失周)。周跳是数据处理时必须加以改正的。周跳的检测与修复将在以后介绍，如果修复不了，就会在重新观测到同一颗卫星时刻起存在一个新的模糊度。

4.3.5　GPS 差分定位

1. 差分定位概念

差分定位也叫差分 GPS 技术，即将一台 GPS 接收机安置在基准站上进行观测。根据基准站已知精密坐标，计算出基准站到卫星的距离改正数，并由基准站实时将这一数据发送出去。用户接收机在进行 GPS 观测的同时，也接收到基准站发出的改正数，并对其定位结果进行改正，从而提高定位精度。

差分定位(differential positioning)，也叫相对定位，是根据两台以上接收机的观测数据来确定观测点之间的相对位置的方法，它既可采用伪距观测量也可采用相位观测量，大地测量或工程测量均应采用相位观测值进行相对定位。

可以简单地理解为在已知坐标的点上安置一台 GPS 接收机(称为基准站)，利用已知坐标和卫星星历计算出观测值的校正值，并通过无线电设备(称数据链)将校正值发送给运动中的 GPS 接收机(称为流动站)，流动站应用接收到的校正值对自己的 GPS 观测值进行改正，以消除卫星钟差、接收机钟差、大气电离层和对流层折射误差的影响。

2. 差分定位分类

根据差分 GPS 基准站发送的信息方式可将差分 GPS 定位分为三类，即位置差分、伪距差分和相位差分。这三类差分方式的工作原理是相同的，即都是由基准站发送改正数，由用户站接收并对其测量结果进行改正，以获得精确的定位结果。所不同的是，发送改正数的具体内容不一样，其差分定位精度也不同。

(1) 位置差分原理

这是一种最简单的差分方法，任何一种 GPS 接收机均可改装和组成这种差分系统。

安装在基准站上的 GPS 接收机观测 4 颗卫星后便可进行三维定位，解算出基准站的坐标。由于存在着轨道误差、时钟误差、SA 影响、大气影响、多径效应以及其他误差，解算出的

坐标与基准站的已知坐标是不一样的,存在误差。基准站利用数据链将此改正数发送出去,由用户站接收,并且对其解算的用户站坐标进行改正。

最后得到的改正后的用户坐标已消去了基准站和用户站的共同误差,例如卫星轨道误差、SA影响、大气影响等,提高了定位精度。以上先决条件是基准站和用户站观测同一组卫星的情况。位置差分法适用于用户与基准站间距离在100 km以内的情况。

(2) 伪距差分原理

伪距差分是目前用途最广的一种技术。几乎所有的商用差分GPS接收机均采用这种技术。国际海事无线电委员会推荐的RTCM SC-104也采用了这种技术。

在基准站上的接收机要求得它至可见卫星的距离,并将此计算出的距离与含有误差的测量值加以比较。利用一个$\alpha-\beta$滤波器将此差值滤波并求出其偏差。然后将所有卫星的测距误差传输给用户,用户利用此测距误差来改正测量的伪距。最后,用户利用改正后的伪距来解出本身的位置,就可消去公共误差,提高定位精度。

与位置差分相似,伪距差分能将两站公共误差抵消,但随着用户到基准站距离的增加又出现了系统误差,这种误差是用任何差分法都不能消除的。用户和基准站之间的距离对精度有决定性影响。

(3) 载波相位差分原理

测地型接收机利用GPS卫星载波相位进行的静态基线测量获得了很高的精度。但为了可靠地求解出相位模糊度,要求静止观测一两个小时或更长时间,这样就限制了在工程作业中的应用,于是探求快速测量的方法应运而生。例如,采用整周模糊度快速逼近技术(FARA)使基线观测时间缩短到5分钟,采用准动态(stop and go),往返重复设站(re-occupation)和动态(kinematic)来提高GPS作业效率,这些技术的应用对推动精密GPS测量起了促进作用。但是,上述这些作业方式都是事后进行数据处理的,不能实时提交成果和实时评定成果质量,很难避免出现事后检查不合格造成的返工现象。

差分GPS的出现,能实时给定载体的位置,精度为米级,满足了引航、水下测量等工程的要求。位置差分、伪距差分、伪距差分相位平滑等技术已成功地用于各种作业中,随之而来的是更加精密的测量技术——载波相位差分技术。

载波相位差分技术又称为RTK技术(real time kinematic),是建立在实时处理两个测站的载波相位基础上的。它能实时提供观测点的三维坐标,并达到厘米级的高精度。

与伪距差分原理相同,由基准站通过数据链实时将其载波观测量及站坐标信息一同传送给用户站。用户站接收GPS卫星的载波相位与来自基准站的载波相位,并组成相位差分观测值进行实时处理,能实时给出厘米级的定位结果。

实现载波相位差分GPS的方法分为两类:修正法和差分法。前者与伪距差分相同,基准站将载波相位修正量发送给用户站,以改正其载波相位,然后求解坐标。后者将基准站采集的载波相位发送给用户台进行求差解算坐标。前者为准RTK技术,后者为真正的RTK技术。

4.4 GPS的作业方式

GPS的定位方式较多,在工程测量中用户可根据不同的用途和要求采用不同的定位方法,GPS的定位方式可依据不同的标准进行分类。

根据采用定位信号的不同分为伪距定位(测距码)和载波相位定位(信号为载波);根据定位所需接收机台数可分为单点定位和相对定位;根据待定点的位置变化与定位误差相比是否明显分为静态定位和动态定位;根据获取定位结果的时间分为实时定位和后处理定位。

4.4.1　绝对定位和相对定位

1. 绝对定位

绝对定位是利用一台接收机观测卫星,独立地确定出自身在 WGS－84 地心坐标系的绝对位置。这一位置在 WGS－84 坐标系中是唯一的,所以称为绝对定位。因为利用一台接收机能完成定位工作,又称为单点定位。

绝对定位的优点是只需一台接收机即可独立定位,外业观测的组织和实施比较方便,数据处理比较简单;缺点是定位精度低,受各种误差的影响比较大,只能达到米级。

2. 相对定位

相对定位是利用不同地点的接收机同步跟踪相同的 GPS 卫星信号,确定若干台接收机之间的相对位置。

相对定位测量是相对于某一已知点的位置,而不是在 WGS－84 坐标系中的绝对位置,它精确测定出两点之间的坐标分量和边长。相对定位至少要应用两台精密测地型 GPS 接收机。

由于同步观测相同的卫星,卫星的轨道误差,卫星的钟差,接收机的钟差以及电离层、对流层的折射误差等对观测量具有一定的相关性,因此利用这些观测量的不同组合进行相对定位,可以有效地消除或削弱上述误差的影响,从而提高定位精度。

载波相位相对定位有单差法和双差法。

单差法在基线两端点安置两台 GPS 接收机,对同一颗卫星同步观测,如图 4－14 所示。

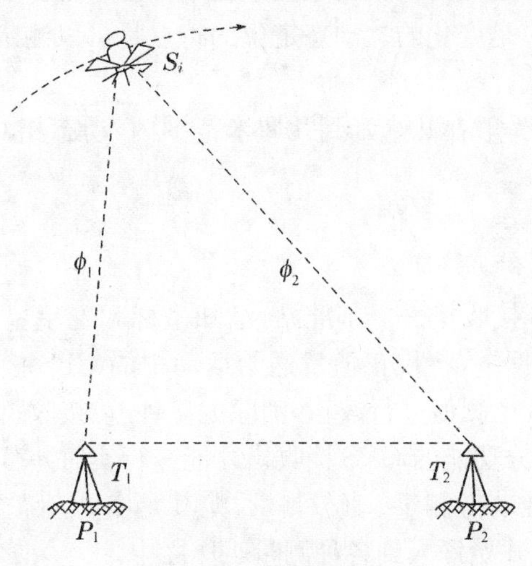

图 4－14　单差法定位

双差法用两台 GPS 接收机安置在基线端点上同时对两颗卫星进行同步观测,如图 4－15 所示。

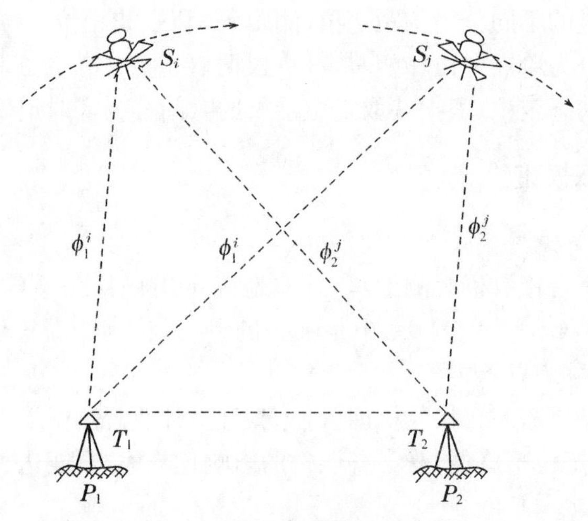

图 4-15 双差法定位

4.4.2 实时定位和后处理定位

对 GPS 信号的处理，从时间上可划分为实时处理及后处理。实时处理就是一边接收卫星信号，一边进行计算。后处理是指把卫星信号记录在一定的介质上，回到室内统一进行数据处理以进行定位的方法。

4.4.3 静态定位和动态定位

所谓静态定位，就是待定点的位置在观测过程中固定不变。所谓动态定位，就是待定点在运动载体上，在观测过程中是变化的。动态定位的特点是可以测定一个动态点的实时位置，多余观测量少，定位精度较低。

静态相对定位的精度一般在几毫米到几厘米范围内，动态相对定位的精度一般在几厘米到几米范围内。

4.4.4 实时差分定位

已知点安置一台 GPS 接收机——基准站，已知坐标和卫星星历算出观测值的校正值，通过无线电通信设备——数据链，将校正值发送给运动中的 GPS 接收机——移动站，移动站用收到的校正值对自身 GPS 观测值进行改正，消除卫星钟差、接收机钟差、大气电离层和对流层折射误差。应用带实时差分功能的 GPS 接收机才能进行实时差分定位。

随着快速静态测量、准动态测量、动态测量，尤其是实时动态定位测量工作方式的出现，GPS 在测绘领域中的应用开始深入到各种测量工作之中。

实时动态定位测量，即 GPS RTK 测量技术（其中 RTK 为实时动态的意思，英文是 real time kinematic）。

在两台 GPS 接收机之间增加一套无线通信系统（又称数据链），将两台或多台相对独立的 GPS 接收机连成有机的整体。基准站（安置在已知点上的 GPS 接收机）通过电台将观测信息、测站数据传输给流动站（运动中的 GPS 接收机）。

常规 RTK 是一种基于单基站的载波相位实时差分定位技术，其作业如图 4-16 所示。

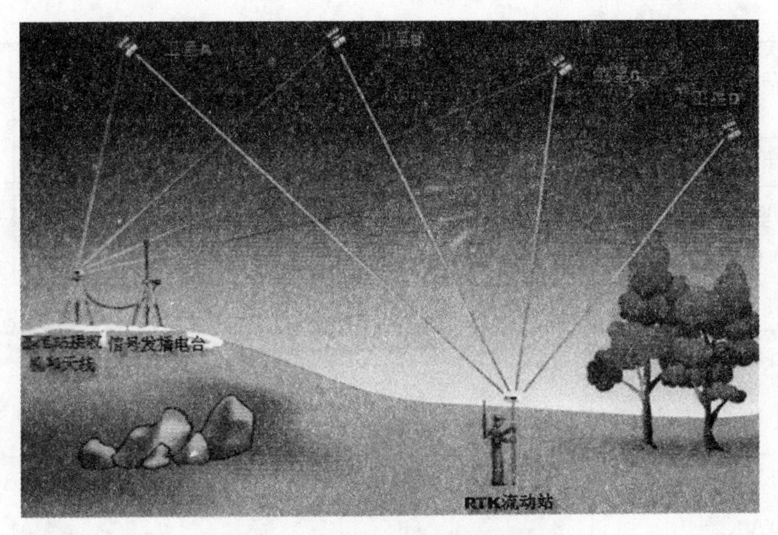

图 4-16　常规 RTK 作业示意图

4.5　GPS 测量设计与实施

GPS 测量工作程序可分为方案设计、选点建立标志、外业观测、成果检核和内业数据处理等几个阶段，其中以载波相位观测值为主的相对定位测量是目前 GPS 测量普遍采用的精密定位方法。

4.5.1　GPS 控制网设计

控制网设计是进行 GPS 测量的基础，应依据国家有关规范规程及 GPS 网的用途、用户要求等因素进行网形、精度和基准设计。

1. 各级 GPS 测量的精度指标

GPS 精度指标取决于网的用途、实际需要和设备等，各级 GPS 控制网中，相邻点之间的距离误差表示如下：

$$\sigma=\sqrt{a^2+(b\times d\times 10^{-6})^2} \tag{4-10}$$

式中：σ 为标准差；a 为固定误差；b 为比例误差系数；d 为相邻点间的距离；σ、a、b、d 的单位均为 mm。

各级 GPS 网测量基本技术要求以及固定误差与比例误差分别见表 4-2 和表 4-3。

表 4-2　各级 GPS 网测量基本技术要求

项目	级别				
	A	B	C	D	E
卫星截止高度角	10	15	15	15	15
同时观测有效卫星数	≥4	≥4	≥4	≥4	≥4

（续表）

项目	级别				
	A	B	C	D	E
有效观测卫星总数	≥20	≥9	≥6	≥4	≥4
观测时段数	≥6	≥4	≥2	≥1.6	≥1.6
基线平均距离/km	300	70	10—15	5—10	0.2—5
时段长度/min	≥540	≥240	≥60	≥45	≥40

注：夜间可以将观测时间缩短一半，或者把距离延长一倍。

表 4-3 固定误差与比例误差

级别	固定误差/mm	比例误差/mm
AA	≤3	≤0.01
A	≤3	≤0.1
B	≤3	≤1
C	≤3	≤5
D	≤3	≤10
E	≤3	≤20

在 GPS 测量中，大地高差的限差（固定误差和比例误差）可按表 4-3 放宽一倍执行。

AA 级和 A 级点平差后，在 ITRF 地心参考框架中的点位精度及连续观测站经多次观测后计算的相邻点间基线长度的年变化率的精度要求见表 4-4。

表 4-4 点位精度及基线长度年变化率的精度要求

级别	点位的地心坐标精度/m	基线长度年变化率精度/(mm/年)
AA	≤0.05	≤2
A	≤0.1	≤3

2. GPS 网的基准设计

GPS 测量获得的是 GPS 基线向量，它属于 WGS-84 坐标系的三维坐标，而实际需要的是国家坐标系（北京 54）或地方坐标系。在 GPS 网设计时必须明确 GPS 成果所采用的坐标系和起算数据，即 GPS 网的基准。

GPS 网基准包括位置基准、方位基准和尺度基准。方位基准一般由给定的起算方位角值确定，也可由 GPS 基线向量的方位作为基准；尺度基准一般由地面电磁波测距确定，也可由两个以上的起算点间距确定，还可由 GPS 基线向量的距离确定；位置基准一般由给定的起算点坐标确定。因此，GPS 网的基准设计实质上主要是指确定网的位置基准问题。

3. GPS 网的网形设计

因为 GPS 网测量点之间无需相互通视，所以网形设计具有很大的灵活性。网形布设通常有点连式、边连式、网连式及边点混合连接式四种。

点连式是指相邻同步网形间仅有一个公共点连接，网形强度较弱且检查条件少，一般不单独使用，如图4-17(a)所示。

边连式是指相邻同步网形之间有一条公共边连接，其网形强度和可靠性优于点连式，如图4-17(b)所示。

网连式是指相邻同步网形之间有两个以上的公共点连接，这种方式需要四台以上的GPS接收机，其网形几何强度和可靠性指标相当高，但花费时间和经费比较多，多用于高精度控制网，如图4-17(c)所示。

边点混合连接式是把边连式和点连式有机地结合起来，其周边的图形应尽量采用边连式，这样可保证网的精度，提高可靠性，且减少外业工作量，降低成本，是比较理想的布网方法，如图4-17(d)所示。

此外，低等级GPS测量或碎部测量可以采用星连式，这种方式图形简单、无检核条件、作业速度快，如图4-17(e)所示。

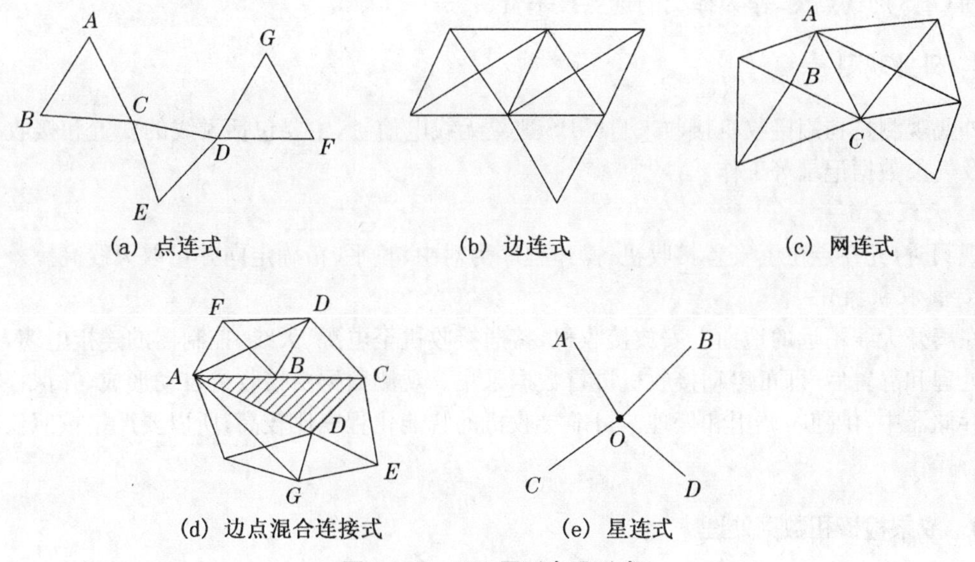

图4-17 GPS网形布设形式

注意

(1) GPS网一般应通过独立观测边构成闭合网形，以增加检核条件，提高网的可靠性。

(2) GPS网点应尽可能与控制网点重合。重合点一般不应少于3个(不足时应连测)且在网中分布均匀。

(3) GPS网点虽然不需要通视，但是为了便于常规连测和加密，要求控制点至少与一个其他控制点通视，或者在控制点附近300 m外布设一个通视良好的方位点，以便建立连测方向。

(4) 进行高程测量时，GPS网点尽可能与水准点重合，非重合点应根据要求以水准测量方法进行连测，或在网中布设一定密度的水准点，进行同等级水准连测。

4.5.2 选点建立标志

GPS 测量选点时应满足以下要求：

(1) 点位应尽量选在便于安置接收机、便于操作、视野开阔的位置；点位目标要显著，视场周围 15°以上不应有障碍物，以便减少 GPS 信号被阻挡或被吸收；要选在交通方便，土质坚硬、便于保存，有利于其他手段连测的地方。

(2) GPS 点应避开对电磁波接收有强烈吸收、反射等干扰影响的强干扰体和大面积水域，如无线电发射源、高压输电线、电台、电视台、高层建筑和大范围水面等。远离大功率无线电发射源(如电视台、微波站等)，其距离不小于 400 m；远离高压输电线，其距离不小于 200 m。

(3) 交通方便，有利于其他测量手段扩展和连测。

(4) 地面基础稳定，易于点的保存。

(5) 为长期保存点位，点位选定后，GPS 控制点应按要求埋设标石，并绘制点之记、测站环视图和 GPS 网选点图，作为提交的选点技术资料。

4.5.3 外业观测

外业观测是利用接收机接收来自 GPS 卫星无线电信号，主要包括天线的安置和接收机操作以及气象数据记录等工作。

1. 天线安置

观测时，先在点位上安置接收机，操作程序为对中、整平、精确定向并量取天线高。

2. 接收机操作

在离开天线不远的地面上安放接收机，接通接收机至电源、天线、控制器的连接电缆，并经预热处理和静置后，即可启动接收机进行数据采集。观测数据由接收机自动形成，并保存在接收机存储器中，供随时调用和处理。目前接收机的智能化程度比较高，所以要严格按照仪器说明进行操作。

4.5.4 成果检核和数据处理

1. 成果检查

按照《全球定位系统(GPS)测量规范》要求，对各项检查内容严格检查，确保准确无误，然后进行数据处理。

将观测数据下载到计算机中，并计算 GPS 基线向量，基线向量的解算软件一般可用仪器厂家提供的软件。

对解算成果进行检核，常见的有同步环和异步环的检测。根据规范要求的精度，剔除误差大的数据，必要时还需要进行重测。

2. 数据处理

GPS 接收机记录的是 GPS 接收机天线到卫星的伪距、载波相位和星历等数据。GPS 数据处理要从原始的观测值出发得到最终的测量定位成果，其数据处理过程主要分为基线向量解算、基线向量网平差以及 GPS 网平差几个阶段。

由于 GPS 测量信息量大、数据多，采用的数字模型和解算方法比较复杂，在实际工作中，一般应用电子计算机通过一定的计算程序完成数据处理工作。

将基线向量组网进行平差。平差软件可以采用仪器厂家提供的软件,也可以采用通用数据格式的第三方软件或自编软件。通过平差计算,最终得到各观测点在指定坐标系中的坐标,并对坐标值的精度进行评定。

4.5.5　GPS 定位误差来源

GPS 定位中出现的各种误差,按性质可分为系统误差(偏差)和随机误差两大类。其中系统误差无论从误差的大小还是对定位结果的危害性来讲都比随机误差大得多,而且它们又是有规律可循的,可以采取一定的方法和措施来加以消除。

1. GPS 定位误差

(1) 与卫星有关的误差

① 卫星星历误差

② 卫星钟的钟误差

③ 相对论效应

(2) 与信号传播有关的误差

① 电离层延迟

② 对流层延迟

③ 多路径误差

(3) 与接收机有关的误差

① 接收机钟的钟误差

② 接收机的位置误差

③ 接收机的测量噪声

(4) 其他误差

① 通道误差

② 量测噪声

③ 电路噪声和硬件延迟等

2. 消除或削弱 GPS 定位误差影响的方法和措施

上述各项误差对测距的影响可达数十米,有时甚至可超过百米,比观测噪声大几个数量级。因此,必须设法加以消除,否则将会对定位精度造成极大的损坏。消除或大幅度削弱这些误差所造成的影响的主要方法:

(1) 建立误差改正模型

(2) 求差法

(3) 选择较好的硬件和较好的观测条件

4.6　国内外 GPS 的发展现状

在工程测量应用领域,全球导航卫星系统 GPS 的主要作用是提供高精度实时动态定位,高精度实时差分定位又是高精度动态定位的主要手段之一,这就是实时动态定位新技术——网络 RTK。网络 RTK 技术是目前国内外 GPS 领域最为先进的技术,它是 20 世纪 90 年代产生的一种新兴技术,代表 GPS 未来的发展方向。

4.6.1 常规 RTK 定位技术

常规 RTK 定位技术是一种基于高精度载波相位观测值的实时动态差分定位技术，也可用于快速静态定位。进行常规 RTK 工作时，除需配备基准站接收机和流动站接收机外，还需要数据通信设备，基准站需将自己所获得的载波相位观测值及站坐标，通过数据通信链实时播发给在其周围工作的动态用户。流动站数据处理模块使用动态差分定位的方式确定出流动站相对应参考站的位置，然后根据参考站的坐标求得自己的瞬时绝对位置。

4.6.2 网络 RTK 定位技术

网络 RTK 技术与常规 RTK 技术相比，扩大了覆盖范围、降低了作业成本、提高了定位精度和减少了用户定位的初始化时间。

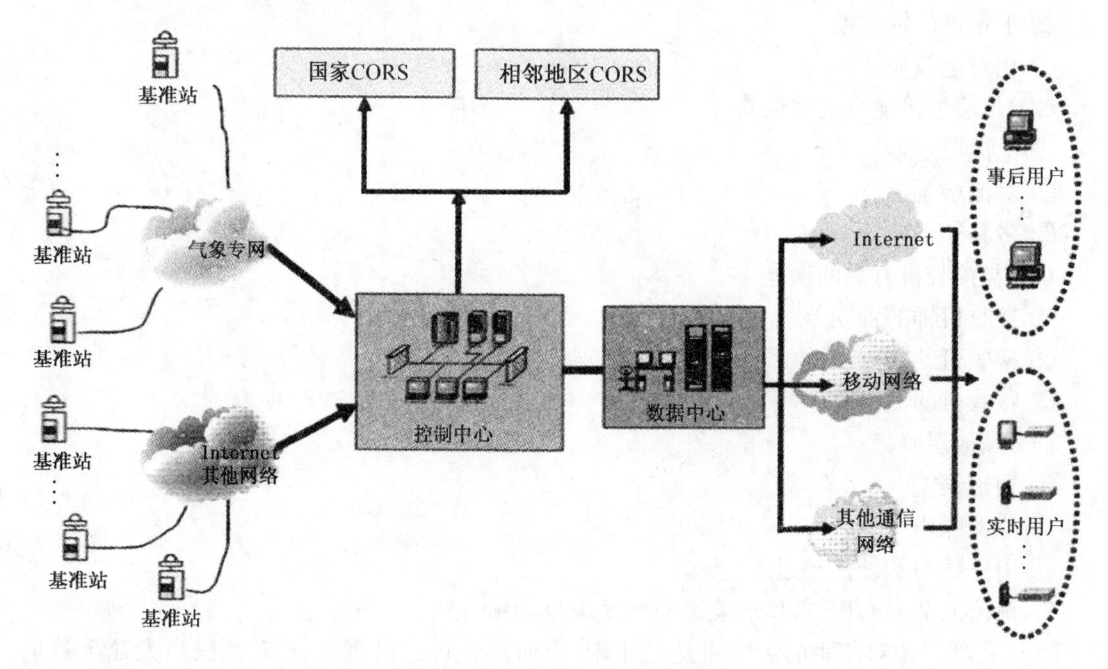

图 4-18　网络 RTK 系统图

1. 网络 RTK 系统服务技术

目前，网络 RTK 系统服务技术主要有主辅站（MAX）技术、虚拟参考站（VRS）、区域改正参数（FKP）技术三种。

（1）MAX

MAX 技术作业流程如图 4-19 所示。

（2）VRS

2001 年 Herbert Landau 等提出了 VRS 的概念和技术。VRS 实现过程分为三步：

① 系统数据处理和控制中心完成所有参考站的信息融合和误差源模型；

② 流动站在作业的时候，先发送概略坐标生成虚拟参考站观测值，并回传给流动站；

③ 流动站利用虚拟参考站数据和本身的观测数据进行差分，得到高精度定位结果。

VRS 的作业流程如图 4-20 所示。

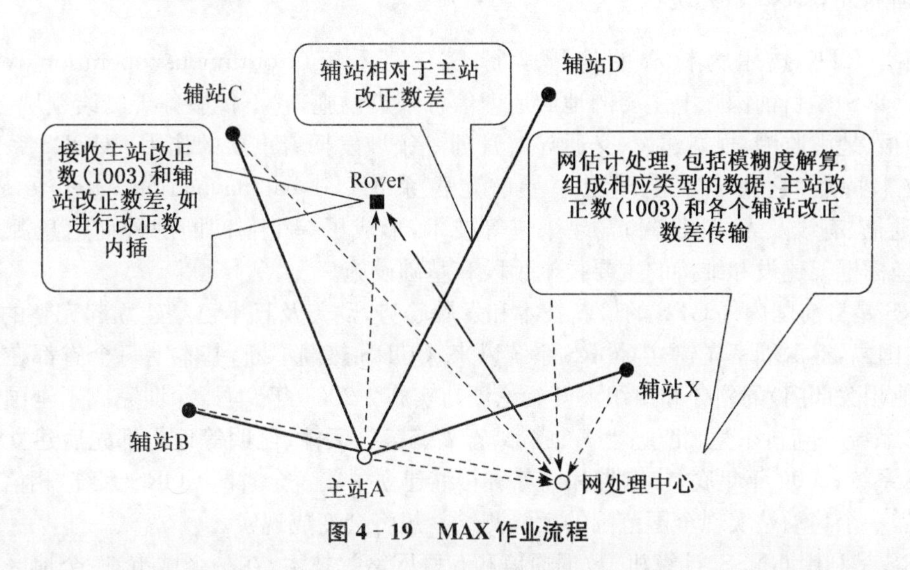

图 4－19　MAX 作业流程

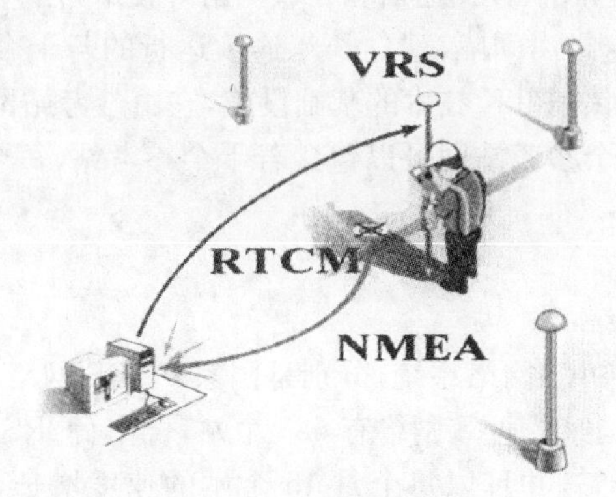

图 4－20　VRS 作业流程

(3) FKP

FKP 技术是由德国的 Geo＋＋GmbH 最早提出来的。该技术基于状态空间模型(State space model，SSM),其主要过程是数据处理中心首先计算出网内电离层和几何信号的误差影响,再把误差影响描述成南北方向和东西方向区域参数,然后以广播的方式发播出去,最后流动站根据这些参数和自身位置计算误差改正数。

2. 网络 RTK 的优势

(1) 无需架设参考站,省去了野外工作中的值守人员和架设参考站的时间,降低了作业成本,提高了生产率。

(2) 传统"1＋1"GPS 接收机真正等于"2",生产效率双倍提高,不再为四处寻找控制点而苦恼。

(3) 扩大了作业半径,并且克服了常规 RTK 随着作业距离的增大而精度衰减的缺点,网络覆盖范围内能够得到均匀的精度。

(4) 在 CORS 覆盖区域内,能够实现测绘系统和定位精度的统一,便于测量成果的系统转换和多用途处理。

4.6.3 国内外CORS研究现状

以网络RTK技术为核心的连续运行参考站系统(Continuous operation reference station,CORS)是目前国际上主要的地面地理信息采集设施,它不仅服务于测绘领域,还在气象辅助预报、地震监测、规划建设、交通导航管理等领域发挥着重要的作用。CORS系统具有鲜明的技术特点,它集成了全球卫星导航定位系统(Global navigation satellite system, GNSS)、通信、有线及无线网络和气象采集等技术,形成了一个不间断的地面信息源采集系统,成为坐标框架建设和维持的主要技术手段和基础设施。

CORS是目前国内外GPS的最新技术和发展趋势,欧美及日本已经建立起完整的CORS系统。在国内,继深圳率先建立CORS系统以来,CORS热潮不断,基本上每个省都在省国土厅(或其他相关部门)的领导和组织下开始论证与实施。2001年9月,深圳完成了全国的第一个CORS系统,随后,东莞、北京、上海、成都、青岛、武汉、天津、昆明等地也都先后建立了市级的CORS系统;2006年年底,广东省和江苏省相继建立了覆盖全省的CORS系统,相信不久的将来,只需一个移动站实现全国范围的无缝测绘梦想将会变成现实。

CORS是利用GNSS、计算机、数据通信和互联网络等技术,在一个城市、一个地区或一个国家范围内,根据需求按一定距离间隔,建立长年连续运行的若干个固定GNSS参考站组成的网路系统,CORS系统是网络RTK技术的基础设施,它由参考站网、数据处理中心、数据通信链路和用户部分组成。一个参考站网可以包含若干个参考站,每个参考站上配备有GNSS接收机、数据通信设备等。

1. 国外CORS研究现状

(1) 美国CORS网络系统

美国主要有3个大的CORS网络系统,分别是国家CORS网络、合作CORS网络和加利福尼亚CORS网络。目前,国家CORS网络有688个站,合作CORS网络有140个站,加利福尼亚CORS网络有350多个站,并且以每个月15个站的速度增长,超过155个组织参加了CORS的项目。美国国家大地测量局(NGS)、美国国家海洋和大气管理局(NOAA)的国家海洋服务办公室分别管理国家CORS和合作CORS。NGS的网站向全球用户提供国家CORS网络基准站坐标和GPS卫星跟踪观测站数据,其中30天内为原始采样间隔的数据,30天后为30秒采样间隔的数据。另外,NGS网站还提供网上数据处理服务(OPUS)。合作CORS的数据可以从美国国家地球物理数据中心下载,并且所有数据向合作组织自由开放。

在三大CORS系统下,美国有很多个实时的网络RTK服务系统,如加利福尼亚州南部的奥伦奇市实时网络(orange county real time network)和圣地亚哥实时网络。奥伦奇市实时网络包含了10个永久性的GPS基准站、一台专门的服务器来实时处理和保存1秒采样间隔的原始数据,任何人都可以通过因特网免费获得该地区的RTK改正数。圣地亚哥实时网络共有22个站,其中4个新站点的采样率高达20 Hz。

(2) 加拿大的主动控制网系统

加拿大主动控制网系统(Canadian active control system, CACS)目前由加拿大大地测量局和地质测量局负责维护和运行。到2006年5月,CACS拥有14个永久性跟踪站、12个西部变形监测站和20个区域主动控制站。通过分析多个基准站的GPS数据,监测GPS完好性和定位性能，计算精密的卫星轨道和卫星钟差改正，提供精密的卫星星历。精密的卫星钟差改正和基准站的观测值，在加拿大的任何位置使用单台接收机定位可获得一个厘米到几米的精度定位结果。

(3) 澳大利亚悉尼网络 RTK 系统

澳大利亚悉尼网络 RTK 系统(SydNet)是在 2003 年建立的 CORS 网络，所有基准站位于悉尼市区，使用光纤连接到控制中心，数据处理和发布中心位于 Redfern 的澳大利亚技术员(ATP)。用户配备单台 GPS 接收机和无线网络通信设备，就可获得厘米级的实时定位结果。该系统不仅可以为土地测量控制服务，取代地区的测量控制网，还是一个在通信、用户应用方面进行网络 RTK 技术研究的开放实验室。

(4) 德国卫星定位与导航服务系统

德国卫星定位与导航服务系统(SAPOS)是德国国家测量管理部门联合德国测量、运输、建筑、房屋和国防等部门，建立的一个长期连续进行的、覆盖全国的多功能差分 GPS 定位导航服务体系，是德国国家空间数据基础设施。它由 200 个左右的永久性 GPS 跟踪站组成，平均站间距 40 km，其基本服务是提供卫星信号和用户改正数据，使用户得到厘米级精度水平定位和导航坐标。SAPOS 采用区域改正参数(FKP)的技术来减弱差分 GPS 的误差影响，一般以 10 s 的间隔给出每颗卫星区域改正参数。SAPOS 把德国的差分 GPS 服务按精度、时间响应和目的分成了四个级别：

① 实时定位服务(EPS)；

② 高精度实时定位服务(HEPS)；

③ 精密大地定位服务(GPRS)；

④ 高精度大地定位服务(GHPS)。

与美国的 CORS、加拿大的 CACS 一样，SAPOS 构成了德国国家动态大地测量框架。

(5) 日本 GPS 连续应变监测系统

日本国家地理园(GSI)从 20 世纪 90 年代初开始就着手布设地壳应变监测网，并逐步发展成日本 GPS 连续应变监测系统(COSMOS)。该系统的永久跟踪站平均 30 km 一个，最密的地区如关东、东京、京都等地区是 10～15 km 一个站，到 2005 年年底已经建设 1 200 个遍布全日本的 GPS 永久跟踪站。该系统基准站一般为不锈钢塔柱，塔顶放置 GPS 天线，塔柱中部分成放置 GPS 接收机、UPS 和 ISDN 通信 modem，数据通过 ISDN 网进入 GSI 数据处理中心，然后进入因特网，在全球内共享。

COSMOS 构成了一个格网式的 GPS 永久站阵列，是日本国家的重要基础设施，其主要任务如下：

① 建成超高精度的地壳运动监测网络系统和国家范围内的现代“电子大地控制网点”。

② 系统向测量用户提供 GPS 数据，具有实时动态定位(RTK)能力，完全取代传统的 GPS 静态控制网测量。COSMOS 主要的应用：地震监测和预报；控制测量；建筑、工程控制和监测；测图和地理信息系统更新；气象监测和天气预报。

4.6.4 GPS 在工程测量中的应用

GPS 定位技术是近代迅速发展起来的卫星定位新技术，在国内外获得了日益广泛的应用。用 GPS 进行工程测量有许多优点：精度高，作业时间短，不受时间、气候条件和两点间通视的限制，可在统一坐标系中提供三维坐标信息等，因此在工程测量中有着极广的应用前景。如在城市控制网、工程控制网的建立与改造中已普遍地应用GPS技术，在石油勘探、高速公路、通信线路、地下铁路、隧道贯通、建筑变形、大坝监测、山体滑坡、地壳形变监测等方面也已广泛地使用GPS技术。

随着差分GPS技术(DGPS)和实时动态GPS技术(RTK)的发展，出现了GPS全站仪的概念。可以利用GPS进行施工放样和碎部点测量，并在动态测量中有着极为广泛的应用，从而进一步拓宽了GPS在工程测量中的应用前景。GPS与其他传感器(如CCD相机)或测量系统的组合解决了定位、测量和通信的一体化问题。国外已成功地应用于快速地形测绘；高精度GPS实时动态监测系统实现了大型建筑物变形监测的全天候、高频率、高精度和自动化，是建筑物外部变形观测的一个发展方向。

拓展与实训

一、选择题

1. GPS系统主要由(　　)组成。

A. 空间卫星　B. 地面监控系统　C. 用户设备　D. 以上都是

2. GPS卫星发射的信号由(　　)组成。

A. 载波　B. 测距码　C. 导航电文　D. 以上都是

3. 与传统测量仪器相比，GPS定位的优势有(　　)。

A. 精度高　B. 提供三维坐标、操作简便

C. 全天候作业　D. 站间无需通视

4. GPS的定位方式有(　　)。

A. 单点定位　B. 相对定位　C. 动态定位　D. 静态定位

5. GPS定位的误差源主要有(　　)。

A. 与卫星有关的误差　B. 与信号传播有关的误差

C. 与接收机有关的误差　D. 以上都是

6. GPS网的基本构网方式有(　　)。

A. 点连式　B. 边连式　C. 网连式　D. 边点混合连接

7. GPS的外业观测主要包括(　　)。

A. 天线的安置　B. 接收机操作　C. 气象数据记录　D. 以上都是

二、简答题

1. GPS全球定位系统由几部分组成？
2. GPS测量有哪些主要误差来源？
3. 单点定位时为什么要至少同时观测四颗卫星？
4. 简述GPS伪距定位和载波相位定位的原理。
5. 简述GPS测量实施的方法。
6. 简述GPS在工程测量中的应用。

项目5　地形图测量

项目概述

在勘测设计阶段，为了工程设计的需要，应对测区内进行地形图的测绘；在施工阶段，为利于施工技术人员的施工和测量，需要识读工程地形图，因此掌握地形图的测绘是非常重要的。本项目主要是在控制测量的基础上，完成本测区的地形图测量，即控制测量完成后，可根据图根控制点测定地物、地貌特征点的平面位置和高程，并按规定的比例尺和符号缩绘成地形图。随着经济社会的高速发展，本项目主要介绍数字测图的方法。

知识目标

- ◆ 了解地形图的基本知识；
- ◆ 掌握全站仪数字测图工作的方法；
- ◆ 熟悉 GPS-RTK 数字测图；
- ◆ 熟悉地形图的应用。

技能目标

- ◆ 能够计算比例尺和比例尺精度；
- ◆ 能够辨认各种地貌的等高线；
- ◆ 能够用全站仪测出地物、地貌特征点的三维坐标；
- ◆ 能够用南方 CASS 进行地形图成图；
- ◆ 能够利用已有的地形图确定点的三维坐标、两点间的距离等。

学时建议

12 课时

项目导图

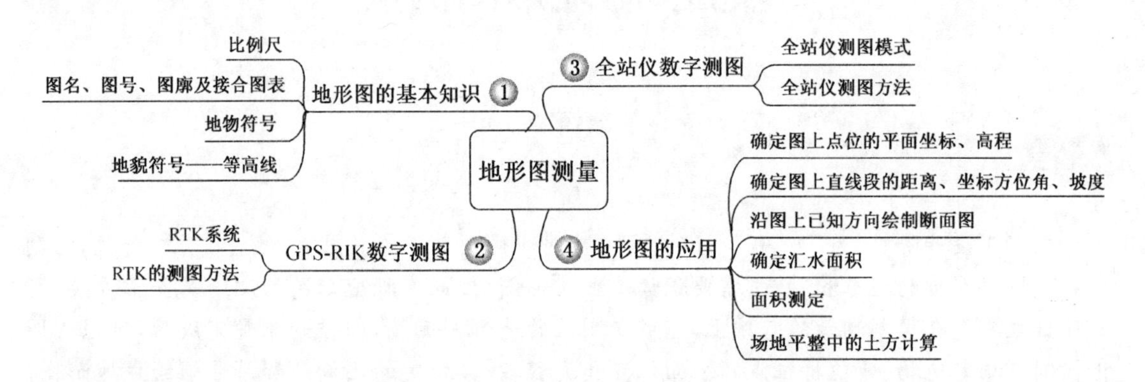

工程导入

地形图是国防建设和科学研究中不可缺少的工具和法宝，更是工程建设全阶段必不可少的工具；同时也是编制各种小比例尺地图、专题地图和地图集的基础资料。比例尺的地形图不同，具体用途也不同。认识地形图并学会测绘它、利用它，是每个测绘工作者必须掌握的基本技能。在各种领域里，对地形图的认识和利用的熟练程度、地形图测绘的水平，都会对相关的工作带来深远的影响。

浙江省支援青川县5·12地震灾后恢复重建，为城镇规划建设之需，青川县所属36个乡、镇中大部分需要测绘大比例尺数字地形图，急需测绘大比例尺地形图的乡、镇共为27个。可以利用已有平面控制网和高程控制网资料、地形图资料与地名资料（青川县境内已有的1：2.5万地形图资料以及当地可能有的各种大比例尺地形图）及其他相关资料可作为项目设计和工作底图。其中已有的地形图资料是至关重要的，其基本知识是一项比较重要的内容，必须要熟悉，才能为新一轮的大比例尺地形图的测绘作出充分的准备。

5.1 地形图的基本知识

地面上有明显轮廓的，天然形成或人工建造的各种固定物体，如江河、湖泊、道路、桥梁、房屋和农田等称为地物。地球表面的高低起伏状态，如高山、丘陵、平原、洼地等称为地貌。地物和地貌总称为地形。

通过实地测量，将地面上各种地物和地貌沿垂直方向投影到水平面上，并按一定的比例尺，用《地形图图式》统一规定的符号和注记，将其缩绘在图纸上，这种表示地物的平面位置和地貌起伏情况的图，称为地形图。

5.1.1 比例尺

1. 定义

地形图上任一线段的长度与它所代表的实地水平距离之比，称为地形图比例尺。一般用分子为1、分母为整数的分数表示。设图上一线段长度为d，相应实地的水平距离为D，则地形

图的比例尺为

$$\frac{d}{D}=\frac{1}{D/d}=\frac{1}{M} \tag{5-1}$$

式中：M 为比例尺分母。

比例尺的大小是以比例尺的分数值（比例尺分母 M）来衡量的。分数值越大或比例尺分母 M 越小，则比例尺越大，表示地物、地貌越详尽。数字比例尺通常标注在地形图下方。

2. 分类

(1) 小比例尺地形图：1∶20 万、1∶50 万、1∶100 万；

(2) 中比例尺地形图：1∶2.5 万、1∶5 万、1∶10 万；

(3) 大比例尺地形图：1∶500、1∶1 000、1∶2 000、1∶5 000、1∶10 000。

工程建筑类各专业通常使用大比例尺地形图。因此，本章重点介绍大比例尺地形图的基本知识。

3. 比例尺精度

通常人眼能分辨的图上最小距离为 0.1 mm。因此，地形图上 0.1 mm 的长度所代表的实地水平距离，称为比例尺精度，用 ε 表示，即

$$\varepsilon=0.1M \tag{5-2}$$

几种常用地形图的比例尺精度如表 5-1 所示。

根据比例尺的精度，可确定测绘地形图时测量距离的精度，比例尺越大，采集的数据信息越详细，精度要求就越高，测图工作量和投资往往成倍增加。因此，使用何种比例尺测图，应从实际需要出发，不应盲目追求更大比例尺的地形图。例如，1∶1 000 地形图的比例尺精度为 0.1 m，测图时量距的精度只需 0.1 m，小于 0.1 m 的距离在图上表示不出来；另外，如果规定了地物图上要表示的最短长度，根据比例尺的精度，可确定测图的比例尺。

表 5-1　几种常用地形图的比例尺精度

比例尺	1∶5 000	1∶2 000	1∶1 000	1∶500
比例尺精度/m	0.5	0.2	0.1	0.05

5.1.2　图名、图号、图廓及接合图表

1. 地形图的图名

每幅地形图都应标注图名，通常以图幅内最著名的地名、厂矿企业或村庄的名称作为图名。图名一般标注在地形图北图廓外上方中央。

2. 图号

为了区别各幅地形图所在的位置，每幅地形图上都编有图号。图号就是该图幅相应分幅方法的编号，标注在北图廓上方的中央、图名的下方。

(1) 分幅方法

大比例尺地形图常采用正方形分幅法，如图 5-1 所示，是以 1∶5 000 地形图为基础进行的正方形分幅。各种大比例尺地形图图幅大小如表 5-2 所示。

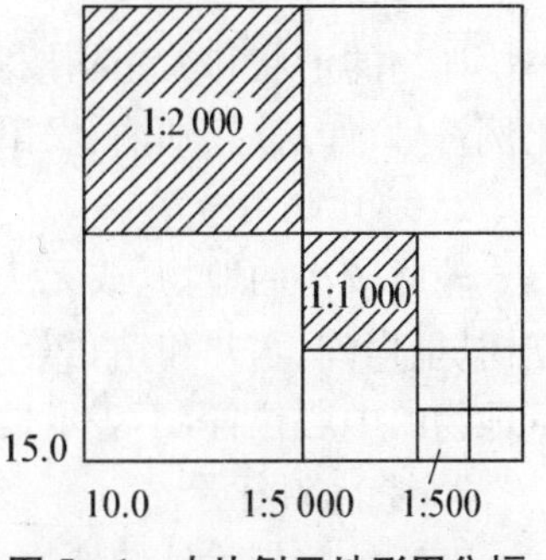

图 5-1　大比例尺地形图分幅

(2) 编号方法

1∶5 000的地形图,图号一般采用该图幅西南角坐标的千米数为编号,x坐标在前,y坐标在后,中间有短线连接。如图5-1所示,其西面角坐标为x=15.0 km,y=10.0 km,因此,编号为"15.0—10.0"。

1∶2 000、1∶1 000、1∶500地形图编号时,在基础图号后分别加上罗马数字Ⅰ、Ⅱ、Ⅲ、Ⅳ组成。1∶5000的地形图分为4幅1∶2 000,其编号为15.0—10.0—Ⅰ至15.0—10.0—Ⅳ,同法可得其他编号,如图5-1所指的1∶500的地形图编号为15.0—10.0—Ⅳ—Ⅳ—Ⅲ。

1∶500地形图坐标取至0.01 km,1∶1 000、1∶2 000地形图坐标取至0.1 km。

表5-2 几种大比例尺地形图的图幅

比例尺	图幅大小/cm	实地面积/km^2	1∶5 000图幅内的分幅数	每平方千米图幅数
1∶5 000	40×40	4	1	0.25
1∶2 000	50×50	1	4	1
1∶1 000	50×50	0.25	16	4
1∶500	50×50	0.062 5	64	16

3. 图廓和接合图表

(1) 图廓

图廓是地形图的边界线,分为内、外图廓线。内图廓就是坐标格网线,也是图幅的边界线,用0.1 mm细线绘出。在内图廓线内侧,每隔10 cm,绘出5 mm的短线,表示坐标格网线的位置。外图廓线为图幅的最外围边线,用0.5 mm粗线绘出。内、外图廓线相距12 mm,在内外图廓线之间注记坐标格网线坐标值。

(2) 接合图表

为了说明本幅图与相邻图幅之间的关系,便于索取相邻图幅,在图幅左上角列出相邻图幅图名,斜线部分表示本图位置,如图5-2所示。

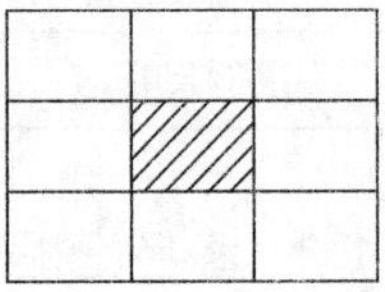

图5-2 接合图

5.1.3 地物符号

地形图上表示地物类别、形状、大小及位置的符号称为地物符号。根据地物形状大小和描绘方法的不同,地物符号可分为以下几种:

1. 比例符号

地物的形状和大小均按测图比例尺缩小,并用规定的符号绘在图纸上,这种地物符号称为比例符号,如房屋、湖泊、农田、森林等。

2. 非比例符号

轮廓较小的地物,或无法将其形状和大小按比例缩绘到图上的地物,如三角点、水准点、独立树、里程碑、水井和钻孔等,则采用相应的规定符号表示,这种符号称为非比例符号,它只表示地物的中心位置,不表示地物的形状和大小。

3. 半比例符号

对于一些带状延伸地物,如河流、道路、通信线、管道、围墙等,其长度可按测图比例尺缩绘，而宽度无法按比例表示的符号称为半比例符号，这种符号一般表示地物的中心位置。

4. 地物注记

对地物加以说明的文字、数字或特定符号，称为地物注记。如地区、城镇、河流、道路名称；桥梁的尺寸及载重量；江河的流向、道路去向以及森林、田地类别等的说明。详见《地形图图式》。

5.1.4　地貌符号——等高线

等高线是地面上高程相等的相邻各点连接而成的闭合曲线。一簇等高线，在图上不仅能表达地面起伏变化的形态，而且还具有一定立体感。如图5-3所示，等高线也可理解为平静的水面与地面的交线在水平面上的垂直投影线。例如：设想湖中有座小岛，最初的水面高程为75 m，则水面与小岛的交线为75 m的等高线；如果湖水水位以5 m的高度上升至岛顶100 m的位置为止，则可得到80、85、90、95、100 m的等高线。然后，将这些等高线沿垂直方向投影到水平面上，并按规定的比例尺缩小绘在图纸上，就得到与实地形态相似的等高线，并用数字注记每条等高线的高程。相邻等高线之间的高差 h，称为**等高距或等高线间隔**，在同一幅地形图上，等高距是相同的，相邻等高线间的水平距离 d，称为**等高线平距**。坡度 i 与 h、d 之间的关系为 $i=\frac{h}{d}$。由此可知，等高线平距与坡度成反比，即 d 越大，表示地面坡度越缓，反之越陡。

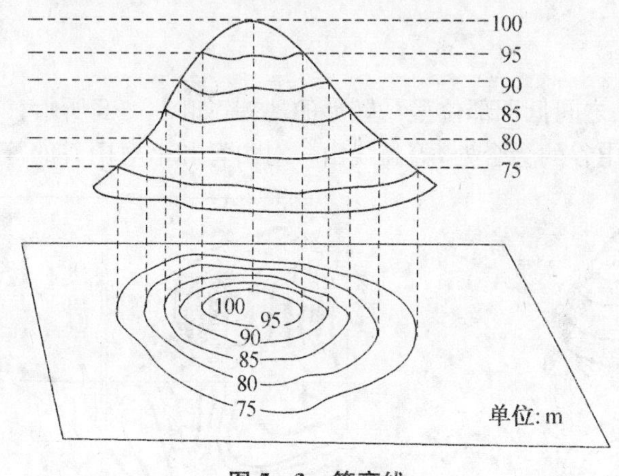

图5-3　等高线

1. 等高线表示典型地貌

地貌形态繁多，但主要由一些典型地貌的不同组合而成。要用等高线表示地貌，关键在于掌握等高线表达典型地貌的特征。典型地貌有如下几种：

(1) 山头和洼地(盆地)

图5-4表示山头和洼地的等高线，其特征等高线表现为一组闭合曲线。

在地形图上区分山头或洼地可采用高程注记或示坡线的方法。高程注记可在最高点或最低点上注记高程，或通过等高线的高程注记字头朝向确定山头(或高处)；示坡线是从等高线起向下坡方向垂直于等高线的短线，示坡线从内圈指向外圈，说明中间高、四周低，由内向外为下坡，故为山头或山丘；示坡线从外圈指向内圈，说明中间低、四周高，由外向内为下坡，故为洼地或盆地。

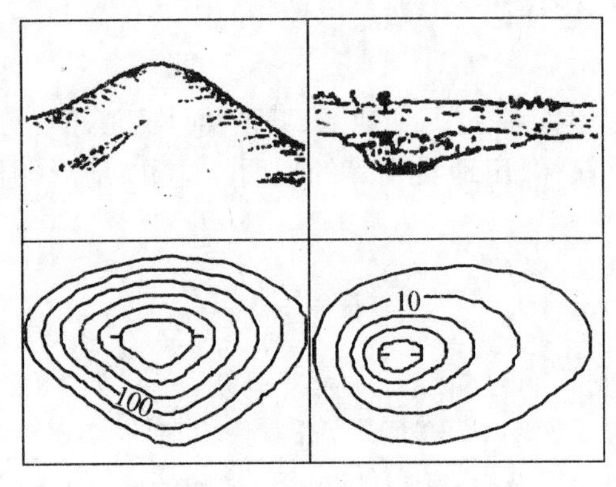

图 5-4　山头和洼地

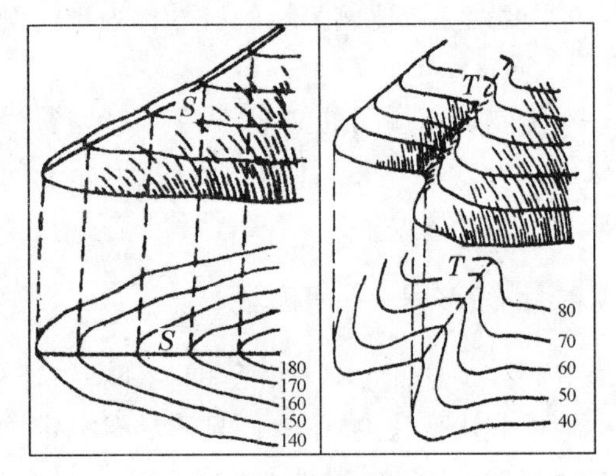

图 5-5　山脊和山谷

(2) 山脊和山谷

山脊是沿着一定方向延伸的高地，其最高棱线称为山脊线，又称**分水线**，如图 5-5 中“S”所示，山脊的等高线是一组以向低处凸出为特征的曲线。山谷是沿着一方向延伸的两个山脊之间的凹地，贯穿山谷最低点的连线称为山谷线，又称**集水线**，如图 5-5 中“T”所示，山谷的等高线是一组以向高处凸出为特征的曲线。

山脊线和山谷线是显示地貌基本轮廓的线，统称为**地性线**，在测图和用图中都有重要作用。

(3) 鞍部

鞍部是相邻两山头之间低凹部位呈马鞍形的地貌，如图 5-6 所示。鞍部(K 点处)俗称垭口，是两个山脊与两个山谷的会合处，等高线由一对山脊和一对山谷的等高线组成。

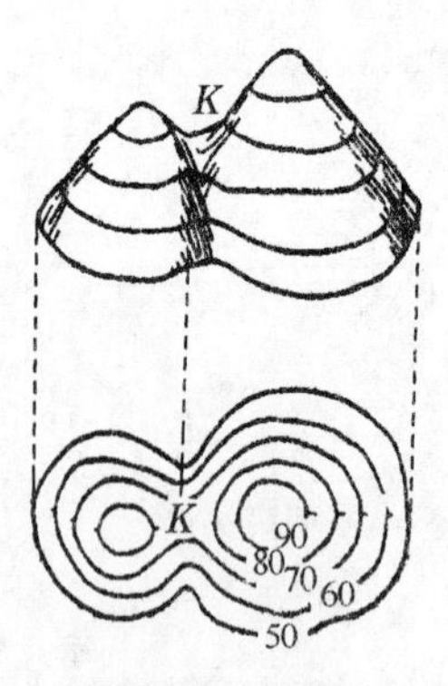

图 5-6　鞍部

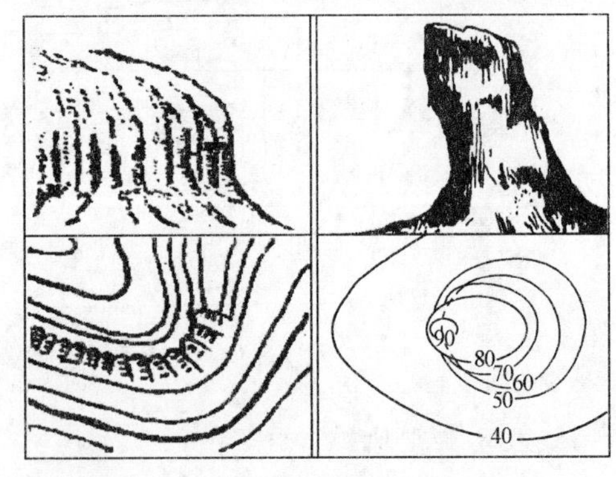

图 5-7　陡崖和悬崖

(4) 陡崖和悬崖

陡崖是坡度在 70°以上的陡峭崖壁，有石质和土质之分，悬崖是上部突出、中间凹进的地貌，如图 5-7 所示。

熟悉了典型地貌等高线特征，就容易识别各种地貌，图 5-8 是某地区综合地貌示意图及其对应的等高线图，读者可自行对照阅读。

图5-8　地貌与等高线

2. 等高线的特性

根据等高线的原理和典型地貌的等高线，可得出等高线的特性：

(1) 同一条等高线上的点，其高程必相等；

(2) 等高线均是闭合曲线，如不在本图幅内闭合，则必在图外闭合，故等高线必须延伸到图幅边缘；

(3) 除在悬崖或绝壁处外，等高线在图上不能相交或重合；

(4) 等高线的平距小，表示坡度陡，平距大则坡度缓，平距相等则坡度相等，平距与坡度成反比；

(5) 等高线和山脊线、山谷线成正交，如图5-5所示；

(6) 等高线不能在图内中断，但遇道路、房屋、河流等地物符号和注记处可以局部中断。

3. 等高线的分类

为了减少图上注记过多和读图方便，在测图和制图时常将等高线进行分类(图5-9)。

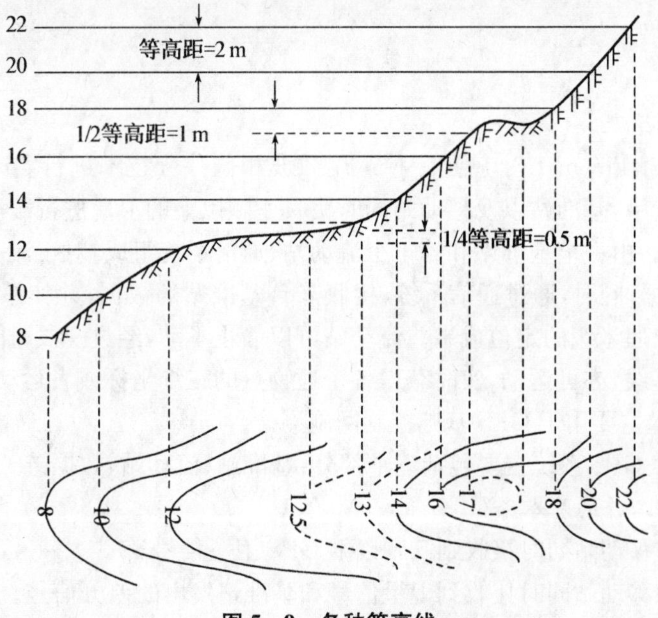

图5-9　各种等高线

(1) 基本等高线(首曲线)。同一张地形图上按基本等高距描绘的等高线称基本等高线。基本等高线是等高距的整倍数,用细实线描绘。

(2) 加粗等高线(计曲线)。为了读图方便起见,逢五倍基本等高距的等高线用粗实线描绘并注记高程,称为加粗等高线。

(3) 半距等高线(间曲线)。在基本等高线不能反映出地面局部地貌的变化时,可用 1/2 基本等高距的等高线,称为半距等高线,用长虚线表示。

(4) 辅助等高线(助曲线)。更加细小的变化,还可用 1/4 基本等高距的等高线,称为辅助等高线,用短虚线表示。

工程导入

随着科技和经济社会的发展,青川县 5·12 地震灾后恢复重建工作,采用的主要技术是 GPS 测量技术和数字测绘技术。

GPS 测量技术主要用于 GPS 基础控制网施测。

数字测绘采用 WalkField、CASS 等国内优秀、可靠的数字地形图测绘软件。测图软件应具备外业测量数据自动采集记录、内业图形分层设色编辑、数据处理、数据检查、制图制表、数据交换等功能,应充分保证数据质量要求,并具备 DWG 图形格式文件输出功能。

根据青川县地震灾害严重、控制点破坏厉害的情况,本期测量所采用的坐标系统采用地方独立坐标系统。27 个乡镇之间尽可能通过 GPS 四等网的 GPS 同步测量方式组成一个整体控制网。

由此可见,GPS-RTK 数字测图是现在一种比较常见的测绘方法,它的原理、方法要熟知。

5.2 GPS-RTK 数字测图

5.2.1 RTK 系统

1. RTK 测量原理

RTK(real time kinematics)就是一种运用载波相位差分技术进行实时定位的 GPS 测量系统。在这一系统中,基准站以及移动站同时接收 4 颗以上的卫星进行载波相位观测(初始化则要求 5 颗以上)。由一个基准站和若干个流动站、通信系统组成,对于流动站来说,它不仅要采集 GPS 观测数据,同时,通过通信系统,接收来自基准站的数据,并在系统内组成差分观测值,实时处理,给出厘米级的定位成果。流动站可以静止不动,经过一段时间的观测,可以获得与基准站之间的基线,亦可运动,实时获得各个地物点的三维坐标或者运动的轨迹信息。

GPS 测量技术主要用于 GPS 基础控制网施测。

实时动态差分 GPS 系统主要包括三个部分:基准站、流动站、数据链。

2. RTK 正常工作的基本条件

(1) 基准站和移动站同时接收到 5 颗以上 GPS 卫星信号。

(2) 基准站和移动站同时接收到卫星信号和基准站发出的差分信号。

(3) 基准站和移动站要连续接收 GPS 卫星信号和基准站发出的差分信号,即移动站迁站过程中不能关机，不能失锁。否则 RTK 须重新初始化。

3. RTK 坐标转换

在测量工作中我们通常使用的是北京 54 坐标系、西安 80 国家坐标系和一些地方坐标系，而 GPS 卫星观测的坐标系统为世界大地坐标系(WGS-84)，需要和我们使用的坐标系进行转换。坐标转换的方法通常有七参数(或四参数)的方法两种：一是使用已有的静态数据，求出转换参数；二是采取现场采集的方法，通过键入一定数量控制点的地方坐标，然后到这些控制点上采集 WGS-84 坐标，通过点校正拟合出最佳转换参数，其转换参数的准确性与控制点的数量及分布有关。

4. RTK 精度要求

RTK 技术采用求差法降低了载波相位测量改正后的残余误差及接收机钟差和卫星改正后的残余误差等因素的影响，使测量精度达到厘米级，一般系统标称精度为 10 mm+2 ppm。工程实践和研究均证明 RTK 能达到厘米级精度。

5.2.2 RTK的测图方法

1. 基准站的选定

基准站的点位应便于安置接收设备和操作，视野应开阔，交通方便。为防止数据链丢失及多路径效应，基准站周围应无 GPS 信号反射物，并远离大功率无线电发射源(如电视台、微波站等)，且远离高压输电线路；基准站附近不得有强烈干扰接收卫星信号的物体。基准站的间距须考虑 GPS 电台的功率和覆盖能力，应尽量布设在相对较高的位置，以获得最大的数据通信有效半径。

2. 基准站的设置

在已知点上架设好 GPS 接收机和天线，按要求连接好全部电缆线后，打开接收机，输入基准站的 WGS-84 系坐标或 80 西安系坐标、天线高，待指示灯显示发出通信信号后，通过控制器选择 RTK 测量方式，启动流动站，流动站即可展开工作。当流动站初始化后，首先检验基准站坐标及高程，误差在允许范围内即可开始碎部点的采集工作；基准站接收机接收到卫星信号后，由卫星星历和测站已知坐标计算出测站至卫星的距离 P 真距，用观测量 P 伪距与计算值比较，得到伪距差分改正数($P_{真距}-P_{伪距}=\Delta P$)。伪距差分改正数和载波相位测量数据，经数据传输发射电台发送给流动站，一个基准站提供的差分改正数可供数个流动站使用。

3. 流动站的工作

流动站的技术要求：卫星高度角应大于 13 度，观测卫星数不少于 5 颗。每次观测前通过手簿建立项目，对流动站参数进行设置，该参数必须与基准站及电台相匹配，用已知点的平面和大地坐标进行点位校正。接通流动站接收机和电台后，接收机在接到 GPS 卫星信号的同时，也接到了由数据通信电台发送来的伪距差分改正数和载波相位测量数据，控制手薄进行实时差分及差分处理，实时得出本站的坐标及高程精度，随时将它的精度和预设精度进行比较，一旦实测精度指标达到预设精度指标，测量人员可根据手簿提示选择是否接受，如选择接受，手簿将得到的坐标、高程精度同时记录到手簿中，并终止相站记录进入下一站测量。在地形图测绘中，可不进行图根控制，并在 RTK 实时动态功能时为全站仪测图测量控制点。

4. 点校正

因为 GPS 测量的是 WGS-84 坐标，所以在进行正式测量前必须进行坐标转换，即点校正。其过程如下:控制器的主菜单中,选择“测量”—“测量形式”—“RTK”—“测量”,在测量子菜单中选择点校正,然后输入网格点名称;若在当前工作文件中此点不存在,则出现警告提示,按要求输入点的名称、平面坐标和高程。返回测量界面,点校正结束后就可进行野外数据采集。

5. 数据点的采集

RTK既可测量图根点,也可进行碎部数据的采集,对于地势较平坦、四周无明显遮蔽物且不存在较高建筑的情况下,可使用RTK快速作业。利用RTK进行碎部测量,可以不必画草图,碎部点的记录存在特定的格式,这种格式存储有点名、编码,能被数字测图软件所识别,在进行图形编辑时就能被处理,在野外可实现一人一流动站的作业模式,同全站仪相比,节省了大量人力。设置基准站时,并不一定非要架设在控制点上,它可以架设在任意地势开阔的地方,将仪器调平即可,通过流动站校正控制点,实现坐标数据的校正。此外,在流动站中,还要输入求解的坐标转换参数,取决于所要上交的地形图的坐标系统。参数分为四参数和七参数,一般来说,四参数的求解相对简单,作用的距离也有限,根据经验,一般在4 km范围之内,适用于小范围的地形测量任务。大多数的RTK系统都采用四参数进行实时转换,距离较远时,则要控制RTK的作用距离,减少尺度误差。对于大面积的地形测量来说,应该选用七参数进行坐标转换,它需要至少三个公共点。它的特点是作用范围比较大,方便基准站的任意选择,在使用过程中测量精度相对稳定,精度也很高。

6. 内业数据处理

采用CASS7.0软件进行成图。将RTK数据下载后,经过软件处理,实现RTK数据和测图软件的数据格式统一,为内业成图做好前期准备,并删除多余点和错误点,展点及根据草图绘制地形图。

工程导入

对于GPS接收卫星信号不太好的地区,例如高楼林立的街道,就要采用全站仪进行碎部测量,与GPS-RTK优势互补。全站仪是把测距、测角和微机处理芯片结合起来形成一体化的测量仪器,它能够实现自动控制测距、测角、自动计算水平距离和高差等,同时,又可实时地显示所测得的坐标方位角等。其内部集成了很多实用的测量程序,例如悬高测量、自由设站、后方交会、前方交会等。利用全站仪进行数字测图时,主要是通过极坐标法获得碎部点的坐标,工作原理为以测站为中心,利用已知方向定向,测量至目标点的距离和角度,通过内部的处理芯片,计算出目标点的坐标。对于极个别通视条件不太好的地区,可以采用自由设站,但在一站内至少要观测两个控制点。通常习惯上仪器至后视点的距离要比仪器至地物点之间距离长一些,达到长边控制短边的目的。野外采集碎部点时,要绘制人工草图,在草图上记录各个点之间的联系,以及地物、地貌的属性信息。有时在外业时,不方便联测控制点,可以先采用假定的坐标系统和假定的高程系统进行测量,然后通过参考GPS所测的控制点坐标来校正、转换所测得的数据,打破了“先控制、后碎部”的原则,为外业节省了大量时间。它的主要缺点是要求前后通视,受地形的影响大,还要建立足够密度的控制点,投入大,作业量大,外业作业时间比较长。

青川县5·12地震灾后恢复重建工作,采用的主要技术是GPS测量技术和数字测绘技术相结合的方法。

5.3　全站仪数字测图

5.3.1　全站仪测图模式

利用全站仪能同时测定距离、角度、高差，提供待测点三维坐标，将仪器野外采集的数据，结合计算机、绘图仪、相应软件，就可以实现自动化测图，这使地形图的编号、保存、修测更为方便。数字化地形测图又大大降低了测图工作强度，提高了作业效率，缩短了成图周期，所以数字测图已得到广泛的应用，数字测图取代常规测图是测绘科技发展的必然趋势和结果。

结合不同的电子设备，全站仪数字化测图主要有如图5-10所示三种模式：

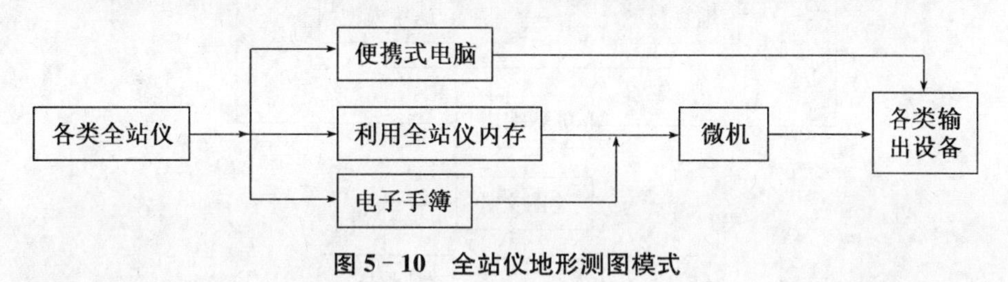

图5-10　全站仪地形测图模式

1. 全站仪结合电子平板模式

全站仪结合电子平板模式是以便携式电脑作为电子平板，通过通信线直接与全站仪通信、记录数据，实时成图。因此，它具有图形直观、准确性强、操作简单等优点，即使在地形复杂地区，也可现场测绘成图，避免野外绘制草图。目前这种模式的开发与研究相对比较完善，由于便携式电脑性能和测绘人员综合素质不断提高，因此它符合今后的发展趋势。

2. 直接利用全站仪内存模式

直接利用全站仪内存模式使用全站仪内存或自带记忆卡，把野外测得的数据通过一定的编码方式，直接记录，同时野外现场绘制复杂地形草图，供室内成图时参考对照。因此，它操作过程简单，无需附带其他电子设备；对野外观测数据直接存储，纠错能力强，可进行内业纠错处理。随着全站仪存储能力的不断增强，此方法进行小面积地形测量时，具有一定的灵活性。

3. 全站仪加电子手簿或高性能掌上电脑模式

全站仪加电子手簿或高性能掌上电脑模式通过通信线将全站仪与电子手簿或掌上电脑相连，把测量数据记录在电子手簿或便携式电脑上，同时可以进行一些简单的属性操作，并绘制现场草图。内业时把数据传输到计算机中，进行成图处理。它携带方便，掌上电脑采用图形界面交互系统，可以对测量数据进行简单的编辑，减少了内业工作量。随着掌上电脑处理能力的不断增强，科技人员正进行针对于全站仪的掌上电脑二次开发工作，此方法会在实践中进一步完善。

5.3.2　全站仪测图方法

1. 测记法

全站仪测记法测图可分为数据采集、数据处理和图形输出三个阶段，如图5-11所示。

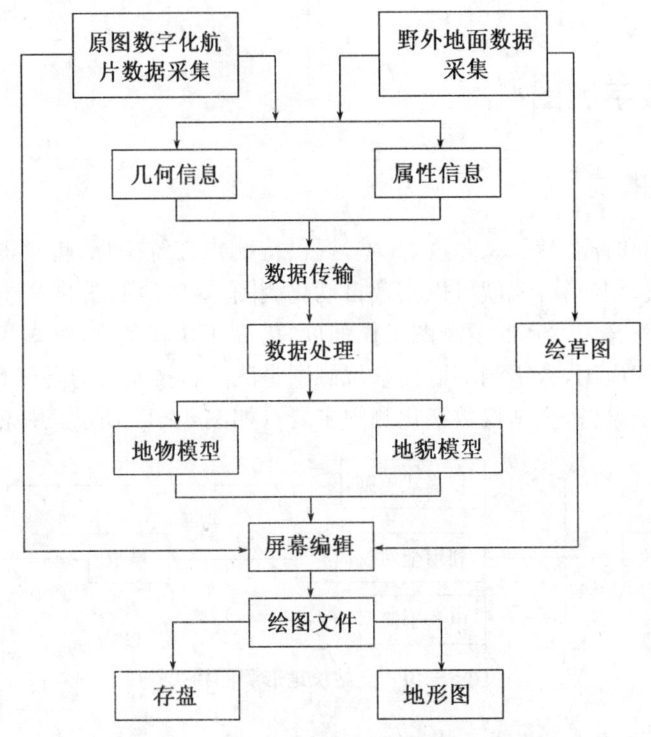

图 5-11　全站仪测记法测图的作业过程

(1) 数据采集

① 测站设置与检核

碎部测量时，首先要对全站仪进行测站设置，即首先要输入测站点号、后视点号和仪器号，然后选择定向点，照准后输入定向点点号和水平度盘读数。再选择已知点（或已测点）进行检核，输入检核点点号，照准后进行测量。测完之后将显示 x、y、H 的差值，如果不通过检核就不能继续测量。检核定向是一项十分重要的工作，切不可忽视。

② 碎部点测量

全站仪测记法测图的碎部点测量通常采用极坐标法，并记录全部测点信息。当碎部点测量并不关心碎部点点号或碎部点点号没有特定要求时，可以选择点号自动累计方式，这样可避免同一数据中出现重复点号；当不能采用自动累计方式时，可以采用点号手工输入方式。

当采用测记模式进行外业测量时，必须绘制标注测点点号的人工草图，再到室内将测量数据直接由记录器传输到计算机，最后由人工按草图编辑图形文件。当采用电子板测绘模式时，可以进行现场实时成图和图形编辑、修正，以保证全站仪测记法测图的外业测绘的正确性，到内业仅作一些整饰和修改后，即可绘图输出。

(2) 数据处理

数据处理是全站仪测记法测图系统中的一个非常重要的环节。目前应用于地形图测绘方面的成图软件有很多，现以 CASS 7.0 地形成图软件为例说明其在全站仪测记法测图中的应用。

CASS 7.0 地形成图软件是基于 AutoCAD 平台技术的 GIS 前端数据处理系统，广泛应用于地形成图、地籍成图、工程测量、空间数据建库等领域，完全面向 GIS，彻底打通了数字成图与 GIS 的接口，并采用骨架线实时编辑、简码用户化、GIS 无缝接口等先进技术。

用 CASS 7.0 地形成图软件绘制地形的步骤如下：

① 展点：如图 5－12 所示，单击“绘图处理”，选择“展野外测点点号”，输入比例尺分母，按对话框提示找到需要展点的数据文件(从野外采集生成的 DAT 数据文件)，选择“打开”就自动在屏幕上将点号展出。

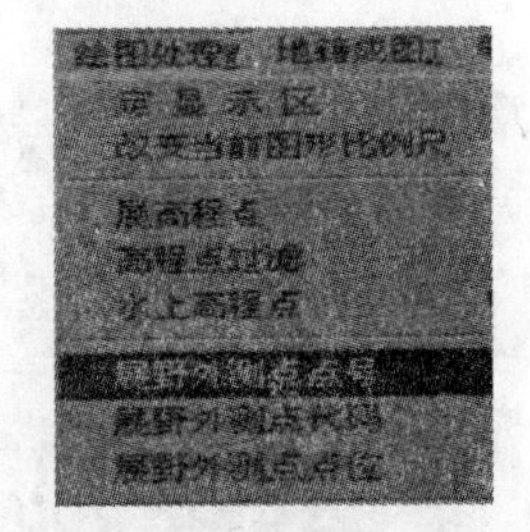

图 5－12　绘图处理下拉菜单

② 对照草图，根据软件右边的屏幕菜单(图示符号屏幕菜单)将图上地物逐一画出来。绘制时注意点状符号的画法，现状地物和面状地物按命令提示有多种操作技巧，应注意是否封闭拟合。草图绘制得清晰，绘制图形时就会省力。

③ 地物绘制完毕后，执行“编辑”→“删除”→“删除实体所在图层”命令，按提示选择图上点号中的任意一个，即可删除点号(若无地物则直接进行下一步)。

④ 展高程点：在“绘图菜单”中选择“展高程点”，按提示找到要展高程点的数据文件(从野外采集来的 DAT 数据文件)，选择“打开”，按回车，即可自动展出高程点。

⑤ 如果要过滤高程点，可在“绘图处理”菜单中选择“高程点过滤”。需要注意的是，既要过滤高程值一定范围内的点，又要依距离过滤，把点处理得稀一些。

⑥ 画等高线：在“等高线”菜单中选择“建立 DTM”，系统弹出一对话框，选择建立 DTM 的方式(由数据文件建立)，找到要建立 DTM 的数据文件，选择该数据文件，确定后自动建立 DTM。用户可根据实际情况增减 DTM 三角形，在“等高线”菜单中进行详细操作。

⑦ 绘制等高线：在“等高线”菜单中选择“绘制等高线”，弹出一对话框，输入等高距，选择拟合方式，一般“三次 B 样条拟合”，确定后自动绘制等高线。

⑧ 删三角网：在“等高线”菜单中选择“删三角网”，自动进行删除。

⑨ 等高线注记：先按字头北方向由下往上画一条多义线(PL 命令为多义线命令|)，完成后选择“等高线”→“等高线注记”→“沿直线高程注记”，按系统提示进行选择，可选只处理计曲线或处理所有等高线，选定后按系统提示选取刚才画的辅助直线，则自动进行注记完成，回车结束。

⑩ 等高线修剪：在“等高线”菜单中选择“等高线修剪”，有两种方法：切除指定两线间的等高线和切除指定区域内(该区域必须是执行了“闭合(C)”命令而进行封闭的面状地物)的等高线。

⑪ 高程注记上的等高线修剪：选择“等高线”→“等高线修剪”→“批量修剪等高线”，弹出一对话框，如图 5－13 所示，按“手工选择”“修剪”，并在“高程注记”“文字注记”前打钩，其他不选，单击“确定”按钮。

按系统提示选择要修剪的注记(务必选注记文字本身)，可拉框选择，回车后自动剪断注记上压线的等高线。

⑫ 加图框：在“绘图处理”菜单中选择“标准图幅 50×50”或“标准图幅 50×40”。

如图 5－14 所示，输入图名、测量信息、按图表等信息，选择“取整到十米”或“取整到米”，用鼠标在屏幕上选择左下角坐标，“删除图框外实体”可不打钩，完成后单击“确定”按钮。多试几次看大小是否合适，图框不够要进行分幅。

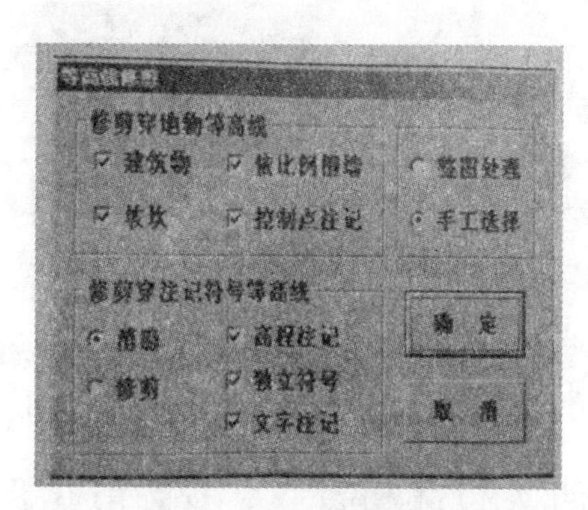

图 5-13　等高线修剪对话框

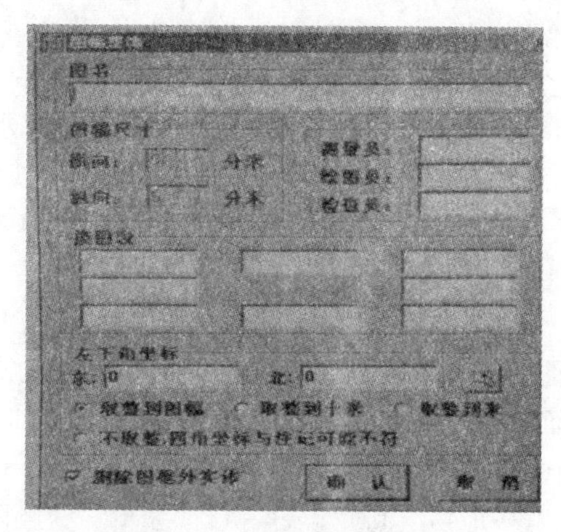

图 5-14　图幅整饰对话框

⑬ 分幅:选择“绘制处理”→“批量分幅”→“建立网格”,按提示选择图幅尺寸,输入测区左下角和右上角坐标(鼠标点取):再选择“绘制处理”→“批量分幅”→“批量输出”,输入分幅图目录名(存放路径),单击“确定”按钮即可将图形文件自动分在指定目录里了。

(3) 图形输出

将绘制好的图形文件存盘或直接打印。

打印操作如下:选择“文件”→“绘图输出”→“打印”,操作同 AutoCAD。需要注意的是,在“打印设置”里有一项“打印比例”,选择“自定义”中的“1 毫米=1 个图形单位”,按公式计算(图形比例尺是 1∶1 000 就在方框里输入“1”,图形比例尺是 1∶500 就输入“0.5”)。打印黑白的要选择打印样式中的“monochrome.ctb”。

2. 电子平板法

电子平板法测图时,作业人员一般分配为:观测员 1 名,电子平板(便携机)操作员 1 名,跑尺员 1~2 名,其中电子平板操作员为测图小组的指挥者。最常用的方法是 MAPSUV 电子平板测图法,下面对其进行介绍。

进行碎部测量一般先在测站点安置好全站仪,在“测站位置”对话框中输入测站设置信息,如图 5-15 所示,然后以极坐标法为主,配合其他碎部测量方法实施。

图 5-15　MAPSUV 电子平板测图软件测站设置

如图 5-16 所示,MAPSUV 进行碎部测量时,采取的测量方法或解析算法有坐标输入法、极坐标法、相对极坐标法、视距切尺、十字尺、目标遥测、偏心距、距离交会、方向直线交会、平行线交会、两线交会、垂线交会、垂线直线交点、求垂足、垂线垂足、内等分、距离直线交会、求对称点、线上求点、垂直量边、水深测量和求圆心,这些方法的具体描述可参看 MAPSUV 电子平板测图软件使用手册。

MAPSUV 系统提供了一个测量加点功能，就是通过上述测量方法或解析算法加入测点。在选择了该功能之后，处于系统窗口右侧工作台上的测量面板将被激活，在测量面板的上部就是测点测量操作区域，如图 5 - 16 所示。首先要选择使用的测量方法或解析算法，然后根据系统要求输出的数据类型输入相应的数据，点击“加入”按钮即可。

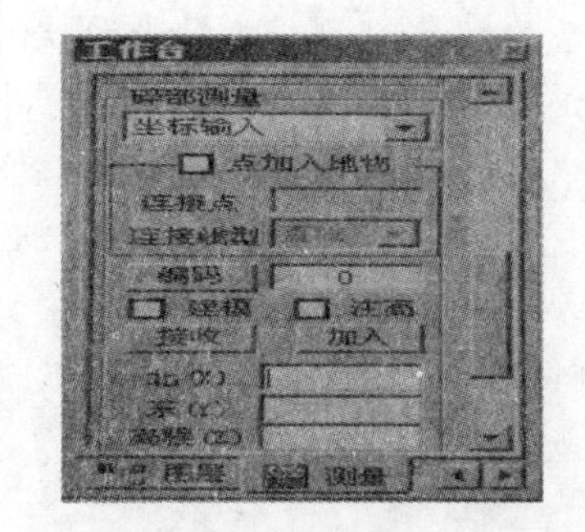

图 5 - 16　MAPSUV 电子平板测图软件工作台

在上述测量方法中，最常用的是极坐标测量和坐标输入测点。前者是外业测量时的主要测量方法；后者用于输入一些坐标已知的点，例如控制点，当然只适合输入少量的控制点。

需要注意的是，在测量面板上有一项“点加入地物”，它的作用是在测量加点的同时，根据输入的编码建立地物。如果是点编码就直接建立点状地物，否则将连续加入的测点自动连成地物。操作步骤如下：

(1) 选中“点加入地物”选项。

(2) 如果是地物中的第一个点，则“连接点”文本框应该为空，否则要输入连接点名。

(3) 选择加入的测点和连接点之间的连接关系。

(4) 输入测点或地物的编码。

(5) 选择“地物编辑”中的“查看地物连接”功能，然后用鼠标选中要新生成的测点加入的地物，地物被选中后会在窗口中闪烁，并且在测量面板下部的地物信息框中能看到被选中的地物的连接信息。

(6) 按要求输入计算需要的数据后，点击“加入”按钮，测点坐标就被计算出来，同时测点加入到窗口中。如果选中了“点加入地物”，那么地物也会同时被创建。

如果是将测量的点加入到已有的地物中，那么步骤(5)是必需的；如果加入的测点是要建立的地物的第一个点，那么“连接点”文本框要为空且步骤(5)可以忽略。

对 MAPSUV 电子平板测图系统的工作流程来说，现场能自动完成绝大部分绘图工作，可在现场对所测图形进行检查与修改，以保证测图的正确性。电子平板野外数据采集过程就是成图过程，即数据采集与绘图同步进行，内业仅做一些图形编辑、整饰工作。

工程导入

第二次世界大战时，英美联军在北非战役中，仅两个步兵师、一个装甲师、两个步兵旅、四个加强团及八个营，约十万七千人，就使用地图一千种以上，数量达一千万份(约二百吨)。而英美联军在诺曼底战役中，陆军三个集团军，共三十个师，海军舰艇五千余艘，飞机一万二千八百余架，共约二百万人，使用地图近三千种，达七千万份(约一千四百吨)。美军侵朝时，第一个月中有四个师参战登陆，就用了一千万张地图，比第二次世界大战的全部用图还多。

在现代战争中，地形图的作用越来越重要，使用范围也更加广泛了。

在工程规划设计中，大比例尺地形图是确定点位和计算工程工作量的主要依据。例如根据甲方提供已知地面控制点坐标和工程水准点位，查阅小区域施工总平面图，勘察场地及周边环境情况，为施工现场增补平面控制点及引入高程控制点位。

识图是基础，用图是关键。野外使用地图是在掌握识图基本知识的基础上进行的，是定向训练中的重点内容。在地形图上，根据等高线的特点可以辨别各种地形地势，如山头、山峰、分水线、合水线、鞍部等。在判读时，必须准确地掌握方位，使图上的方位与实地的方位相吻合，图面方位是上北、下南、左西、右东。可以确定任意一点的三维坐标，以及两点间的距离、坡度等，可以绘制已知的一条路线的纵断面图，根据分水线确定汇水面积，进行任意面积的量测以及土地整理时的开挖方量计算。

5.4 地形图的应用

5.4.1 确定图上点位的平面坐标、高程

欲求图 5-17(a)中 P 点的直角坐标，可以通过从 P 点作平行于直角坐标格网的直线，交格网线于 e、f、g、h 点。用比例尺(或直尺)量出 ae 和 ag 两段距离，则 P 点的坐标为

$$x_P = x_a + ae = 21\,100 + 27 = 21\,127(\text{m})$$

$$x_P = x_a + ag = 32\,100 + 29 = 32\,129(\text{m})$$

根据地形图上的等高线，可确定任一地面点的高程。如果地面点恰好位于某一等高线上，则根据等高线的高程注记或基本等高距，便可直接确定该点高程。如图 5-17(b)所示，p 点的高程为 20 m。当确定位于相邻两等高线之间的地面点 q 的高程时，可以采用目估的方法确定。更精确的方法是，先过 q 点作垂直于相邻两等高线的线段 mn，再依高差和平距成比例的关系求解。例如，图中等高线的基本等高距为 1 m，则 q 点高程为

$$H_q = H_n + \frac{mq}{mn} \cdot h = 23 + \frac{14}{20} \times 1 = 23.7(\text{m})$$

如果要确定两点间的高差，则可采用上述方法确定两点的高程，相减即得两点间高差。

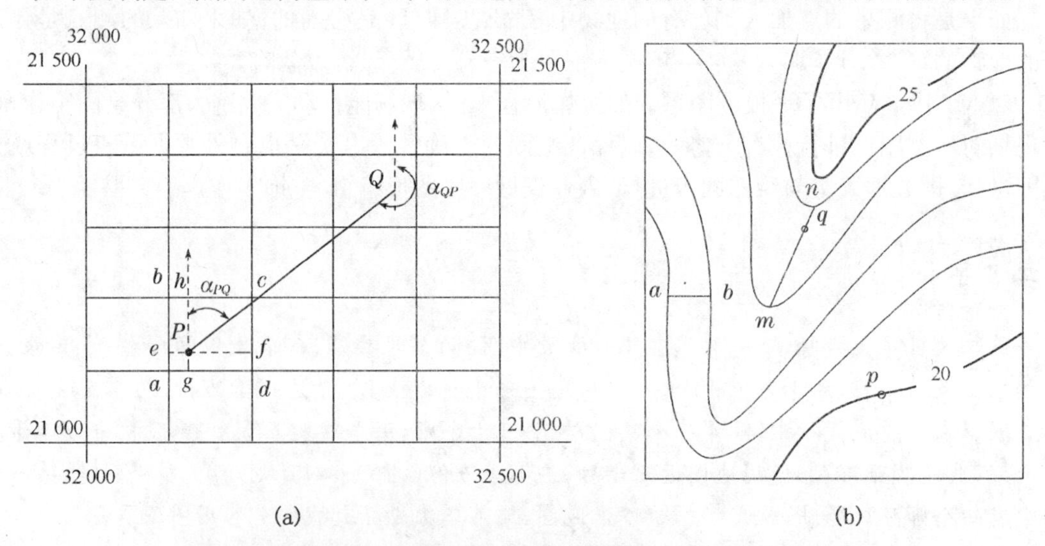

图 5-17 确定点的坐标、高程、直线段的距离、坐标方位角和坡度

为了防止图纸伸缩变形带来的误差，可以采用下列计算公式消除：

$$x_P=x_a+\frac{ae}{ab}\cdot l=21\,100+\frac{27}{99.9}\times 100\approx 21\,127.03(\mathrm{m})$$

$$x_P=x_a+\frac{ag}{ad}\cdot l=32\,100+\frac{29}{99.9}\times 100\approx 32\,129.03(\mathrm{m})$$

式中，l 为相邻格网线间距。

5.4.2　确定图上直线段的距离、坐标方位角、坡度

若求 P、Q 两点间的水平距离，如图 5-17(a)所示，最简单的办法是用比例尺或直尺直接从地形图上量取。为了消除图纸的伸缩变形给量取距离带来的误差，可以用两脚规量取 P、Q 间的长度，然后与图上的直线比例尺进行比较，得出两点间的距离。更精确的方法是利用前述方法求得 P、Q 两点的直角坐标，再用坐标反算出两点间距离。

如图 5-17(a)所示，若求直线 PQ 的坐标方位角 α_{PQ}，可以先过 P 点作一条平行于坐标纵线的直线，然后用量角器直接量取坐标方位角 α_{PQ}。要求精度较高时，可以利用前述方法先求得 P、Q 两点的直角坐标，再利用坐标反算公式计算出 α_{PQ}。

由等高线的特性可知，地形图上某处等高线之间的平距越小，则地面坡度越大。反之，等高线间平距越大，坡度越小。当等高线为一组等间距平行直线时，该地区地貌为斜平面。

如图 5-17(b)所示，欲求 p、q 两点之间的地面坡度，可先求出两点高程 H_p、H_q，然后求出高差 $h_{pq}=H_q-H_p$，以及两点水平距离 d_{pq}，再按下式计算。

p、q 两点之间的地面坡度：　$i=\dfrac{h_{pq}}{d_{pq}}$

p、q 两点之间的地面倾角：　$\alpha_{pq}=\arctan\dfrac{h_{pq}}{d_{pq}}$

当地面两点间穿过的等高线平距不等时，计算的坡度为地面两点平均坡度。

坡度有正负号，“+”表示上坡，“−”表示下坡，常用百分率(%)或千分率(‰)表示：

$$i=\frac{h}{d\cdot M}=\frac{h}{D}\tag{5-3}$$

两条相邻等高线间的坡度，是指垂直于两条等高线两个交点间的坡度。如图 5-17(b)所示，垂直于等高线方向的直线 ab 具有最大的倾斜角，该直线称为**最大倾斜线**(或**坡度线**)，通常以最大倾斜线的方向代表该地面的倾斜方向。最大倾斜线的倾斜角，也代表该地面的倾斜角。

此外，也可以利用地形图上的坡度尺求取坡度。

5.4.3　沿图上已知方向绘制断面图

地形断面图是指沿某一方向描绘地面起伏状态的竖直面图。在交通、渠道以及各种管线工程中，可根据断面图地面起伏状态，量取有关数据进行线路设计。断面图可以在实地直接测定，也可根据地形图绘制。

绘制断面图时，首先要确定断面图的水平方向和垂直方向的比例尺。通常，在水平方向采用与所用地形图相同的比例尺，而垂直方向的比例尺通常要比水平方向大 10 倍，以突出地形起伏状况。

如图 5-18(a)所示，要求在等高距为 5 m、比例尺为 1∶5 000 的地形图上，沿 AB 方向绘制地形断面图，方法如下：

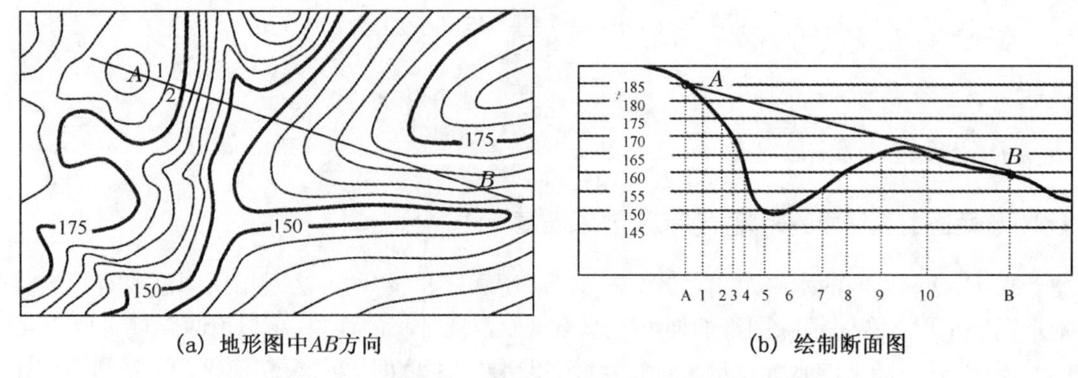

(a) 地形图中AB方向　　(b) 绘制断面图

图 5-18　绘制地形断面图和确定地面两点间通视情况

在地形图上绘出断面线 AB,依次交于等高线 1、2、3、…点。

(1) 如图 5-18(b)所示,在另一张白纸(或毫米方格纸)上绘出水平线 AB,并作若干平行于 AB 等间隔的平行线,间隔大小依竖向比例尺而定,再注记出相应的高程值。

(2) 把 1、2、3……交点转绘到水平线 AB 上,并通过各点作 AB 垂直线,各垂线与相应高程的水平线交点即断面点。

(3) 用平滑曲线连各断面点,则得到沿 AB 方向的断面图,如图 5-18(b)所示。

5.4.4　确定汇水面积

在修建交通线路的涵洞、桥梁或水库的堤坝等工程建设中,需要确定有多大面积的雨水量汇集到桥涵或水库,即需要确定汇水面积,以便进行桥涵和堤坝的设计工作。通常是在地形图上确定汇水面积。

汇水面积是由山脊线所构成的区域。如图 5-19 所示,某公路经过山谷地区,欲在 m 处建造涵洞,cn 和 em 为山谷线,注入该山谷的雨水是由山脊线(即分水线)a、b、c、d、e、f、g 及公路所围成的区域。区域汇水面积可通过面积量测方法得出。另外,根据等高线的特性可知,山脊线处处与等高线相垂直,且经过一系列的山头和鞍部,可以在地形图上直接确定。

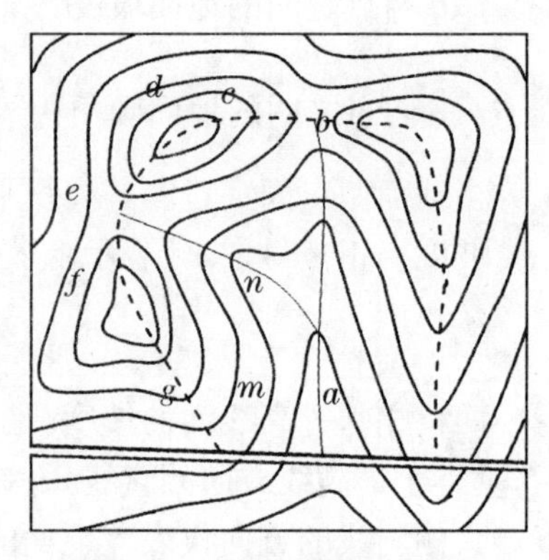

图 5-19　图上确定汇水面积

5.4.5　面积测定

1. 几何图形法

当欲求面积的边界为直线时,可以把该图形分解为若干个规则的几何图形,例如三角形、梯形或平行四边形等,如图 5-20 所示。然后量出这些图形的边长,这样就可以利用几何公式计算出每个图形的面积。最后将所有图形的面积之和乘以该地形图比例尺分母的平方,即为所求面积。

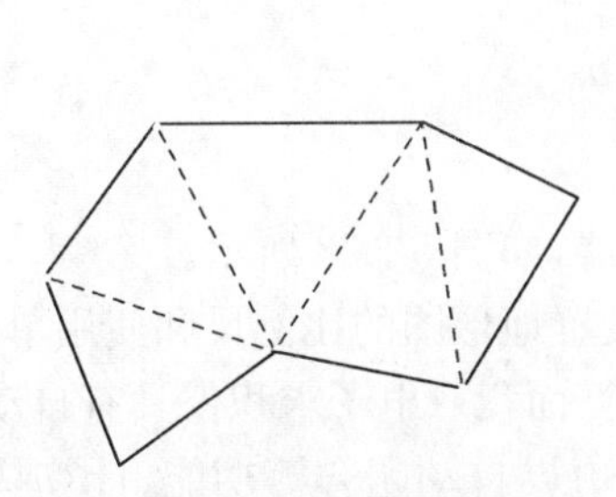

图 5-20　几何图形法测算面积

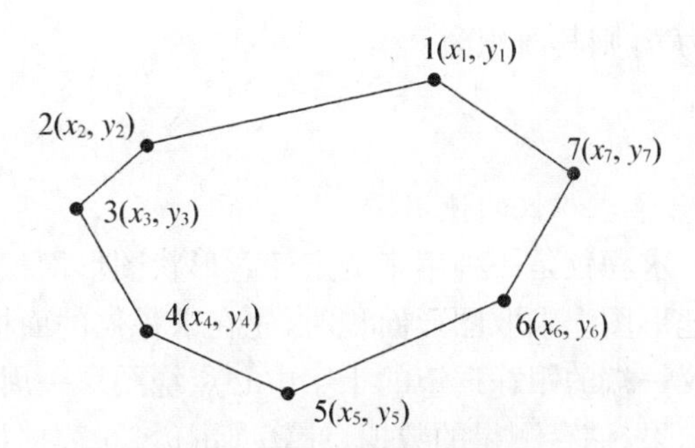

图 5-21　坐标计算法测算面积

2. 坐标计算法

如果图形为任意多边形，并且各顶点的坐标已知，则可以利用坐标计算法精确求算该图形的面积。如图 5-21 所示，各顶点按照逆时针方向编号，则面积为

$$S=\frac{1}{2}\sum_{i=1}^{n}x_i(y_{i-1}-y_{i+1})$$

式中：当 $i=1$ 时，y_{i-1} 用 y_n 代替；当 $i=n$ 时，y_{i+1} 用 y_1 代替。

3. 透明方格法

对于不规则图形，可以采用图解法求算图形面积。通常使用绘有单元图形的透明纸蒙在待测图形上，统计落在待测图形轮廓线以内的单元图形个数来量测面积。

透明方格法通常是在透明纸上绘出边长为 1 mm 的小方格，如图 5-22(a)所示，每个方格的面积为 1 mm^2，而所代表的实际面积则由地形图的比例尺决定。量测图上面积时，将透明方格纸固定在图纸上，先数出完整小方格数 n_1，再数出图形边缘不完整的小方格数 n_2。然后，按下式计算整个图形的实际面积：

$$S=\left(n_1+\frac{n_2}{2}\right)\cdot\frac{M^2}{10^6}(\mathrm{m}^2)$$

式中，M 为地形图比例尺分母。

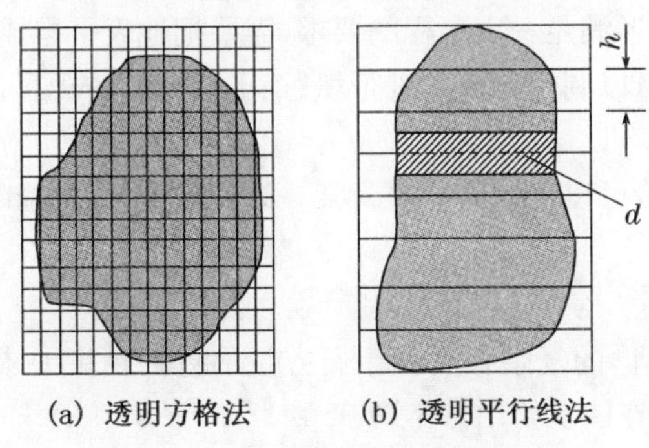

(a) 透明方格法　　(b) 透明平行线法

图 5-22　透明纸法测算面积

4. 透明平行线法

透明方格网法的缺点是数方格困难，为此，可以使用图 5-22(b)所示透明平行线法。被测图形被平行线分割成若干个等高的长条，每个长条的面积可以按照梯形公式计算。例如，图中绘有斜线的面积，其中间位置的虚线为上底加下底的平均值 d_i，可以直接量出，而每个梯形

的高均为 h,则其面积为

$$S=\sum_{i=1}^{n}d_i\cdot h=h\sum_{i=1}^{n}d_i$$

5. 电子求积仪的使用

电子求积仪是一种用来测定任意形状图形面积的仪器,如图 5-23 所示。

在地形图上求取图形面积时,先在求积仪的面板上设置地形图的比例尺和使用单位,再利用求积仪一端的跟踪透镜的十字中心点绕图形一周来求算面积。电子求积仪具有自动显示量测面积结果、储存测得的数据、计算周围边长、数据打印、边界自动闭合等功能,计算精度可以达到 0.2%。同时,具备各种计量单位,例如公制、英制,有计算功能,当数据量溢出时会自动移位处理。由于采用了 RS-232 接口,可以直接与计算机相连进行数据管理和处理。

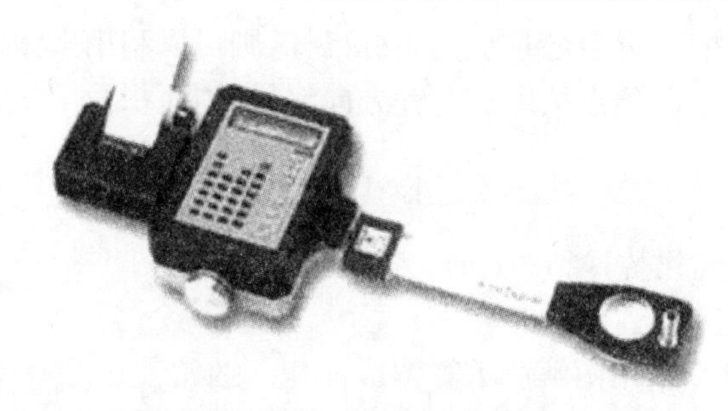

图 5-23　一种电子求积仪

为了保证量测面积的精度和可靠性,应将图纸平整地固定在图板或桌面上。当需要测量的面积较大,可以采取将大面积划分为若干块小面积的方法,分别求这些小面积,最后把量测结果加起来。也可以在待测的大面积内画出一个或若干个规则图形(四边形、三角形、圆等),用解析法求算面积,剩下的边、角小块面积用求积仪求取。

5.4.6　场地平整中的土方计算

为了使起伏不平的地形满足一定工程的要求,需要把地表平整成为一块水平面或斜平面。在进行工程量的预算时,可以利用地形图进行填、挖土石方量的概算。

1. 方格网法

如果地面坡度较平缓,可以将地面平整为某一高程的水平面,如图 5-24 所示,计算步骤如下:

(1) 绘制方格网

方格的边长取决于地形的复杂程度和土石方量估算的精度要求,一般取 10 m 或 20 m。然后根据地形图的比例尺在图上绘出方格网。

(2) 求各方格角点的高程

根据地形图上的等高线和其他地形点高程,采用目估法内插出各方格角点的地面高程值,并标注于相应顶点的右上方。

(3) 计算设计高程

将每个方格角点的地面高程值相加,并除以 4 则得到各方格的平均高程,再把每个方格的平均高程相加除以方格总数就得到设计高程 $H_{设}$。$H_{设}$也可以根据工程要求直接给出。

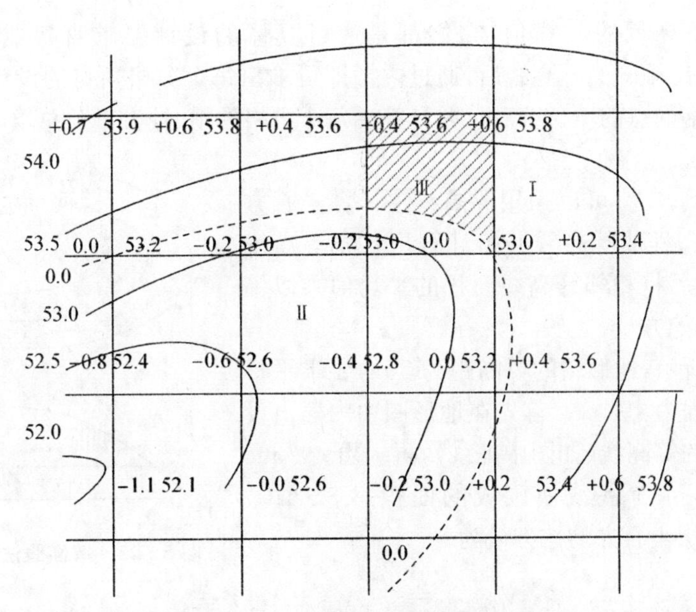

图5-24　方格网法计算填、挖方量

(4) 确定填、挖边界线

根据设计高程 $H_{设}$，在地形图5-24上绘出高程为 $H_{设}$ 的高程线(如图中虚线所示)，在此线上的点即为不填又不挖，也就是填、挖边界线，亦称零等高线。

(5) 计算各方格网点的填、挖高度

将各方格网点的地面高程减去设计高程 $H_{设}$，即得各方格网点的填、挖高度，并注于相应顶点的左上方，正号表示挖，负号表示填。

(6) 计算各方格的填、挖方量

下面以图5-24中方格Ⅰ、Ⅱ、Ⅲ为例，说明各方格的填、挖方量计算方法。

方格Ⅰ的挖方量：$V_1=\frac{1}{4}\times(0.4+0.6+0+0.2)A=0.3A$；

方格Ⅱ的填方量：$V_2=\frac{1}{4}\times(-0.2-0.2-0.6-0.4)A=-0.35A$；

方格Ⅲ的填、挖方量：$V_3=\frac{1}{4}\times(0.4+0.4+0+0)A_{挖}-\frac{1}{4}\times(0-0.2-0)A_{填}=0.2A_{挖}+0.05A_{填}$。

式中：A 为每个方格的实际面积；$A_{挖}$、$A_{填}$ 分别为方格Ⅲ中挖方区域和填方区域的实际面积。

(7) 计算总的填、挖方量

将所有方格的填方量和挖方量分别求和，即得总的填、挖土石方量。如果设计高程 $H_{设}$ 是各方格的平均高程值，则最后计算出来的总填方量和总挖方量基本相等。

当地面坡度较大时，可以按照填、挖土石方量基本平衡的原则，将地形整理成某一坡度的倾斜面。

由图5-24可知，当把地面平整为水平面时，每个方格角点的设计高程值相同。而当把地面平整为倾斜面时，每个方格角点的设计高程值则不一定相同，这就需要在图上绘出一组代表倾斜面的平行等高线。绘制这组等高线必备的条件：等高距、平距、平行等高线的方向(或最大坡度线方向)以及高程的起算值,它们都是通过具体的设计要求直接或间接提供的,如图 5-24 所示。绘出倾斜面等高线后,通过内插即可求出每个方格角点的设计高程值。这样,便可以计算各方格网点的填、挖高度,并计算出每个方格的填、挖方量及总填、挖方量。

2. 等高线法

如果地形起伏较大,可以采用等高线法计算土石方量。首先从设计高程的等高线开始计算出各条等高线所包围的面积,然后将相邻等高线面积的平均值乘以等高距即得总的填、挖方量。

如图 5-25 所示,地形图的等高距为 5 m,要求平整场地后的设计高程为 492 m。首先在地形图中内插出设计高程为 492 m 的等高线(如图中虚线),再求出 492 m、495 m 和500 m 3 条等高线所围成的面积 A_{492}、A_{495}、A_{500},即可算出每层土石方的挖方量为

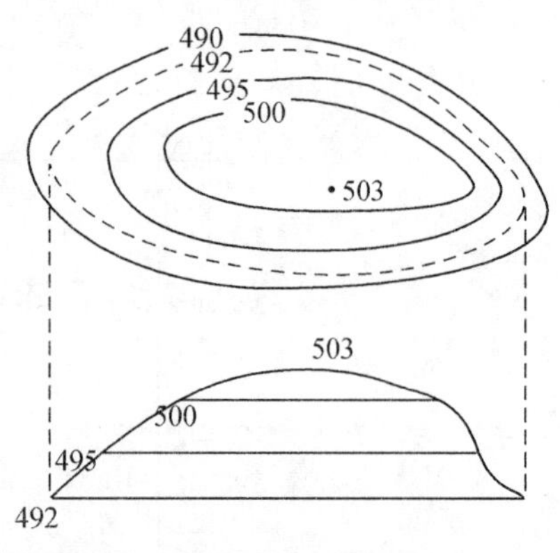

图 5-25 等高线法计算填、挖方量

$$V_{492-495}=\frac{1}{2}(A_{492}+A_{495})\cdot 3$$

$$V_{492-500}=\frac{1}{2}(A_{495}+A_{500})\cdot 5$$

$$V_{500-503}=\frac{1}{3}A_{500}\cdot 3$$

则总的土石方挖方量为

$$V_{总}=\sum V=V_{492-495}+V_{495-500}+V_{500-505}$$

3. 断面法

断面法是在施工场地范围内,利用地形图以一定间距绘出地形断面图,并在各个断面图上绘出平整场地后的设计高程线。然后分别求出断面图上地面线与设计高程线所围成的面积,再计算相邻断面间的土石方量,求其和即为总土石方量。

拓展与实训

一、选择题

1. 测绘地形图时,地形特征点是指(　　)。
   A. 山脊　　B. 房角　　C. 电线杆　　D. 道路
2. 地形图同一条等高线上各点的高程(　　)。
   A. 不相等　　B. 相等　　C. 不一定　　D. 无法确定

二、简答题

1. 试述碎部测量的概念。试述碎部点的概念和分类。
2. 测绘地形图之前为什么要进行控制测量?
3. 试述勾绘地物的方法和解析法勾绘等高线的基本步骤。
4. 什么是地貌特征点和地性线?一般可以归纳为哪些典型地貌?
5. 识读地形图时,主要从哪几方面进行?

6. 如何确定地形图上直线的长度、坡度和坐标方位角？

7. 将场地平整为平面和斜面，如何在地形图上绘制填挖边界线？

8. 平整场地中，计算填挖土石方量的方法有哪几种？

三、作图题

在下图中（比例尺为1∶2 000），完成下列工作：

1. 在地形图上用圆括号符号绘出山顶（△），鞍部的最低点（×），山脊线（—·—·—），山谷线（……）。

2. *B*点高程是多少？*AB*水平距离是多少？

3. *A*、*B*两点间，*B*、*C*两点间是否通视？

4. 由*A*选一条既短坡度又不大于3%的线路到*B*点。

5. 绘*AB*断面图，平距比例尺为1∶2 000，高程比例尺为1∶200。

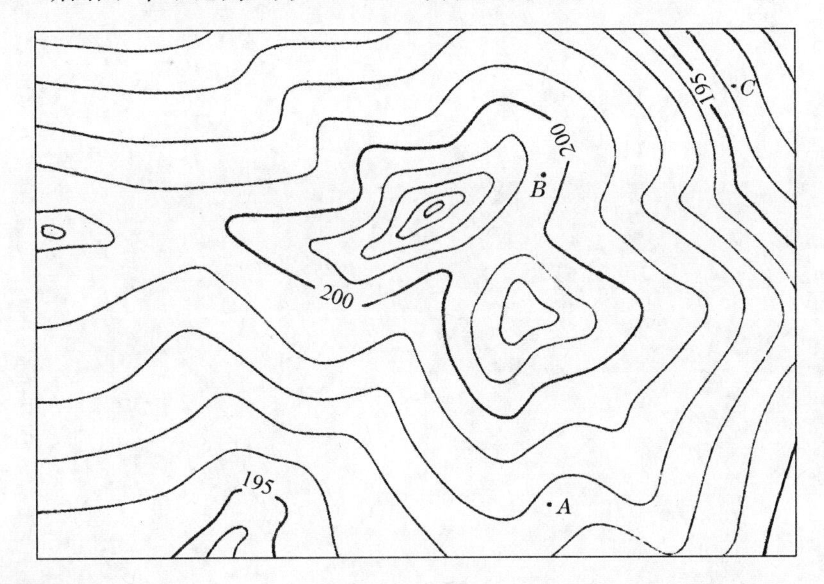

职业技能训练

测图面积约250 m×150 m，通视条件良好，地物齐全，难度适中。教师为每个组提供1个控制点和2个公共定向点及检查点。内业编辑成图软件采用南方CASS，比例尺采用1∶500。

各小组成员共同完成规定区域内碎部点数据采集和编辑成图。碎部点数据采集模式只限用全站仪“草图法”，不得采用“电子平板”。外业数据采集时全站仪不得使用免棱镜测距功能。

图根控制点的数量不作要求，但图上应表示作为测站点的图根控制点，需要按规范要求表示等高线和高程注记点。按图式要求进行点、线、面状地物绘制和文字、数字、符号注记，注记的文字字体采用仿宋体。图廓饰内容：采用任意分幅（四角坐标注记坐标单位为米，取整至50米）、图名、测图比例尺、内图廓线及其四角的坐标注记、外图廓线、坐标系统、高程系统、等高距、图式版本和测图时间。（图上不注记测图单位、接图表、图号、密级、直线比例尺、附注等内容）

上交成果包括原始测量数据文件、野外草图和DWG格式的地形图文件。

评分标准：成果全部符合限差要求和无违反记录规定者定为一类成果，存在重大问题或违规的判定为二类成果，二类成果评分先按评分标准评定，再以一类成果最低分乘以该二类成果得分除以 100 为二类成果分。

成绩主要从参赛队的作业速度、成果质量等方面考虑，采用百分制。其中成果质量由教师按照事先公布的规则裁定，作业速度按各组用时统一计算，时间以秒为单位。得分计算方法：

$$S_i=\left(1-\frac{T_i-T_1}{T_n-T_1}\times 40\%\right)\times 40$$

式中：T_1 为所有各组中用时最少的时间；T_n 为所有各组中不超过最大时长的队伍中用时最多的时间；T_i 为第 i 组实际用时。

测量最大时长限制为 3 小时。凡超过最大时长的小组，终止操作。

项目6　施工测量

项目概述

介绍了平面点位的测设方法和高程的测设方法；详细讲解了民用建筑和工业建筑的施工测量；介绍了变形监测的内容和方法；概述了竣工图的编绘。

知识目标

◆ 掌握点的平面位置测设和高程的测设；
◆ 掌握多层民用建筑的施工测量；
◆ 掌握高层民用建筑的施工测量；
◆ 了解工业建筑的施工测量；
◆ 掌握变形监测的方法；
◆ 熟悉竣工总平面图的编绘。

技能目标

◆ 能够进行点的平面坐标测设；
◆ 能够进行高程测设；
◆ 能够利用控制网进行定位放线；
◆ 能够进行变形监测及其数据整理；
◆ 能够编绘竣工总平面图。

学时建议

14课时

项目导图

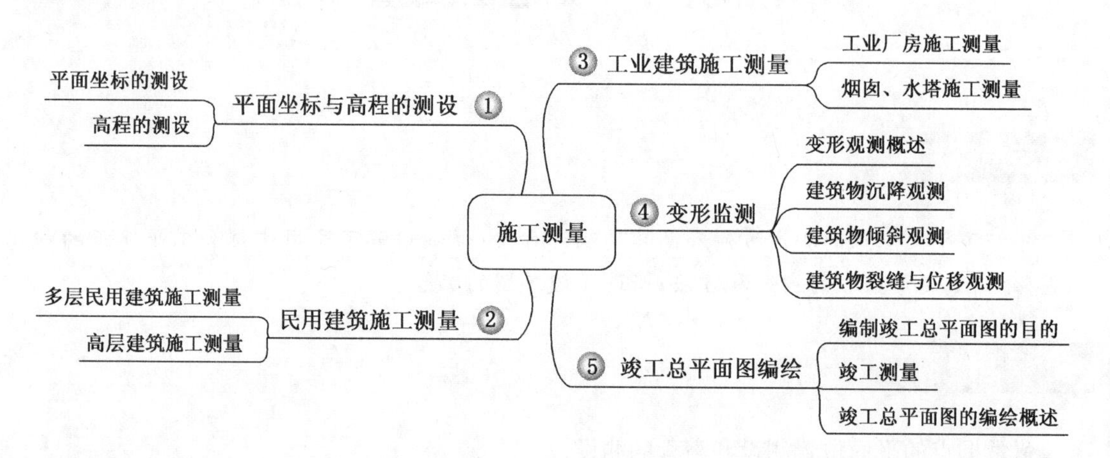

工程导入

某建筑工程项目，欲对某房屋进行定位，在设计图纸上查得其角点坐标，利用工地的控制网测设出其平面位置。开挖基坑前，又利用工地的水准点将标高±0.000 m测设到龙门桩上，钉出龙门板。

6.1 平面坐标与高程的测设

6.1.1 平面坐标的测设

点的平面位置的测设方法有直角坐标法、极坐标法、角度交会法和距离交会法。至于采用哪种方法，应根据控制网的形式、地形情况、现场条件及精度要求等因素确定。

1. 直角坐标法

直角坐标法是根据直角坐标原理，利用纵横坐标之差，测设点的平面位置。直角坐标法适用于施工控制网为建筑方格网或建筑基线的形式，且量距方便的建筑施工场地。

(1) 计算测设数据

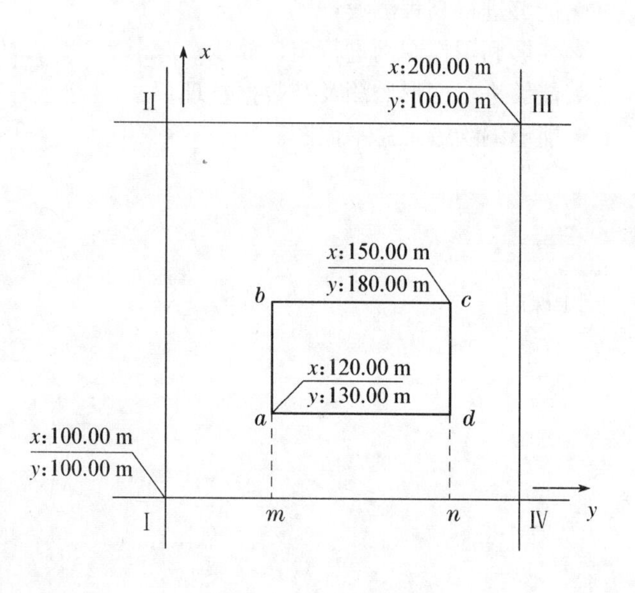

图6-1　直角坐标法

如图6-1所示，Ⅰ、Ⅱ、Ⅲ、Ⅳ为建筑施工场地的建筑方格网点，a、b、c、d为欲测设建筑物的四个角点，根据设计图上各点坐标值，可求出建筑物的长度、宽度及测设数据。

建筑物的长度$=y_c-y_a=180.00\ \text{m}-130.00\ \text{m}=50.00\ \text{m}$；

建筑物的宽度$=x_c-x_a=150.00\ \text{m}-120.00\ \text{m}=30.00\ \text{m}$。

测设 a 点的测设数据（Ⅰ点与 a 点的纵横坐标之差）：

$$\Delta x=x_a-x_{\text{I}}=120.00\ \text{m}-100.00\ \text{m}=20.00\ \text{m}$$

$$\Delta y=y_a-y_{\text{I}}=130.00\ \text{m}-100.00\ \text{m}=30.00\ \text{m}$$

(2) 点位测设方法

① 在Ⅰ点安置经纬仪，瞄准Ⅳ点，沿视线方向测设距离 30.00 m，定出 m 点，继续向前测设 50.00 m，定出 n 点。

② 在 m 点安置经纬仪，瞄准Ⅳ点，按逆时针方向测设 90°角，由 m 点沿视线方向测设距离 20.00 m，定出 a 点，作出标志，再向前测设 30.00 m，定出 b 点，作出标志。

③ 在 n 点安置经纬仪，瞄准Ⅰ点，按顺时针方向测设 90°角，由 n 点沿视线方向测设距离 20.00 m，定出 d 点，作出标志，再向前测设 30.00 m，定出 c 点，作出标志。

④ 检查建筑物四角是否等于 90°，各边长是否等于设计长度，其误差均应在限差以内。

测设上述距离和角度时，可根据精度要求分别采用一般方法或精密方法。

2. 极坐标法

极坐标法是根据一个水平角和一段水平距离，测设点的平面位置。极坐标法适用于量距方便，且待测设点距控制点较近的建筑施工场地。

(1) 计算测设数据

如图 6-2 所示，A、B 为已知平面控制点，其坐标值分别为 $A(x_A,y_A)$、$B(x_B,y_B)$，P 点为建筑物的一个角点，其坐标为 $P(x_P,y_P)$。现根据 A、B 两点，用极坐标法测设 P 点，其测设数据计算方法如下：

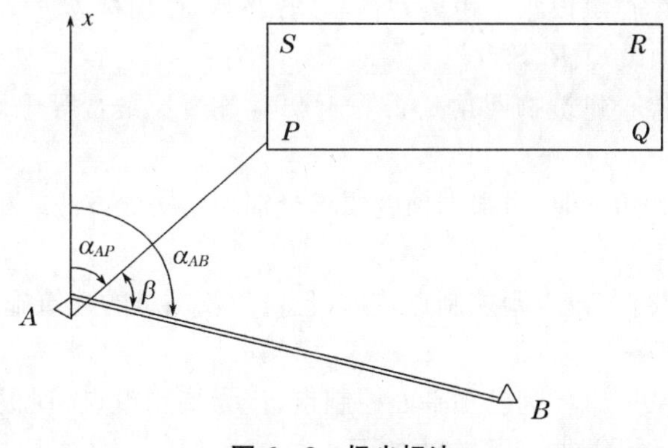

图 6-2　极坐标法

① 计算 AB 边的坐标方位角 α_{AB} 和 AP 边的坐标方位角 α_{AP}，按本书 2.6.3 中坐标反算公式计算：

$$\Delta x_{AB}=x_B-x_A$$

$$\Delta y_{AB}=y_B-y_A$$

$$R_{AB}=\arctan\frac{|\Delta y_{AB}|}{|\Delta x_{AB}|}$$

若 $\Delta x_{AB}>0$，$\Delta y_{AB}>0$，则 AB 指向第Ⅰ象限方向，$\alpha_{AB}=R_{AB}$；

若 $\Delta x_{AB}<0$，$\Delta y_{AB}>0$，则 AB 指向第Ⅱ象限方向，$\alpha_{AB}=180°-R_{AB}$；

若 $\Delta x_{AB}<0$，$\Delta y_{AB}<0$，则 AB 指向第Ⅲ象限方向，$\alpha_{AB}=180°+R_{AB}$；

若 $\Delta x_{AB}>0$，$\Delta y_{AB}<0$，则 AB 指向第Ⅳ象限方向，$a_{AB}=360°-R_{AB}$；

若 $\Delta x_{AB}>0$，$\Delta y_{AB}=0$，则 AB 指向 x 轴正向，$\alpha_{AB}=0$；

若 $\Delta x_{AB}=0$，$\Delta y_{AB}>0$，则 AB 指向 y 轴正向，$\alpha_{AB}=90°$；

若 $\Delta x_{AB}<0$，$\Delta y_{AB}=0$，则 AB 指向 x 轴负向，$\alpha_{AB}=180°$；

若 $\Delta x_{AB}=0$，$\Delta y_{AB}<0$，则 AB 指向 y 轴负向，$\alpha_{AB}=270°$。

同理可计算 α_{AP}。

② 计算 AP 与 AB 之间的夹角：

$$\beta=\alpha_{AB}-\alpha_{AP}$$

③ 计算 A、P 两点间的水平距离。

$$D_{AP}=\sqrt{(x_P-x_A)^2+(y_P-y_A)^2}=\sqrt{\Delta x_{AP}^2+\Delta y_{AP}^2}$$

【例 6-1】 已知 $x_P=370.000\ \text{m}$，$y_P=458.000\ \text{m}$，$x_A=348.758\ \text{m}$，$y_A=433.570\ \text{m}$，$\alpha_{AB}=103°48'48''$。试计算测设数据 β 和 D_{AP}。

解：$\alpha_{AP}=\arctan\dfrac{\Delta y_{AP}}{\Delta x_{AP}}=\arctan\dfrac{458.000\ \text{m}-433.570\ \text{m}}{370.000\ \text{m}-348.758\ \text{m}}\approx 48°59'34''$

$\beta=\alpha_{AB}-\alpha_{AP}=103°48'48''-48°59'34''=54°49'14''$

$D_{AP}=\sqrt{(370.000\ \text{m}-348.758\ \text{m})^2+(458.000\ \text{m}-433.570\text{m})^2}\approx 32.374\ \text{m}$

(2) 点位测设方法

① 在 A 点安置经纬仪，瞄准 B 点，按逆时针方向测设 β 角，定出 AP 方向。

② 沿 AP 方向自 A 点测设水平距离 D_{AP}，定出 P 点，作出标志。

③ 用同样的方法测设 Q、R、S 点。

全部测设完毕后，检查建筑物四角是否等于 90°，各边长是否等于设计长度，其误差均应在限差以内。

同样，在测设距离和角度时，可根据精度要求分别采用一般方法或精密方法。

3. 角度交会法

角度交会法适用于待测设点距控制点较远，且量距较困难的建筑施工场地。

(1) 计算测设数据

如图 6-3(a)所示，A、B、C 为已知平面控制点，P 为待测设点，现根据 A、B、C 三点，用角度交会法测设 P 点，其测设数据计算方法如下：

① 按坐标反算公式，分别计算出 α_{AB}、α_{AP}、α_{BP}、α_{CB} 和 α_{CP}。

② 计算水平角 β_1、β_2 和 β_3。

(2) 点位测设方法

① 在 A、B 两点同时安置经纬仪，同时测设水平角 β_1 和 β_2 定出两条视线，在两条视线相交处钉下一个大木桩，并在木桩上依 AP、BP 绘出方向线及其交点。

② 在控制点 C 上安置经纬仪，测设水平角 β_3，同样在木桩上依 CP 绘出方向线。

③ 如果交会没有误差，此方向应通过前两方向线的交点，否则将形成一个“示误三角形”，

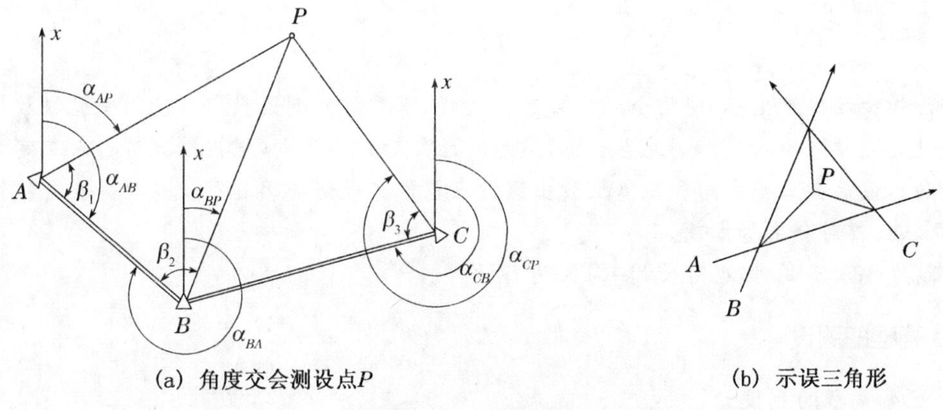

(a) 角度交会测设点P　　(b) 示误三角形

图 6-3　角度交会法

如图 6-3(b)所示。若示误三角形边长在限差以内,则取示误三角形重心作为待测设点 P 的最终位置。

测设 β_1、β_2 和 β_3 时,视具体情况,可采用一般方法和精密方法。

4. 距离交会法

距离交会法是由两个控制点测设两段已知水平距离,交会定出点的平面位置。距离交会法适用于待测设点至控制点的距离不超过一尺段长,且地势平坦、量距方便的建筑施工场地。

(1) 计算测设数据

如图 6-4 所示,A、B 为已知平面控制点,P 为待测设点,现根据 A、B 两点,用距离交会法测设 P 点,其测设数据计算方法如下:

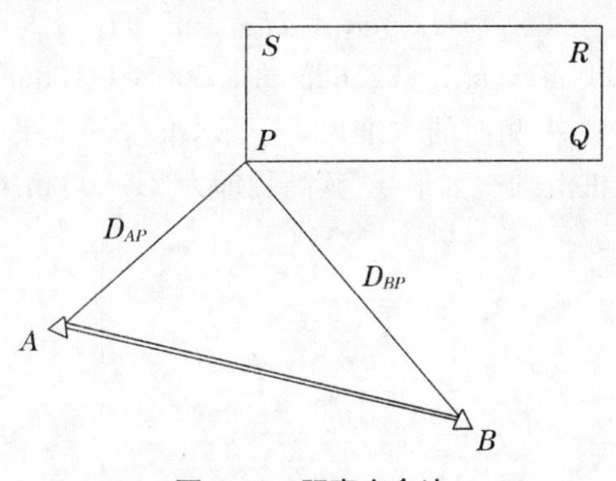

图 6-4　距离交会法

根据 A、B、P 三点的坐标值,分别计算出 D_{AP} 和 D_{BP}。

(2) 点位测设方法

① 将钢尺的零点对准 A 点,以 D_{AP} 为半径在地面上画一圆弧。

② 再将钢尺的零点对准 B 点,以 D_{BP} 为半径在地面上再画一圆弧。两圆弧的交点即为 P 点的平面位置。

③ 用同样的方法,测设出 Q 的平面位置。

④ 丈量 P、Q 两点间的水平距离,与设计长度进行比较,其误差应在限差以内。

知识拓展

若已知待放样点坐标,使用全站仪可直接放样,不需计算测设数据。使用全站仪放样坐标时应先设置测站即输入已知测站点坐标,然后对已知后视点定向(根据情况进行人工定向或者坐标定向),最后在正确方向和距离上放出测设点点位。最好使用具有激光导向和免棱镜功能的全站仪,放样时会更加方便。

当精度要求不高时,也可使用 RTK 进行放样。

6.1.2 高程的测设

1. 已知高程的测设

已知高程的测设,是利用水准测量的方法,根据已知水准点,将设计高程测设到现场作业面上,称为已知高程测设。

(1) 在地面上测设已知高程

如图 6-5 所示,某建筑物的室内地坪设计高程为 21.500 m,附近有一水准点 BM3,其高程为 $H_3=20.950$ m。现在要求把该建筑物的室内地坪高程测设到木桩 A 上,作为施工时控制高程的依据。测设方法如下:

① 在水准点 BM3 和木桩 A 之间安置水准仪,在 BM3 立水准尺上,用水准仪的水平视线测得后视读数 a 为 1.675 m,此时视线高程 H_i 为

$$H_i=20.950+1.675=22.625(\text{m})$$

② 计算 A 点水准尺尺底为室内地坪高程时的前视读数 $b_{应}$:

$$b_{应}=H_i-H_{设}=H_{BM}+a-H_{设} \tag{6-1}$$

$$b_{应}=H_i-H_{设}=22.625-21.500=1.125(\text{m})$$

③ 上下移动竖立在木桩 A 侧面的水准尺,直至水准仪的水平视线在尺上截取的读数为 1.125 m 时,紧靠尺底在木桩上画一水平线,其高程即为 21.500 m。

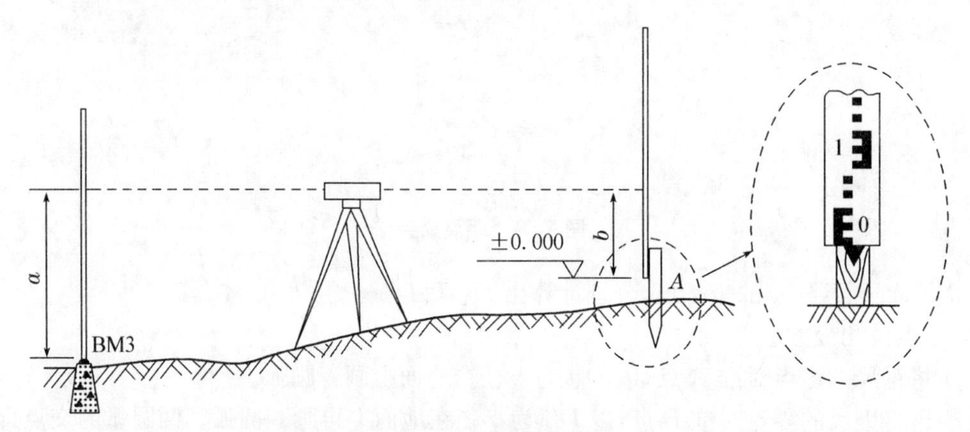

图 6-5 已知高程的测设

(2) 高程传递

当向较深的基坑或较高的建筑物上测设已知高程点时,如水准尺长度不够,可利用钢尺向下或向上引测。

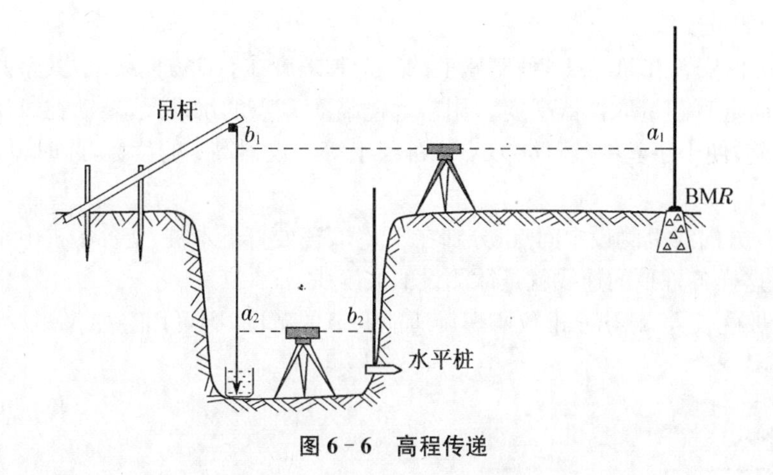

图 6-6　高程传递

如图 6-6 所示，欲在深基坑内设置一点 B，使其高程为 $H_设$。地面附近有一水准点 R，其高程为 H_R。测设方法如下：

① 在基坑一边架设吊杆，杆上吊一根零点向下的钢尺，尺的下端挂上 10 kg 的重锤，放入油桶中。

② 在地面安置一台水准仪，设水准仪在 R 点所立水准尺上读数为 a_1，在钢尺上读数为 b_1。

③ 在坑底安置另一台水准仪，设水准仪在钢尺上读数为 a_2。

④ 计算 B 点水准尺底高程为 $H_设$ 时，B 点处水准尺的读数 $b_应$ 为

$$b_应=(H_R+a_1)-(b_1-a_2)-b_2 \tag{6-2}$$

用同样的方法，亦可从低处向高处测设已知高程的点。

2. 已知坡度线的测设

在道路建设、敷设上下水管道及排水沟等工程时，常要测设指定的坡度线。

已知坡度线的测设是根据设计坡度和坡度端点的设计高程，用水准测量的方法将坡度线上各点的设计高程标定在地面上。

如图 6-7 所示，A、B 为坡度线的两端点，其水平距离为 D_{AB}，设 A 点的高程为 H_A，要沿 AB 方向测设一条坡度为 i_{AB} 的坡度线。测设方法如下：

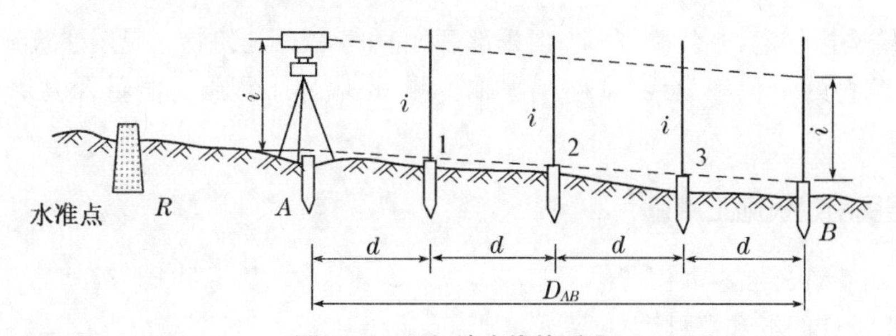

图 6-7　已知坡度线的测设

(1) 根据 A 点的高程、坡度 i_{AB} 和 A、B 两点间的水平距离 D_{AB}，计算出 B 点的设计高程。

$$H_B=H_A+i_{AB}\cdot D_{AB} \tag{6-3}$$

(2) 按测设已知高程的方法，在 B 点处将设计高程 H_B 测设于 B 桩顶上，此时，AB 直线即

构成坡度为 i_{AB} 的坡度线。

(3) 将水准仪安置在 A 点上,使基座上的一个脚螺旋在 AB 方向线上,其余两个脚螺旋的连线与 AB 方向垂直。量取仪器高度 i,用望远镜瞄准 B 点的水准尺,转动在 AB 方向上的脚螺旋或微倾螺旋,使十字丝中丝对准 B 点水准尺上等于仪器高 i 的读数,此时,仪器的视线与设计坡度线平行。

(4) 在 AB 方向线上测设中间点,分别在 1、2、3、…处打下木桩,使各木桩上水准尺的读数均为仪器高 i,这样各桩顶的连线就是欲测设的坡度线。

如果设计坡度较大,超出水准仪脚螺旋所能调节的范围,则可用经纬仪测设,其测设方法相同。

工程导入

对民用建筑施工,不论从开挖基坑、基础施工,还是主体施工,测量与施工总是交替往复,穿插进行。测量工作总是施工工作的先导工作,为施工留出位置依据。定位放线,弹出开挖边界线,为开挖基坑平面位置提供依据,轴线控制桩为恢复轴线提供依据,水平桩为开挖基坑标高提供依据。

北京奥运会比赛场馆鸟巢的施工测量:在体育场桩基施工中,北京城建勘测设计研究院有限责任公司测量队共测量了 2 000 多根基础桩,每根桩的中心定位精度误差为±1 cm,远高于规范中±10 cm 的要求,质量验收时一次通过。在主体施工中,他们的测量定位精度误差达到±3 mm,满足了业主的要求。两年多来,他们建立的施工控制网经过定期复测,各网点均未发生较大变动,有力地保证了混凝土工程各部件的准确就位。为确保施工测量的精确性,项目测量队采用了徕卡测量系统设备。"鸟巢"工程项目测量负责人、北京城建勘测设计研究院有限责任公司总工程师秦长利说:"在国家体育场施工测量中,根据该项目的特点,我们首选徕卡测量系统顶级先进的测量仪器,承担施工控制测量、施工放样测量、变形测量等,获得了高精度的测量成果,为建筑施工提供了强有力的测绘保障。"

6.2 民用建筑施工测量

民用建筑是指住宅、办公楼、食堂、俱乐部、医院和学校等建筑物。民用建筑施工测量的主要任务是建筑物的定位和放线、基础工程施工测量、墙体工程施工测量及高层建筑施工测量等。

6.2.1 多层民用建筑施工测量

1. 施工测量前的准备工作

(1) 熟悉设计图纸和资料

设计图纸是施工测量的主要依据,在测设前,应熟悉建筑物的设计图纸,了解施工建筑物与相邻地物的相互关系,以及建筑物的尺寸和施工的要求等,并仔细核对各设计图纸的有关尺寸,以免出现差错。熟悉资料,结合场地情况制订放样方案,并满足工程测量技术规范,见表 6-1。

表 6-1　建筑物施工放样的主要技术要求

建筑物结构特征	测距时相对中误差/mm	测角中误差/mm	测站高差中误差/mm	施工水平面高程中误差/mm	竖向传递轴线点中误差/mm
钢结构、装配式砼结构、建筑物高度 100～120 m 或跨度 30～36 m	1/20 000	5	1	6	4
15 层房屋或建筑物高度 60～100 m 或跨度 18～30 m	1/10 000	10	2	5	3
5～15 层房屋或建筑物高度 15～60 m或跨度 6～18 m	1/5 000	20	2.5	4	2.5
5 层房屋或建筑物高度 15 m 或跨度 6 m 以下	1/3 000	20	3	3	2
木结构、工业管线或公路铁路专线	1/2 000	30	5	—	—
土工竖向整平	1/1 000	45	10	—	—

(2) 现场踏勘

通过对现场进行查勘，了解建筑场地的地物、地貌和原有测量控制点的分布情况，并对建筑场地上的平面控制点、水准点进行检核，无误后方可使用。

(3) 准备放样数据

除了计算出必要的放样数据外，还须从下列图纸上查取房屋内部平面尺寸和调和数据。

① 总平面图

如图 6-8 所示，从总平面图上可以查取或计算设计建筑物与原有建筑物或测量控制点之间的平面尺寸和高差，作为测设建筑物总体位置的依据。

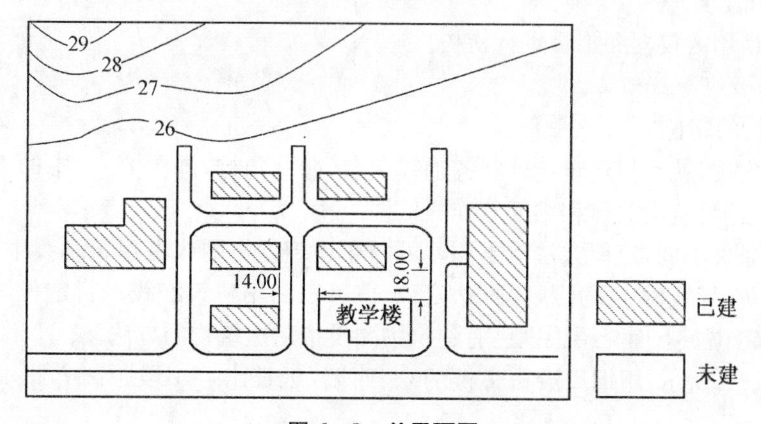

图 6-8　总平面图

② 建筑平面图

从建筑平面图中可以查取建筑物的总尺寸，以及内部各定位轴线之间的关系尺寸，这是施工测设的基本资料。

③ 基础平面图

从基础平面图上可以查取基础边线与定位轴线的平面尺寸，这是测设基础轴线的必要数据。

④ 基础详图

从基础详图中可以查取基础立面尺寸和设计标高，这是基础高程测设的依据。

⑤ 建筑物的立面图和剖面图

从建筑物的立面图和剖面图中可以查取基础、地坪、门窗、楼板、屋架和屋面等设计高程，这是高程测设的主要依据。

(4) 绘制放样略图

根据设计要求、定位条件、现场地形和施工方案等因素，制订测设方案，包括测设方法、测设数据计算和绘制测设略图，图 6-9 是根据设计总平面图和基础平面图绘制的放样略图。图上标有已建房屋和拟建房屋之间的平面尺寸，定位轴线间平面尺寸和定位轴线控制桩等。

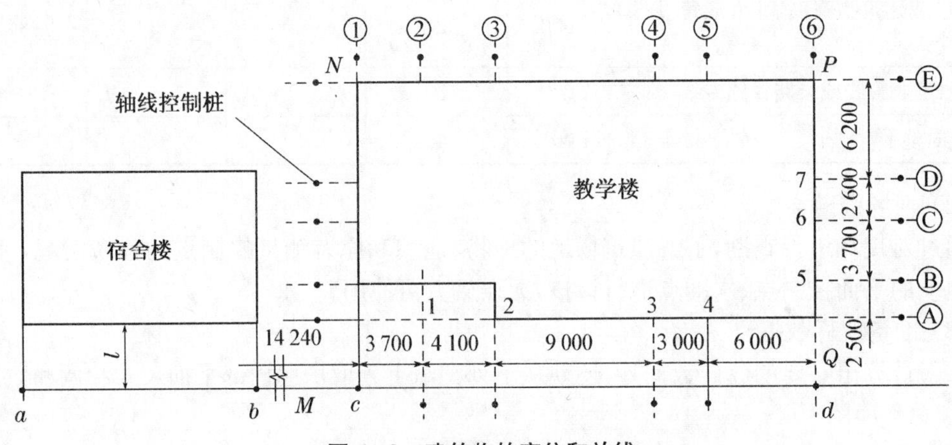

图 6-9 建筑物的定位和放线

(5) 仪器和工具

对测设所使用的仪器和工具进行检核。

2. 定位和放线

(1) 建筑物的定位

建筑物的定位，就是将建筑物外廓各轴线交点（简称角桩，即图 6-9 中的 M、N、P 和 Q）测设在地面上，作为基础放样和细部放样的依据。

由于定位条件不同，定位方法也不同。可以在建筑方格网或者建筑基线中采用直角坐标法定位，也可以在导线网中采用极坐标法定位，也可以利用建筑红线进行定位，还可以利用已有建筑物进行定位。下面介绍根据已有建筑物测设拟建建筑物的方法。

① 如图 6-9 所示，用钢尺沿宿舍楼的东、西墙，延长出一小段距离 l，得 a、b 两点，作出标志。

② 在 a 点安置经纬仪，瞄准 b 点，并从 b 沿 ab 方向量取 14.240 m(因为教学楼的外墙厚 370 mm，轴线偏里，离外墙皮 240 mm)，定出 c 点，作出标志；再继续沿 ab 方向从 c 点起量取 25.800 m，定出 d 点，作出标志。cd 线就是测设教学楼平面位置的建筑基线。

③ 分别在 c、d 两点安置经纬仪，瞄准 a 点，顺时针方向测设 90°，沿此视线方向量取距离 l+0.240 m，定出 M、Q 两点，作出标志；再继续量取 15.000 m，定出 N、P 两点，作出标志。M、N、P、Q 四点即为教学楼外廓定位轴线的交点。

④ 检查 NP 的距离是否等于 25.800 m，$\angle N$ 和 $\angle P$ 是否等于 90°，其误差应在允许范围内。

(2) 建筑物的放线

建筑物的放线，是指根据已定位的外墙轴线交点桩（角桩），详细测设出建筑物各轴线的交点桩（或称中心桩），然后，根据交点桩用白灰撒出基槽开挖边界线。

知识拓展

基坑的边坡形式有直坡式、斜坡式和踏步式，若非直坡式，还需从角桩和中点桩向外放出坡口宽度，定出开挖边界线。

① 在外墙轴线周边上测设中心桩位置

如图 6-9 所示，在 M 点安置经纬仪，瞄准 Q 点，用钢尺沿 MQ 方向量出相邻两轴线间的距离，定出 1、2、3、…各点，同理可定出 5、6、7 各点。量距精度应达到设计精度要求。量出各轴线之间距离时，钢尺零点要始终对在同一点上。

恢复轴线位置的方法：由于在开挖基槽时，角桩和中心桩要被挖掉，为了便于在施工中恢复各轴线位置，应把各轴线延长到基槽外安全地点，并做好标志。其方法有设置轴线控制桩和龙门板两种形式。

② 设置轴线控制桩

轴线控制桩设置在基槽外，基础轴线的延长线上，作为开槽后各施工阶段恢复轴线的依据，如图 6-9 所示。轴线控制桩一般设置在基槽外 2～4 m 处，打下木桩，桩顶钉上小钉，准确标出轴线位置，并用混凝土包裹木桩，如图 6-10 所示。如附近有建筑物，亦可把轴线投测到建筑物上，用红漆作出标志，以代替轴线控制桩。

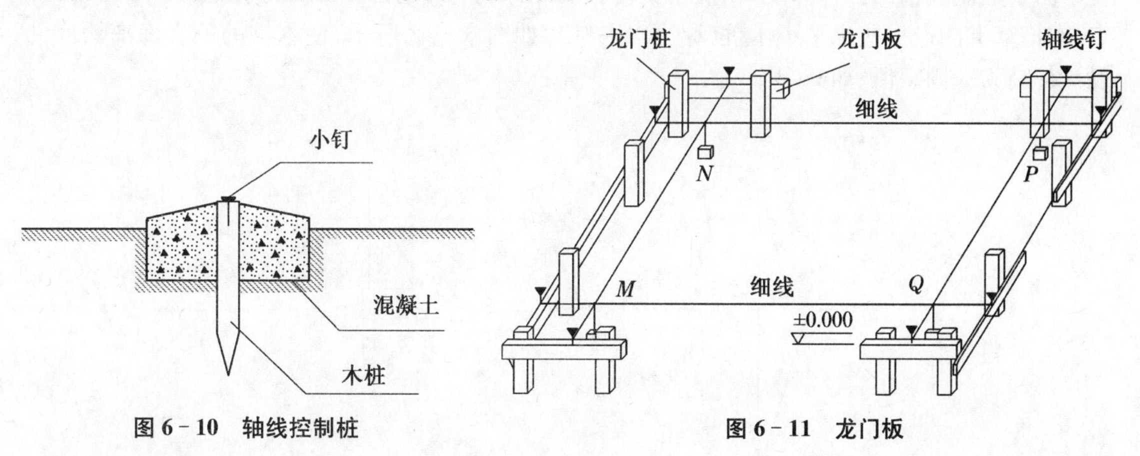

图 6-10　轴线控制桩　　图 6-11　龙门板

③ 设置龙门板

在小型民用建筑施工中，常将各轴线引测到基槽外的水平木板上。水平木板称为龙门板，固定龙门板的木桩称为龙门桩，如图 6-11 所示。设置龙门板的步骤如下：

在建筑物四角与隔墙两端，基槽开挖边界线以外 1.5～2 m 处，设置龙门桩。龙门桩要钉得竖直、牢固，龙门桩的外侧面应与基槽平行。

根据施工场地的水准点，用水准仪在每个龙门桩外侧，测设出该建筑物室内地坪设计高程线(即±0标高线),并作出标志。

沿龙门桩上±0标高线钉设龙门板,这样龙门板顶面的高程就同在±0的水平面上。然后,用水准仪校核龙门板的高程,如有差错应及时纠正,其允许误差为±5 mm。

在N点安置经纬仪,瞄准P点,沿视线方向在龙门板上定出一点,用小钉作标志,纵转望远镜在N点的龙门板上也钉一个小钉。用同样的方法,将各轴线引测到龙门板上,所钉之小钉称为轴线钉。轴线钉定位误差应小于±5 mm。

最后,用钢尺沿龙门板的顶面,检查轴线钉的间距,其误差不超过1∶2 000。检查合格后,以轴线钉为准,将墙边线、基础边线、基础开挖边线等标定在龙门板上。

知识拓展

建筑物定位放线后,进行机械土方开挖,开挖后将挖掉角桩和中心桩,而留下外围的轴线控制桩或龙门板,用于恢复轴线。开挖时边坡应根据情况进行支护,"先撑后挖,分层开挖",有时还应根据情况进行降水、排水。为满足"严禁超挖",机械开挖距槽底至少留20 cm用人工清底,为此应测设水平桩控制人工开挖。最后施工垫层。

3. 基础工程施工测量

建筑物轴线测设完成后,再根据基础详图的尺寸和标高要求,并考虑防止基槽坍塌而增加的放坡尺寸,在地面上用白石灰撒出开挖边线,即可进行基础施工。

(1) 基槽抄平

建筑施工中的高程测设,又称抄平。

① 设置水平桩

为了控制基槽的开挖深度,当快挖到槽底设计标高时,应用水准仪根据地面上±0.000 m点,在槽壁上测设一些水平小木桩(称为水平桩),如图6-12所示,使木桩的上表面离槽底的设计标高为一固定值(如0.500 m)。

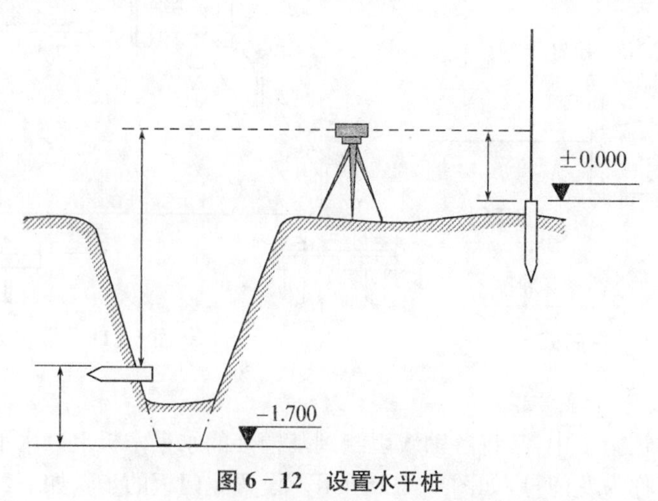

图6-12 设置水平桩

为了施工时使用方便,一般在槽壁各拐角处、深度变化处和基槽壁上每隔3~4 m测设一水平桩。

水平桩可作为挖槽深度、修平槽底和打基础垫层的依据。

② 水平桩的测设方法

如图 6 - 12 所示，槽底设计标高为−1.700 m，欲测设比槽底设计标高高 0.500 m 的水平桩，测设方法如下：

(A) 在地面适当地方安置水准仪，在±0 标高线位置上立水准尺，读取后视读数为 1.318 m。

(B) 计算测设水平桩的应读前视读数 $b_{应}$：

$$b_{应}=a-h=1.318-(-1.700+0.500)=2.518(\mathrm{m})$$

(C) 在槽内一侧立水准尺，并上下移动，直至水准仪视线读数为 2.518 m 时，沿水准尺尺底在槽壁打入一小木桩。

(2) 垫层中线的投测

基础垫层打好后，根据轴线控制桩或龙门板上的轴线钉，用经纬仪或用拉绳挂锤球的方法，把轴线投测到垫层上，如图 6 - 13 所示，并用墨线弹出墙中心线和基础边线，作为砌筑基础的依据。

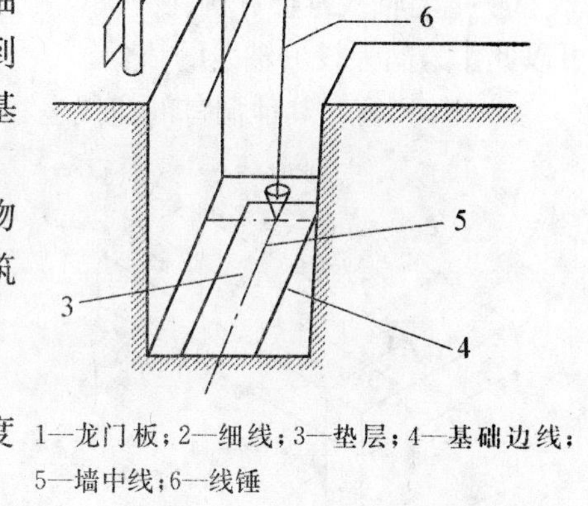

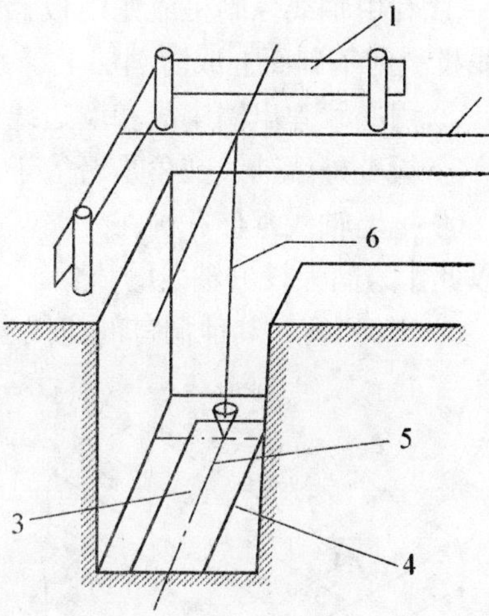

1—龙门板；2—细线；3—垫层；4—基础边线；5—墙中线；6—线锤

图 6 - 13　垫层中线的投测

由于整个墙身砌筑均以此线为准，这是确定建筑物位置的关键环节，所以要严格校核后方可进行砌筑施工。

(3) 基础墙标高的控制

房屋基础墙是指±0.000 m 以下的砖墙，它的高度是用基础皮数杆来控制的。

① 基础皮数杆是一根木制的杆子，如图 6 - 14 所示，在杆上事先按照设计尺寸，将砖、灰缝厚度画出线条，并标明±0.000 m 和防潮层的标高位置。

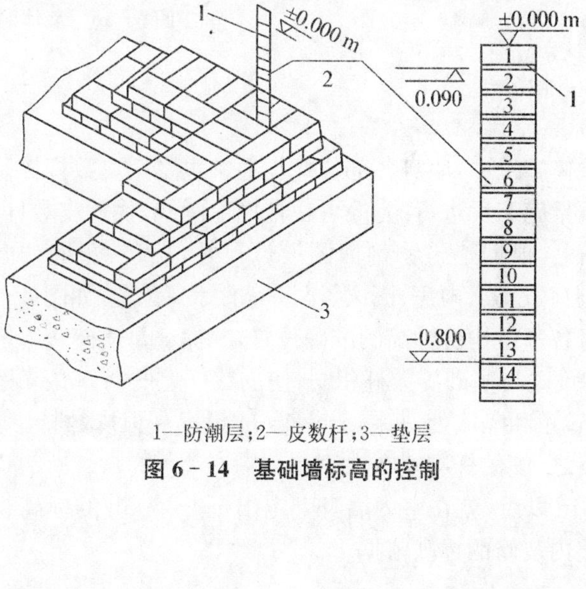

1—防潮层；2—皮数杆；3—垫层

图 6 - 14　基础墙标高的控制

② 立皮数杆时，先在立杆处打一木桩，用水准仪在木桩侧面定出一条高于垫层某一数值（如 100 mm）的水平线，然后将皮数杆上标高相同的一条线与木桩上的水平线对齐，并用大铁钉把皮数杆与木桩钉在一起，作为基础墙的标高依据。

（4）基础面标高的检查

基础施工结束后，应检查基础面的标高是否符合设计要求（也可检查防潮层）。可用水准仪测出基础面上若干点的高程和设计高程比较，允许误差为±10 mm。

4. 墙体施工测量

（1）墙体定位

① 利用轴线控制桩或龙门板上的轴线和墙边线标志，用经纬仪或拉细绳挂锤球的方法将轴线投测到基础面上或防潮层上。

② 用墨线弹出墙中线和墙边线。

③ 检查外墙轴线交角是否等于 90°。

④ 把墙轴线延伸并画在外墙基础上，如图 6－15 所示，主体施工后将遮盖基础顶面轴线，可以此作为向上投测轴线的依据。

⑤ 把门、窗和其他洞口的边线也在外墙基础上标定出来，如图 6－16 所示。

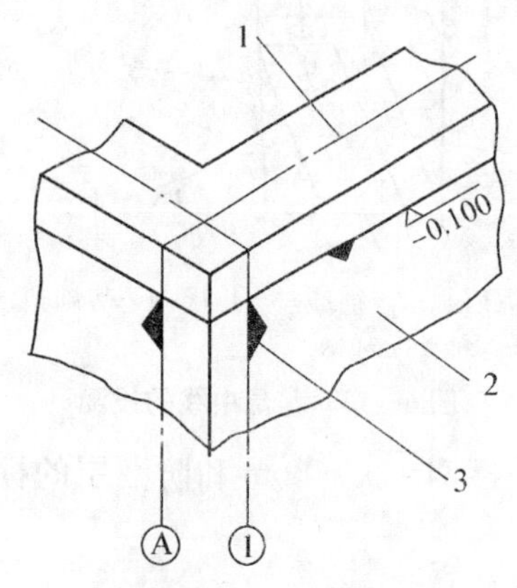

1—墙中心线；2—外墙基础；3—轴线

图 6－15　墙体定位

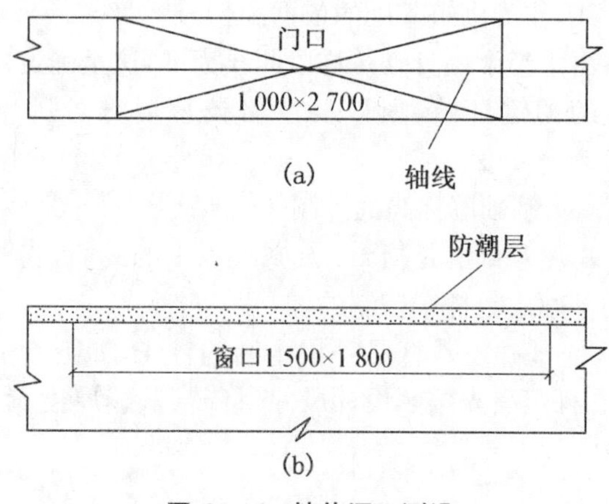

图 6－16　墙体洞口测设

（2）墙体各部位标高控制

若为砖混结构，墙体施工中，墙身各部位标高通常也是用皮数杆控制的。框架结构的民用建筑，墙体砌筑是在框架施工后进行的，故可在柱面上画线，代替皮数杆。

① 在墙身皮数杆上，根据建筑物剖面图设计尺寸，按砖、灰缝的厚度画出线条，并标明 0.000 m、窗台、门窗洞口、过梁、雨篷、圈梁、楼板等的标高位置，如图 6－17 所示。在墙体施工中，用皮数杆控制墙身各部位构件标高的准确位置，并保证每皮砖灰缝厚度均匀。

② 墙身皮数杆的设立与基础皮数杆相同，使皮数杆上的 0.000 m 标高与房屋的室内地坪标高相吻合。在墙的转角和隔墙处，每隔 10～15 m 设置一根皮数杆。若采用内脚手架施工，皮数杆应立在外侧；反之，皮数杆应立在内侧。

③ 在墙身砌起 1 m 以后，就在室内墙身上定出＋0.500 m 的标高线即 50 线，作为该层安装楼板、地面施工和室内装修的标高依据。

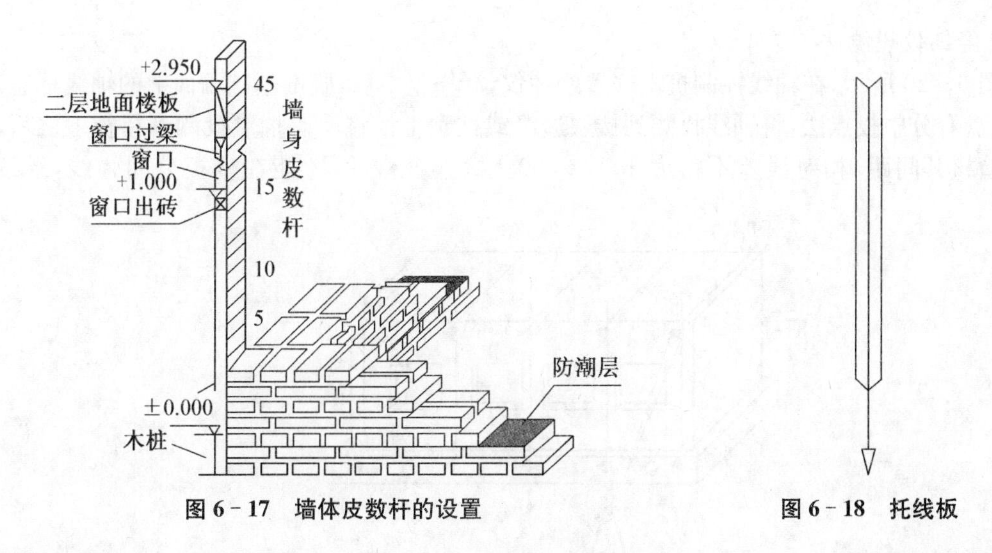

图 6－17　墙体皮数杆的设置　　　**图 6－18　托线板**

④ 第二层以上墙体施工中，为了使皮数杆在同一水平面上，要用水准仪测出楼板四角的标高，取平均值作为地坪标高，并以此作为立皮数杆的标志。

当精度要求较高时，可用钢尺沿墙身自±0.000 起向上直接丈量至楼板外侧，确定立杆标志。

知识拓展

墙的垂直度是用托线板来进行检查的。把托线板紧靠墙面，如果锤球线与板上的墨线不重合，就要对砖砌体的位置进行校正，如图 6－18 所示。

5. 建筑物的轴线投测

在多层建筑墙身砌筑过程中，为了保证建筑物轴线位置正确，可用吊锤球或经纬仪将轴线投测到各层楼板边缘或柱顶上。

(1) 吊锤球法

如图 6－19 所示，将较重的锤球悬吊在楼板或柱顶边缘，当锤球尖对准基础墙面上的轴线标志时，线在楼板或柱顶边缘的位置即为楼层轴线端点位置，并画出标志线。各轴线的端点投测完后，用钢尺检核各轴线的间距，符合要求后，继续施工，并把轴线逐层自下向上传递。

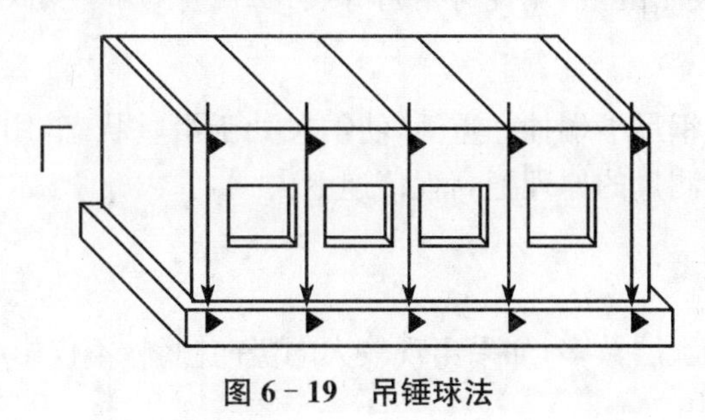

图 6－19　吊锤球法

吊锤球法简便易行，不受施工场地限制，一般能保证施工质量。但当有风或建筑物较高时，投测误差较大，应采用经纬仪投测法。

(2) 经纬仪投测法

如图 6－20 所示，在轴线控制桩上安置经纬仪，严格整平后，瞄准基础墙面上的轴线标志，用盘左、盘右分中投点法，将轴线投测到楼层边缘或柱顶上。将所有端点投测到楼板上之后，用钢尺检核其间距，相对误差不得大于 1/2 000。检查合格后，才能在楼板分间弹线，继续施工。

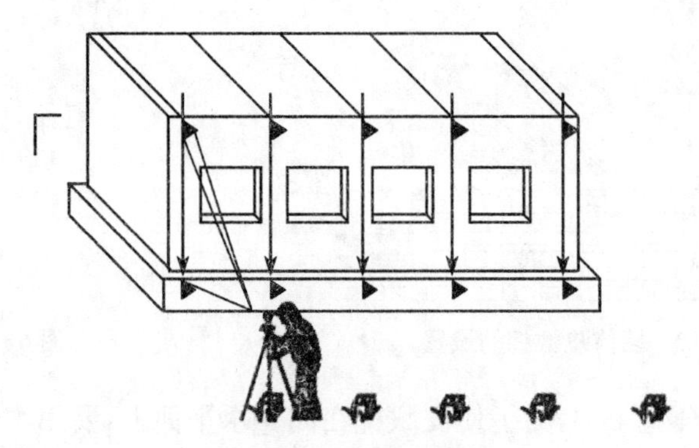

图 6－20 经纬仪投测法

6. 建筑物的高程传递

在多层建筑施工中，要由下层向上层传递高程，以便楼板、门窗口等的标高符合设计要求。高程传递的方法有以下几种：

(1) 利用皮数杆传递高程

一般建筑物可用墙体皮数杆传递高程。具体方法参照"墙体各部位标高控制"。

(2) 利用钢尺直接丈量

对于高程传递精度要求较高的建筑物，通常用钢尺直接丈量来传递高程。对于二层以上的各层，每砌高一层，就从楼梯间用钢尺从下层的"＋0.500 m"标高线，向上量出层高，测出上一层的"＋0.500 m"标高线。这样用钢尺逐层向上引测。

知识拓展

砖混结构中一般可以测设 50 线控制标高，为其他工种提供基准；剪力墙结构的钢筋混凝土墙也可以用扫平仪测设 1 m 线，测设时不用弯腰，但因窗台一般高 0.9 m，此处会有间断。

(3) 吊钢尺法

在楼梯间悬吊钢尺、钢尺下端挂一重锤，使钢尺处于沿垂状态，用水准仪在下面与上面楼层分别读数，然后按水准测量的原理把高程传递上去。

6.2.2 高层建筑施工测量

高层建筑由于高度大、层数多，如果出现较大的竖向倾斜，不仅影响建筑物的外观，而且直接影响房屋结构的承载力。

高层建筑物施工测量中的主要问题是控制垂直度，就是将建筑物的基础轴线准确地向高层引测，并保证各层相应轴线位于同一竖直面内，控制竖向偏差，使轴线向上投测的偏差值不超限。

轴线向上投测时，要求竖向误差在本层内不超过 5 mm，全楼累计误差值不应超过 $2H/10\,000$（H 为建筑物总高度），且不应大于：当 30 m$<H\leqslant$60 m 时，10 mm；当 60 m$<H\leqslant$90 m 时，15 mm；当 $H>$90 m 时，20 mm。

高层建筑物轴线的竖向投测，主要有外控法和内控法两种，下面分别介绍这两种方法。

1. 外控法

外控法是在建筑物外部，利用经纬仪，根据建筑物轴线控制桩来进行轴线的竖向投测，亦称作“经纬仪引桩投测法”。具体操作方法如下：

(1) 在建筑物底部投测中心轴线位置

高层建筑的基础工程完工后，将经纬仪安置在轴线控制桩 A_1、A_1'、B_1 和 B_1'上，把建筑物主轴线精确地投测到建筑物的底部，并设立标志，如图 6-21 中所示的 a_1、a_1'、b_1 和 b_1'，以供下一步施工与向上投测之用。

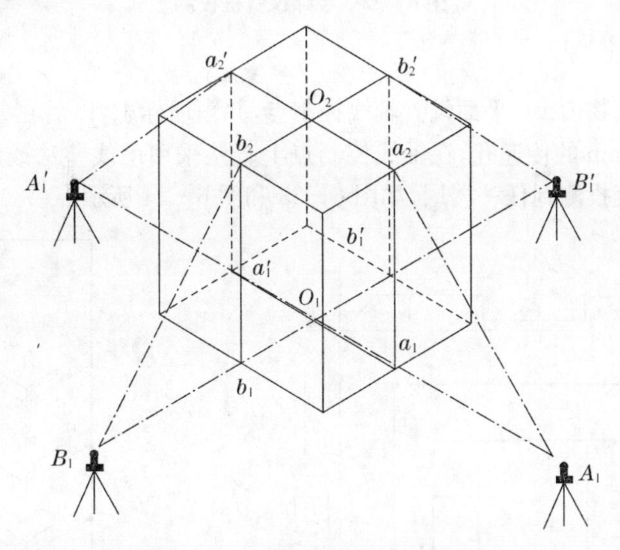

图 6-21　经纬仪投测中心轴线

(2) 向上投测中心线

随着建筑物不断升高，要逐层将轴线向上传递，如图 6-21 所示，将经纬仪安置在中心轴线控制桩 A_1、A_1'、B_1 和 B_1'上，严格整平仪器，用望远镜瞄准建筑物底部已标出的轴线 a_1、a_1'、b_1 和 b_1'点，用盘左和盘右分别向上投测到每层楼板上，并取其中点作为该层中心轴线的投影点，如图 6-21 中所示的 a_2、a_2'、b_2 和 b_2'。

(3) 增设轴线引桩

当楼房逐渐增高而轴线控制桩距建筑物又较近时，望远镜的仰角较大，操作不便，投测精度也会降低。为此，要将原中心轴线控制桩引测到更远的安全地方，或者附近大楼的屋面。

具体作法：将经纬仪安置在已经投测上去的较高层（如第十层）楼面轴线 $a_{10}a_{10}'$上，如图 6-22 所示，瞄准地面上原有的轴线控制桩 A_1 和 A_1'点，用盘左、盘右分中投点法，将轴线延长到远处的 A_2 和 A_2'点，并用标志固定其位置，A_2、A_2'即为新投测的 A_1A_1'轴控制桩。

更高各层的中心轴线，可将经纬仪安置在新的引桩上，按上述方法继续进行投测。

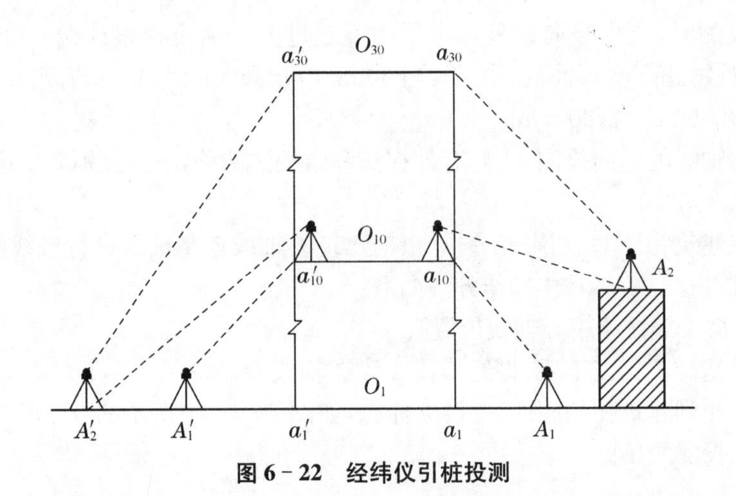

图 6－22　经纬仪引桩投测

2. 内控法

内控法是在建筑物内±0 平面设置轴线控制点，并预埋标志，以后在各层楼板相应位置上预留 200 mm×200 mm 的传递孔，在轴线控制点上直接采用吊线坠法或激光铅垂仪法，通过预留孔将其点位垂直投测到任一楼层，如图 6－23 和图 6－24 所示。

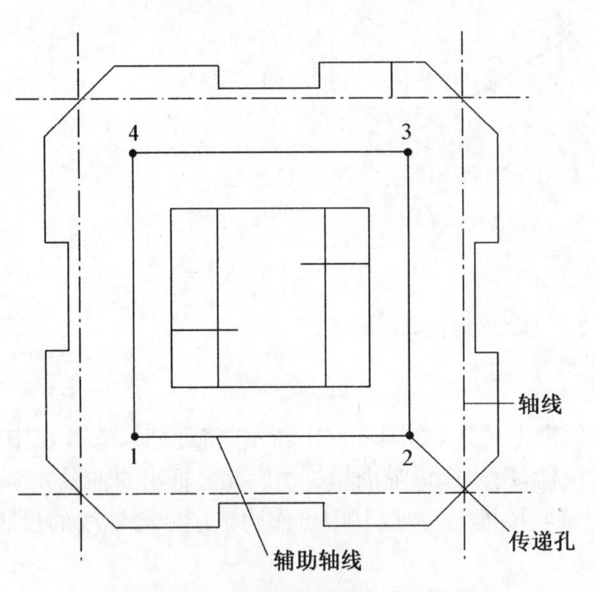

图 6－23　内控法轴线控制点的设置

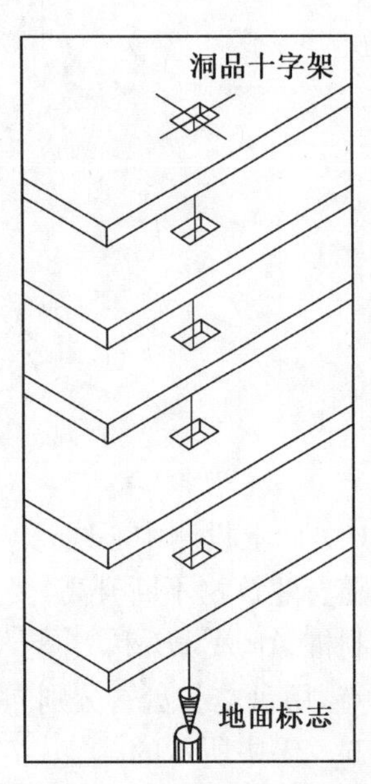

图 6－24　吊线坠法投测轴线

(1) 内控法轴线控制点的设置

在基础施工完毕后，在±0 首层平面上适当位置设置与轴线平行的辅助轴线。辅助轴线距轴线 500～800 mm 为宜，并在辅助轴线交点或端点处埋设标志，如图 6－23 所示。

(2) 吊线坠法

吊线坠法是利用钢丝悬挂重锤球的方法，进行轴线竖向投测。这种方法一般用于高度在 50～100 m 的高层建筑施工中，锤球的质量约为 10～20 kg，钢丝的直径约为 0.5～0.8 mm。

投测方法如下：如图 6－24 所示，在预留孔上面安置十字架，挂上锤球，对准首层预埋标志。当锤球线静止时,固定十字架,并在预留孔四周作出标记,作为以后恢复轴线及放样的依据。此时,十字架中心即为轴线控制点在该楼面上的投测点。

用吊线坠法实测时,要采取一些必要措施,如用铅直的塑料管套着坠线或将锤球沉浸于油中,以减少摆动。

(3) 激光铅垂仪法

高层建筑物轴线投测除按经纬仪引桩正倒镜分中投点法外,还可以利用天顶、天底准直法的原理进行竖向投测。

天顶准直法是使用能测设铅直向上方向的仪器,如激光铅垂仪、激光经纬仪或配有90°弯管目镜的经纬仪等。图6-25为激光铅垂仪进行轴线投测的示意图,用激光铅垂仪法投测过程如下:

① 在首层轴线控制点上安置激光铅垂仪,利用激光器底端(全反射棱镜端)所发射的激光束进行对中,通过调节基座整平螺旋,使管水准器气泡严格居中。

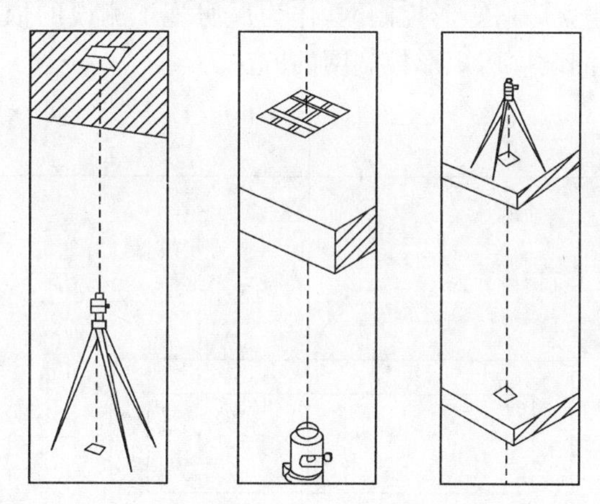

图6-25 激光铅垂仪进行轴线投测的示意图

② 在上层施工楼面预留孔处,放置接受靶。

③ 接通激光电源,启辉激光器发射铅直激光束,通过发射望远镜调焦,使激光束汇聚成红色耀目光斑,投射到接受靶上。

④ 移动接受靶,使靶心与红色光斑重合,固定接受靶,并在预留孔四周作出标记,此时,靶心位置即为轴线控制点在该楼面上的投测点。

工程导入

工业建筑种类繁多,例如钢铁厂建筑、机械制造厂建筑、精密仪表厂建筑、航空工厂建筑、造船厂建筑、水泥厂建筑、化工厂建筑、纺织厂建筑、火力发电厂建筑、水电站建筑和核电站建筑等。工业厂房按用途可分为生产厂房、辅助生产厂房、仓库、动力站,以及各种用途的建筑物和构筑物,如滑道、烟囱、料斗、水塔等;按生产特征可分为热加工厂房、冷加工厂房和洁净厂房等;按工业建筑的空间形式可分为单层厂房和多层厂房两类。

工业建筑中以厂房为主体,一般工业厂房多采用预制构件、在现场装配的方法施工。厂房的预制构件有柱子、吊车梁和屋架等。因此,工业建筑施工测量的工作主要是保证这些预制构件准确安装到位。具体任务为厂房控制网建立、柱列轴线以及柱基测设、厂房构件安装测量等。

6.3 工业建筑施工测量

6.3.1 工业厂房施工测量

工业厂房多采用预制构件、在现场装配的方法施工。厂房的预制构件有柱子、吊车梁和屋架等。因此，工业建筑施工测量的工作主要是保证这些预制构件安装到位。具体任务为厂房矩形控制网测设、厂房柱列轴线放样、杯形基础施工测量及厂房预制构件安装测量等。工业厂房排架结构见图 6－33。

1. 厂房矩形控制网测设

工业厂房一般都应建立厂房矩形控制网，作为厂房施工测设的依据。下面介绍根据建筑方格网、采用直角坐标法测设厂房矩形控制网的方法。

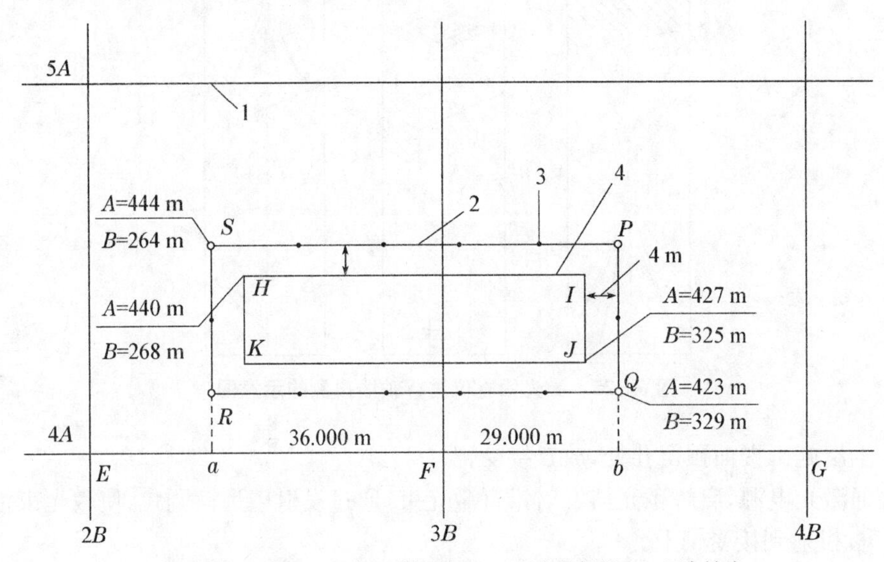

1—建筑方格网；2—厂房矩形控制网；3—距离指标桩；4—厂房轴线

图 6－26　厂房矩形控制网的测设

如图 6－26 所示，H、I、J、K 四点是厂房的房角点，从设计图中可知 H、J 两点的坐标。S、P、Q、R 为布置在基础开挖边线以外的厂房矩形控制网的四个角点，称为厂房控制桩。厂房矩形控制网的边线到厂房轴线的距离为 4 m，厂房控制桩 S、P、Q、R 的坐标可按厂房角点的设计坐标加减 4 m 算得。测设方法如下：

(1) 计算测设数据

根据厂房控制桩 S、P、Q、R 的坐标及图纸，计算利用直角坐标法进行测设时所需的测设数据，并将计算结果标注在图 6－26 中。

(2) 厂房控制点的测设

① 从 F 点起沿 FE 方向量取 36 m，定出 a 点；沿 FG 方向量取 29 m，定出 b 点。

② 在 a 与 b 上安置经纬仪，分别瞄准 E 与 F 点，顺时针方向测设 90°，得两条视线方向，沿

视线方向量取 23 m，定出 R、Q 点。再向前量取 21 m，定出 S、P 点。

③ 为了便于进行细部的测设，在测设厂房矩形控制网的同时，还应沿控制网测设距离指标桩，如图 6-26 所示，距离指标桩的间距一般等于柱子间距的整倍数。

(3) 检查

① 检查$\angle S$、$\angle P$是否等于 90°，其误差不得超过±10″。

② 检查 SP 是否等于设计长度，其误差不得超过 1/10 000。

以上这种方法适用于中小型厂房，对于大型或设备复杂的厂房，应先测设厂房控制网的主轴线，再根据主轴线测设厂房矩形控制网。

2. *厂房柱列轴线与柱基施工测量*

(1) 厂房柱列轴线测设

根据厂房平面图上所注的柱间距和跨距尺寸，用钢尺沿矩形控制网各边量出各柱列轴线控制桩的位置，如图 6-27 中的 1′、2′、…并打入大木桩，桩顶用小钉标出点位，作为柱基测设和施工安装的依据。丈量时应以相邻的两个距离指标桩为起点分别进行，以便检核。

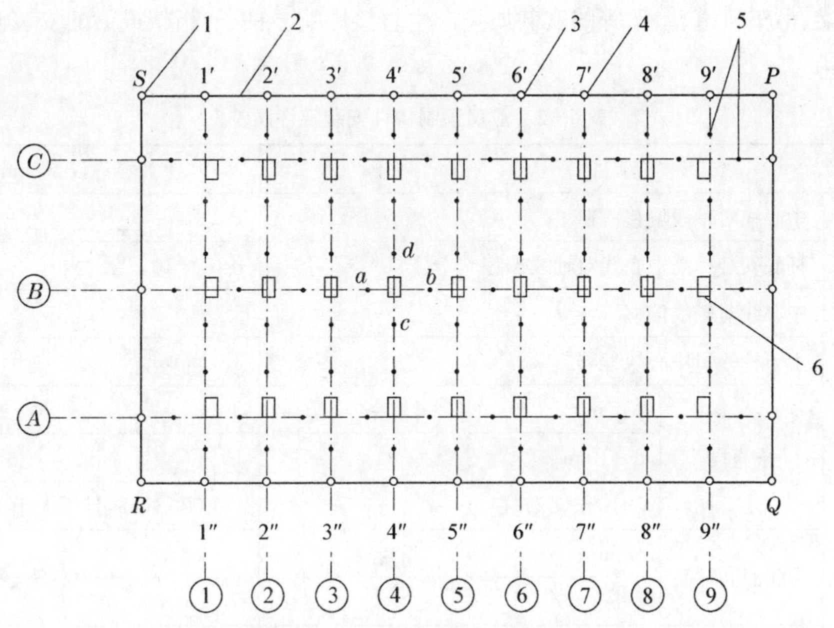

1—厂房控制桩；2—厂房矩形控制网；3—柱列轴线控制桩；4—距离指标桩；5—定位小木桩；6—柱基础

图 6-27　厂房柱列轴线和柱基测量

(2) 柱基定位和放线

① 安置两台经纬仪，在两条互相垂直的柱列轴线控制桩上，沿轴线方向交会出各柱基的位置(即柱列轴线的交点)，此项工作称为柱基定位。

② 在柱基的四周轴线上，打入四个定位小木桩 a、b、c、d，如图 6-27 所示，其桩位应在基础开挖边线以外、比基础深度大 1.5 倍的地方，作为修坑和立模的依据。

③ 按照基础详图所注尺寸和基坑放坡宽度，用特制角尺，放出基坑开挖边界线，并撒出白灰线以便开挖，此项工作称为基础放线。

④ 在进行柱基测设时，应注意柱列轴线不一定都是柱基的中心线，而一般立模、吊装等习

惯用中心线，此时，应将柱列轴线平移，定出柱基中心线。

(3) 柱基施工测量

① 基坑开挖深度的控制

当基坑挖到一定深度时，应在基坑四壁、离基坑底设计标高0.5 m处测设水平桩，作为检查基坑底标高和控制垫层的依据。

② 杯形基础立模测量

杯形基础立模测量有以下三项工作：

(A) 基础垫层打好后，根据基坑周边定位小木桩，用拉线吊锤球的方法，把柱基定位线投测到垫层上，弹出墨线，用红漆画出标记，作为柱基立模板和布置基础钢筋的依据。

(B) 立模时，将模板底线对准垫层上的定位线，并用锤球检查模板是否垂直。

(C) 将柱基顶面设计标高测设在模板内壁，作为浇灌混凝土的高度依据。

3. 厂房预制构件安装测量

在厂房构件安装中，首先应进行牛腿柱的安装，柱子安装质量的好坏对以后安装的其他构件，如吊车梁、吊车轨道、屋架等的安装质量产生直接影响。柱子、桁架或梁的安装测量容许误差见表6-2。

表6-2　厂房预制构件安装容许误差

<table>
<tr><th colspan="3">项目</th><th>容许误差/mm</th></tr>
<tr><td rowspan="2">杯形基础</td><td colspan="2">中心线对轴线偏移</td><td>10</td></tr>
<tr><td colspan="2">杯底安装标高中心线对轴线偏移</td><td>+0，−10</td></tr>
<tr><td rowspan="7">柱</td><td colspan="2">中心线对轴线偏移</td><td>5</td></tr>
<tr><td colspan="2">上下柱接口中心线偏移</td><td>3</td></tr>
<tr><td rowspan="3">垂直度</td><td>≤5 m</td><td>5</td></tr>
<tr><td>5～10 m</td><td>10</td></tr>
<tr><td>≥10 m多节柱</td><td>1/1 000柱高，且不大于20</td></tr>
<tr><td rowspan="2">牛腿面和柱高</td><td>≤5 m</td><td>+0，−5</td></tr>
<tr><td>>5 m</td><td>+0，−8</td></tr>
<tr><td rowspan="2">梁或吊车梁</td><td colspan="2">中心线对轴线偏移</td><td>5</td></tr>
<tr><td colspan="2">梁上表面标高</td><td>+0，−5</td></tr>
</table>

(1) 柱子安装测量

① 柱子安装应满足的基本要求

柱子中心线应与相应的柱列轴线一致，其允许偏差要求：

柱子中心线与相应的柱列之间的平面尺寸容许偏差为±5 mm。

牛腿顶面和柱顶面的实际标高与设计标高的允许误差，当柱高在5 m以下时为±5 mm，在5 m以上时为±8 mm。

柱身垂直允许误差，当柱高≤5 m时为±5 mm；当柱高在5～10 m时，为±10 mm；当柱高超过10 m时，则为柱高的1/1 000，但不得大于20 mm。

② 柱子安装前的准备工作

柱子安装前的准备工作有以下几项：

(A) 在柱基顶面投测柱列轴线

柱基拆模后，用经纬仪根据柱列轴线控制桩，将柱列轴线投测到杯口顶面上，如图 6－28 所示，并弹出墨线，用红漆画出"▶"标志，作为安装柱子时确定轴线的依据。如果柱列轴线不通过柱子的中心线，应在杯形基础顶面上加弹柱中心线。

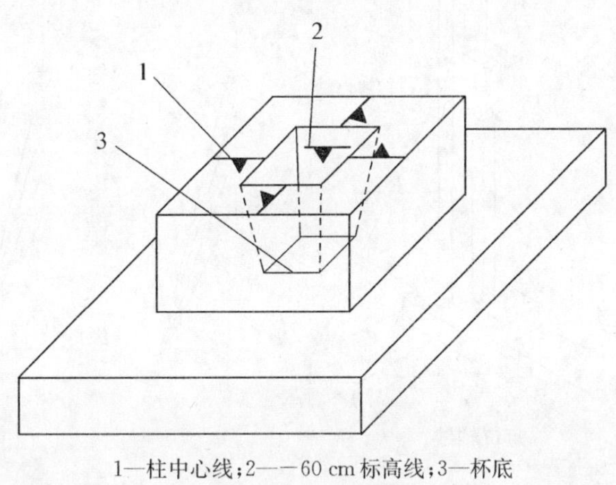

1—柱中心线；2—－60 cm 标高线；3—杯底

图 6－28　杯形基础

用水准仪，在杯口内壁测设一条一般为－0.600 m 的标高线（一般杯口顶面的标高为－0.500 m），并画出"▼"标志，如图 6－28 所示，作为杯底找平的依据。

(B) 柱身弹线

柱子安装前，应将每根柱子按轴线位置进行编号。如图 6－29所示，在每根柱子的三个侧面弹出柱中心线，并在每条线的上端和下端近杯口处画出"▶"标志。根据牛腿面的设计标高，从牛腿面向下用钢尺量出－0.600 m 的标高线，并画出"▼"标志。

(C) 杯底找平

先量出柱子的－0.600 m 标高线至柱底面的长度，再在相应的柱基杯口内，量出－0.600 m 标高线至杯底的高度，并进行比较，以确定杯底找平厚度。根据找平厚度，用水泥沙浆在杯底进行找平，使牛腿面符合设计高程。

③ 柱子的安装测量

柱子安装测量的目的是保证柱子平面和高程符合设计要求，柱身铅直。

(A) 预制的钢筋混凝土柱子插入杯口后，应使柱子三面的中心线与杯口中心线对齐，如图 6－30(a)所示，用木楔或钢楔临时固定。

(B) 柱子立稳后，立即用水准仪检测柱身上的±0.000 m

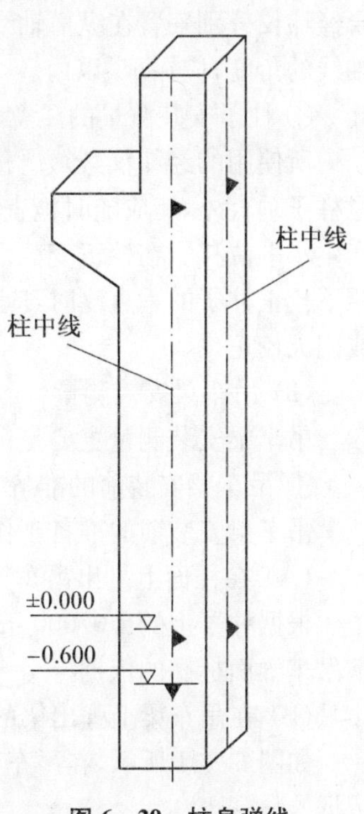

图 6－29　柱身弹线

标高线，其容许误差为±3 mm。

(C) 如图 6-30(a)所示，用两台经纬仪分别安置在柱基纵、横轴线上，离柱子的距离不小于柱高的 1.5 倍，先用望远镜瞄准柱底的中心线标志，固定照准部后，再缓慢抬高望远镜观察柱子偏离十字丝竖丝的方向，指挥用钢丝绳拉直柱子，直至从两台经纬仪中观测到的柱子中心线都与十字丝竖丝重合为止。

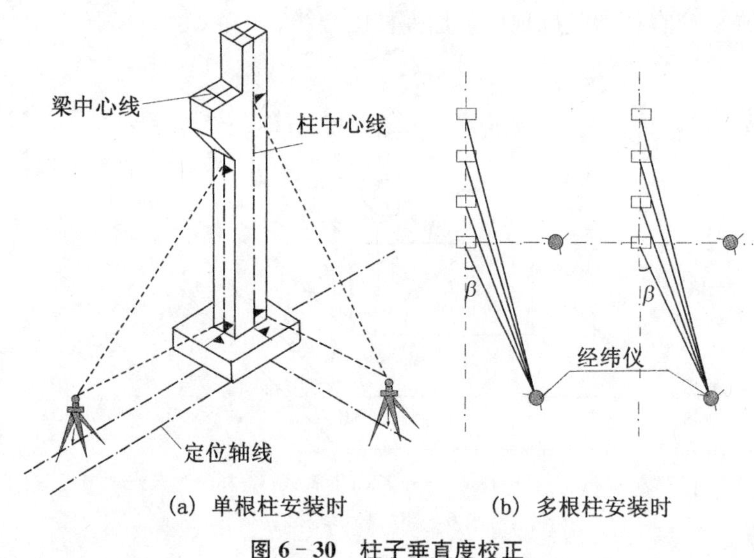

(a) 单根柱安装时 (b) 多根柱安装时

图 6-30 柱子垂直度校正

(D) 在杯口与柱子的缝隙中浇入混凝土，以固定柱子的位置。

(E) 在实际安装时，一般是一次把许多柱子都竖起来，然后进行垂直校正。这时，可把两台经纬仪分别安置在纵横轴线的一侧，一次可校正几根柱子，如图 6-30(b)所示，但仪器偏离轴线的角度，应在15°以内。

④ 柱子安装测量的注意事项

所使用的经纬仪必须严格校正，操作时，应使照准部水准管气泡严格居中。校正时，除注意柱子垂直外，还应随时检查柱子中心线是否对准杯口柱列轴线标志，以防柱子安装就位后，产生水平位移。在校正变截面的柱子时，经纬仪必须安置在柱列轴线上，以免产生差错。在日照下校正柱子的垂直度时，应考虑日照使柱顶向阴面弯曲的影响，为避免此种影响，宜在早晨或阴天校正。

(2) 吊车梁安装测量

吊车梁安装测量主要是保证吊车梁中线位置和吊车梁的标高满足设计要求。

① 吊车梁安装前的准备工作

吊车梁安装前的准备工作有以下几项：

(A) 在柱面上量出吊车梁顶面标高

根据柱子上的±0.000 m 标高线，用钢尺沿柱面向上量出吊车梁顶面设计标高线，作为调整吊车梁面标高的依据。

(B) 在吊车梁上弹出梁的中心线

如图 6-31 所示，在吊车梁的顶面和两端面上，用墨线弹出梁的中心线，作为安装定位的依据。

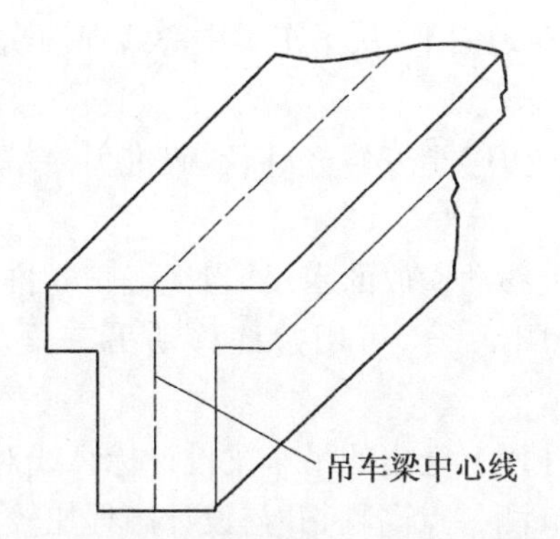

图 6-31　在吊车梁上弹出梁的中心

(C) 在牛腿面上弹出梁的中心线

根据厂房中心线，在牛腿面上投测出吊车梁的中心线，投测方法如下：

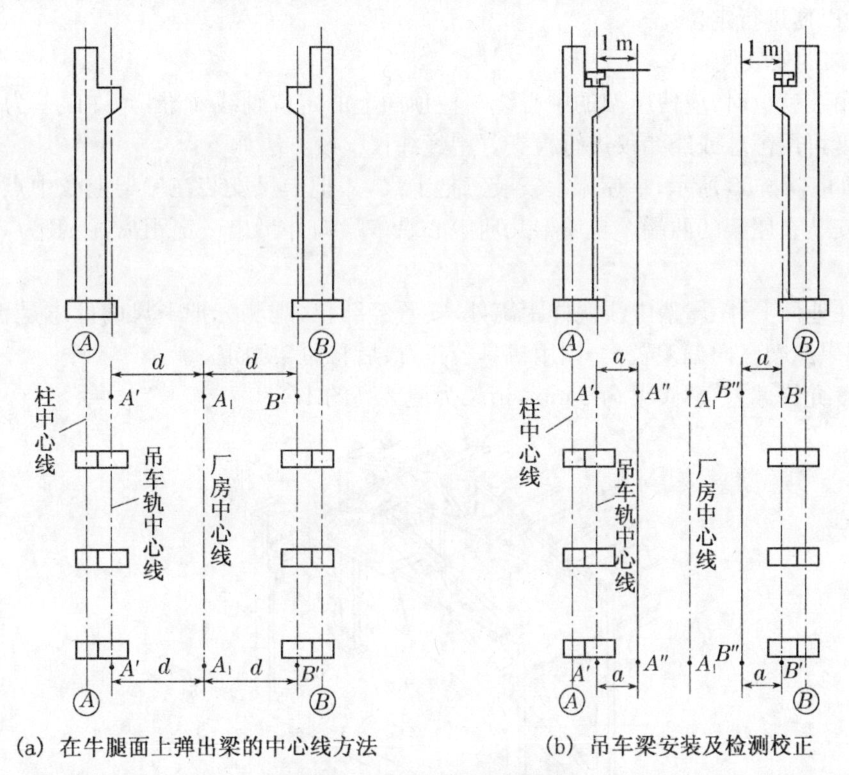

图 6-32　吊车梁的安装测量

如图 6-32(a)所示，利用厂房中心线 A_1A_1，根据设计轨道间距，在地面上测设出吊车梁中心线(也是吊车轨道中心线)$A'A'$ 和 $B'B'$。在吊车梁中心线的一个端点 A'(或 B')上安置经纬仪，瞄准另一个端点 A'(或 B')，固定照准部，抬高望远镜，即可将吊车梁中心线投测到每根柱子的牛腿面上，用墨线弹出梁的中心线。

② 吊车梁的安装测量

安装时，使吊车梁两端的梁中心线与牛腿面梁中心线重合，使吊车梁初步定位。采用平行线法，对吊车梁的中心线进行检测，校正方法如下：

(A) 如图 6-32(b)所示,在地面上,从吊车梁中心线向厂房中心线方向量出长度 a(1 m),得到平行线 $A''A''$和 $B''B''$。

(B) 在平行线一端点 A''(或 B'')上安置经纬仪,瞄准另一端点 A''(或 B''),固定照准部,抬高望远镜进行测量。

(C) 此时,另外一人在梁上移动横放的木尺,当视线正对准尺上一米刻划线时,尺的零点应与梁面上的中心线重合。如不重合,可用撬杠移动吊车梁,使吊车梁中心线到 $A''A''$(或 $B''B''$)的间距等于 1 m 为止。

吊车梁安装就位后,先按柱面上定出的吊车梁设计标高线对吊车梁面进行调整,然后将水准仪安置在吊车梁上,每隔 3 m 测一点高程,并与设计高程比较,误差应在 3 mm 以内。

(3) 屋架安装测量

① 屋架安装前的准备工作

屋架吊装前,用经纬仪或其他方法在柱顶面上测设出屋架定位轴线。在屋架两端弹出屋架中心线,以便进行定位。

② 屋架的安装测量

屋架吊装就位时,应使屋架的中心线与柱顶面上的定位轴线对准,允许误差为 5 mm。屋架的垂直度可用锤球或经纬仪进行检查。用经纬仪检校方法如下:

(A) 如图 6-33 所示,在屋架上安装三把卡尺,一把卡尺安装在屋架上弦中点附近,另外两把分别安装在屋架的两端。自屋架几何中心沿卡尺向外量出一定距离,一般为 500 mm,作出标志。

(B) 在地面上,距屋架中线同样距离处,安置经纬仪,观测三把卡尺的标志是否在同一竖直面内,如果屋架竖向偏差较大,则用机具校正,最后将屋架固定。

垂直度允许偏差:薄腹梁为 5 mm,桁架为屋架高的 1/250。

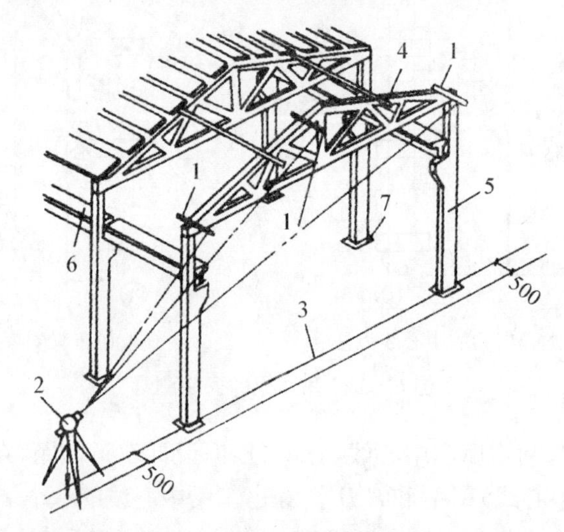

1—卡尺;2—经纬仪;3—定位轴线;4—屋架;5—柱;6—吊车梁;7—柱基

图 6-33 屋架的安装测量

6.3.2 烟囱、水塔施工测量

烟囱和水塔的施工测量相近似，现以烟囱为例加以说明。烟囱是截圆锥形的高耸构筑物，其特点是筒身中心线的垂直偏差对其整体稳定性影响很大。因此，烟囱施工测量的主要工作是控制烟囱筒身中心线的垂直度。

当烟囱高度 H 大于 100 m 时，筒身中心线的垂直偏差不应大于 $0.000\,5H$，烟囱圆环的直径偏差值不得大于 30 mm。

1. 烟囱的定位、放线

(1) 烟囱的定位

烟囱的定位主要是定出基础中心的位置。定位方法如下：

① 按设计要求，利用与施工场地已有控制点或建筑物的尺寸关系，在地面上测设出烟囱的中心位置 O(即中心桩)。

② 如图 6-34 所示，在 O 点安置经纬仪，任选一点 A 作为后视点，并在视线方向上定出 a 点，倒转望远镜，通过盘左、盘右分中投点法定出 b 和 B；然后，顺时针测设 90°，定出 d 和 D，倒转望远镜，定出 c 和 C，得到两条互相垂直的定位轴线 AB 和 CD。

③ A、B、C、D 四点至 O 点的距离为烟囱高度的 1～1.5 倍。a、b、c、d 是施工定位桩，用于修坡和确定基础中心，应设置在尽量靠近烟囱而不影响桩位稳固的地方。

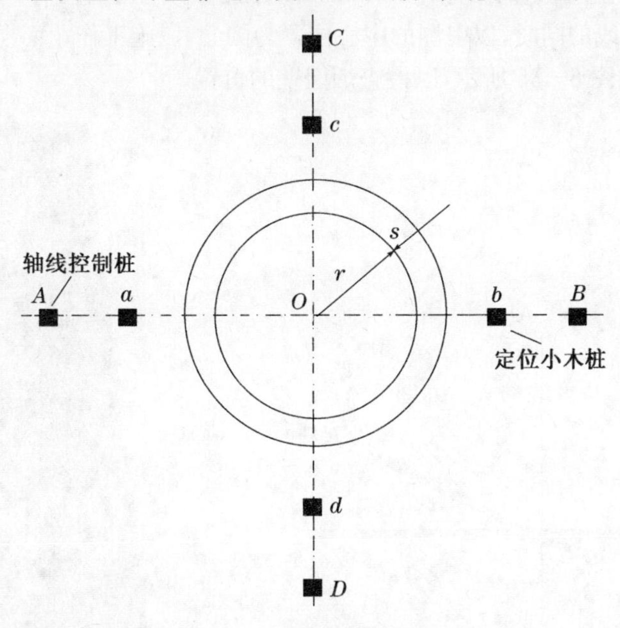

图 6-34 烟囱的定位、放线

(2) 烟囱的放线

以 O 点为圆心，以烟囱底部半径 r 加上基坑放坡宽度 s 为半径，在地面上用皮尺画圆，并撒出灰线，作为基础开挖的边线。

2. 烟囱的基础施工测量

(1) 当基坑开挖接近设计标高时，在基坑内壁测设水平桩，作为检查基坑底标高和打垫层的依据。

(2) 坑底夯实后，从定位桩拉两根细线，用锤球把烟囱中心投测到坑底，钉上木桩，作为垫层的中心控制点。

(3) 浇灌混凝土基础时，应在基础中心埋设钢筋作为标志，根据定位轴线，用经纬仪把烟囱中心投测到标志上，并刻上“十”字，作为施工过程中控制筒身中心位置的依据。

3. 烟囱筒身施工测量

(1) 引测烟囱中心线。在烟囱施工中，应随时将中心点引测到施工的作业面上。

(2) 在烟囱施工中，一般每砌一步架或每升一次模板，就应引测一次中心线，以检核该施工作业面的中心与基础中心是否在同一铅垂线上。引测方法如下：在施工作业面上固定一根枋子，在枋子中心处悬挂 8～12 kg 的锤球，逐渐移动枋子，直到锤球对准基础中心为止。此时，枋子中心就是该作业面的中心位置。

(3) 烟囱每砌筑完 10 m，必须用经纬仪引测一次中心线。引测方法如下：

如图 6-34 所示，分别在控制桩 A、B、C、D 上安置经纬仪，瞄准相应的控制点 a、b、c、d，将轴线点投测到作业面上，并作出标记。然后，按标记拉两条细绳，其交点即为烟囱的中心位置，并与锤球引测的中心位置比较，以作校核。烟囱的中心偏差一般不应超过砌筑高度的 1/1 000。

(4) 对于高大的钢筋混凝土烟囱，烟囱模板每滑升一次，就应采用激光铅垂仪进行一次烟囱的铅直定位。定位方法如下：在烟囱底部的中心标志上，安置激光铅垂仪，在作业面中央安置接收靶。在接收靶上，显示的激光光斑中心，即为烟囱的中心位置。

(5) 在检查中心线的同时，以引测的中心位置为圆心，以施工作业面上烟囱的设计半径为半径，用木尺画圆，如图 6-35 所示，以检查烟囱壁的位置。

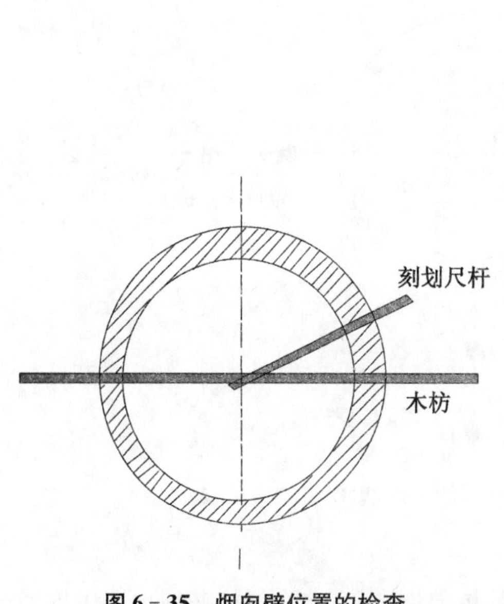

图 6-35　烟囱壁位置的检查

图 6-36　坡度靠尺板

(6) 烟囱外筒壁收坡控制

烟囱筒壁的收坡，是用靠尺板来控制的。靠尺板的形状如图 6-36 所示，靠尺板两侧的斜边应严格按设计的筒壁斜度制作。使用时，把斜边贴靠在筒体外壁上，若锤球线恰好通过下端缺口，说明筒壁的收坡符合设计要求。

（7）烟囱筒体标高的控制

一般是先用水准仪在烟囱底部的外壁上测设出＋0.500 m（或任一整分米数）的标高线。以此标高线为准，用钢尺竖直量距，来控制烟囱施工的高度。

工程导入

比萨斜塔，是意大利比萨城大教堂的独立式钟楼，比萨斜塔在建筑的过程中就已出现倾斜，原本是一个建筑败笔，却因祸得福成为世界建筑奇观，伽利略的自由落体实验更使其蜚声世界，成为世界著名旅游观光圣地，每天都吸引着成千上万的游客，因而它也是比萨市的经济支柱。奇迹广场上的大片草坪上散布着一组宗教建筑，它们是大教堂（建造于 1063 年—13 世纪）、洗礼堂（建造于 1153 年—14 世纪）、钟楼（即比萨斜塔）和墓园（建造于 1174 年），它们的外墙面均为乳白色大理石砌成，各自相对独立但又形成统一罗马式建筑风格。

比萨斜塔从地基到塔顶高 58.36 米，从地面到塔顶高 55 米，钟楼墙体在地面上的宽度是 4.09 米，在塔顶宽 2.48 米，总质量约 14 453 吨，重心在地基上方 22.6 米处。圆形地基面积为 285 平方米，对地面的平均压强为 497 千帕。倾斜约 10%，即 5.5 度，偏离地基外沿 2.3 米，顶层突出 4.5 米。

比萨大教堂钟楼的建造开始于 1173 年 8 月，但是 1178 年，当钟楼兴建到第 4 层时发现由于地基不均匀和土层松软，钟楼已经倾斜偏向东南方，工程曾间断了两次很长的时间，历经约二百年才完工。

1231 年，工程继续，第一次有记载钟楼使用了大理石。建造者采取各种措施修正倾斜，刻意将钟楼上层搭建成反方向的倾斜，以便补偿已经发生的重心偏离。1278 年，进展到第 7 层的时候，塔身不再呈直线形，而是为凹形。工程再次暂停。

1360 年，在停滞了差不多一个世纪后，钟楼向完工开始最后一个冲刺，并作了最后一次重要的修正。1372 年，摆放钟的顶层完工。54 米高的 8 层钟楼共有 7 口钟，但是由于钟楼时刻都有倒塌的危险而没有撞响过，而且一直不断地向下倾斜。

但随着时间的推移，斜塔倾斜角度的逐渐加大，到 20 世纪 90 年代，已濒于倒塌。1990 年 1 月 7 日，意大利政府关闭对游人的开放，1992 年成立比萨斜塔拯救委员会，向全球征集解决方案。

6.4　变形监测

6.4.1　变形观测概述

1. 建筑物的变形及其原因

（1）建筑物变形

建筑物变形是指建筑物在施工或使用过程中，由于某些因素的影响，而出现下沉、上升、倾斜、位移、裂缝及扭曲等现象。建筑物产生的变形会危及施工安全，影响建筑物的正常使用，甚至造成安全事故的发生。

(2) 建筑物产生变形的原因

① 地基本身的原因引起

地基的力学性能不稳定，如软弱地基、黏土、沙质等。

② 建筑物本身荷重、活荷载过大，结构、形式设计不合理引起

③ 外界因素引起

如台风、震动、地震、水淹等。

2. 变形观测的特点

(1) 测量精度高

一般位置精度为 1 mm，相对精度 1 ppm。

(2) 重复观测

测量时间跨度大，观测时间和重复周期取决于观测目的、变形量大小和速度。

(3) 严密数据处理方法

数据量大，变形量小，变形原因复杂。

(4) 变形资料提供快和准确

3. 变形测量的内容

变形测量的主要内容包括沉降观测、位移观测、挠度观测、裂缝观测和振动观测等。每一种建筑物的观测内容，应根据建筑物的具体情况和实际要求综合确定测量项目。变形测量方法与测量仪器的发展密切相关。目前，GPS 定位技术已经在区域性变形观测和大型工程变形监测中应用，并具有实时、连续、自动监测的优点，甚至与远程数据传输相结合，实现监测与决策智能化。

4. 外部变形观测基本方法

(1) 水准测量

(2) 三角高程测量

(3) 三角(边)测量，交会测量

(4) 导线测量

(5) 全站仪自动跟踪测量

5. 建筑物变形观测

(1) 建筑物的变形

建筑物的变形主要包括三个方面：沉降、水平位移和倾斜。

(2) 变形观测的任务

变形观测的主要任务是周期性地对设置在建筑物上的观测点进行重复观测，求得观测点位置的变化量，确定建筑物的变形趋势，以便采取相应措施。建筑物变形观测能否达到预定的目的要受很多因素的影响，其中最基本的因素是变形测量点的布设、变形观测的精度与频率。

变形测量点，宜分为基准点、工作基点和变形观测点。其布设应符合下列要求：

① 每个工程至少应有三个稳固可靠的点作为基准点。

② 工作基点应选在比较稳定的位置。对通视条件较好或观测项目较少的工程，可不设工作基点，在基准点上直接测定变形观测点。

③ 变形观测点应设立在变形体上能反映变形特征的位置。

6. 建筑物变形测量的等级与精度

变形观测的精度要求取决于某建筑物预计的允许变形值的大小和进行观测的目的，必须满足《工程测量规范》的要求，如表 6－3 所示。若为建筑物的安全监测，其观测中误差应小于允许变形值的 1/10～1/20；若是为了研究建筑物的变形过程和规律，则其中误差应比这个数值小得多，即精度要求要高得多。通常以当时能达到的最高精度作为标准来进行观测，但一般还是从工程实用出发，如对于钢筋混凝土结构、钢结构的大型连续生产的车间，通常要求观测工作能反映出 1 mm 的沉降量；对一般规模不大的厂房车间，要求能反映出 2 mm 的沉降量。因此，对于观测点高程的测定误差，应在±1 mm 以内。而为了科研目的，则往往要求达到±0.1 mm的精度。

为了达到变形观测的目的，应在工程建筑物的设计阶段，在调查建筑物地基负载性能、预估某些因素可能对建筑物带来影响的同时，就着手拟定变形观测的设计方案并立项，由施工者和测量者根据需要与可能确定施测方案，以便在施工时就将标志和设备埋置在变形观测的设计位置上，从建筑物开始施工就进行观测，一直持续到变形终止。每次变形观测前，对所使用的仪器和设备，应进行检验校正并作出详细的记录；每次变形观测时，应采用相同的观测路线和观测方法，使用同一仪器和设备，固定观测人员，并在基本相同的环境和条件下开展工作。

表 6－3　建筑变形测量的等级及其精度要求

变形测量等级	沉降观测	位移观测	适用范围
	观测点测站高差中误差/mm	观测点坐标中误差/mm	
特级	≤0.05	≤0.3	特高精度要求的特种精密工程和重要科研项目变形观测
一级	≤0.15	≤1.0	高精度要求的大型建筑物和科研项目变形观测
二级	≤0.50	≤3.0	中等精度要求的大型建筑物和科研项目变形观测；重要建筑物主体倾斜观测、场地滑坡观测
三级	≤1.50	≤10.0	低精度要求的建筑物变形观测；一般建筑物主体倾斜观测、场地滑坡观测

变形观测的频率，应根据建筑物、构筑物的特征、变形速率、观测精度要求和工程地质条件等因素综合考虑。观测过程中，可根据变形量的变化情况作适当的调整。对于平面和高程监测网，应定期检测。在建网初期，宜每半年检测一次；点位稳定后，检测周期可适当延长。当对变形成果发生怀疑时，应随时进行检核。

变形观测的内容主要有沉降观测、倾斜观测、裂缝和位移观测等。

6.4.2　建筑物沉降观测

建筑物的沉降是地基、基础和上层结构共同作用的结果。沉降观测就是测量建筑物上所设观测点与水准点之间的高差变化量。研究解决地基沉降问题和分析相对沉降是否有差异，以监视建筑物的安全。

1. 水准点和观测点的设置

建筑物的沉降观测是根据埋设在建筑物附近的水准点进行的，所以水准点的布设要把水准点的稳定、观测方便和精度要求综合起来考虑，合理地埋设。为了相互校核并防止由于个别水准点的高程变动造成差错，一般要布设三个水准点，它们应埋设在受压、受震范围以外，埋设深度在冻土线以下 0.5 m，才能保证水准点的稳定性，但又不能离观测点太远（不应大于 100 m），以便提高观测精度。

观测点的数目和位置应能全面反应建筑物沉降的情况，这与建筑物的大小、荷重、基础形式和地质条件有关。建筑物、构筑物的沉降观测点，应按设计图纸埋设。一般情况下，建筑物四角或沿外墙每隔 10～15 m 处或每隔 2～3 根柱基上布置一个观测点；另外在最容易变形的地方，如设备基础、柱子基础、裂缝或伸缩缝两旁、基础形式改变处、地质条件改变处等也应设立观测点；对于烟囱、水塔和大型储藏罐等高耸构筑物的基础轴线的对称部位，每一构筑物不得少于 4 个观测点。观测点的埋设要求稳固，通常采用角钢、圆钢或铆钉作为观测点的标志，并分别埋设在砖墙上、钢筋混凝土柱子上和设备基础上，如图 6-37 所示。

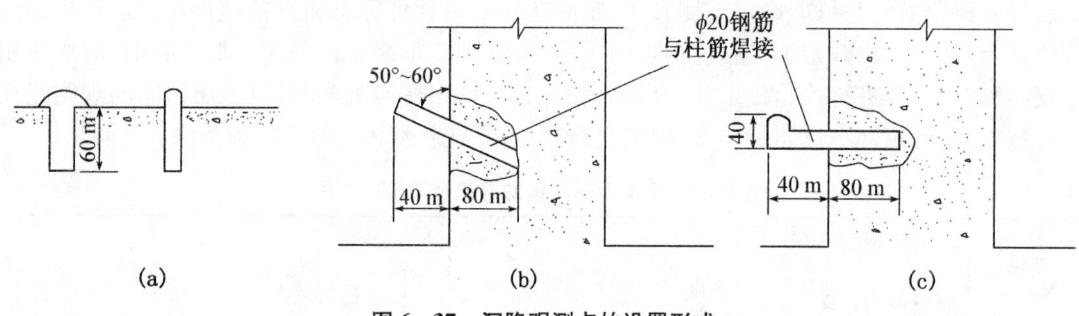

图 6-37　沉降观测点的设置形式

2. *观测时间、方法和精度要求*

施工过程中，一般在增加较大荷重前后，如基础浇灌、回填土、安装柱子和屋架、砌筑砖墙、安装吊车、设备运转等都要进行沉降观测。当基础附近地面荷重突然增加，周围大量积水及暴雨后，或周围大量挖方等均应观测，施工中如中途停工时间较长，应在停工时及复工前进行观测。工程完工后，应连续进行观测，观测时间的间隔可按沉降量的大小及速度而定，开始时可每隔 1～2 月观测一次，以每次沉降量在 5～10 mm 为限，否则要增加观测次数。以后随着沉降速度的减慢，再逐渐延长观测周期，直至沉降稳定为止。

水准点的高程须以永久性水准点为依据来精确测定。测定时应往返观测，并经常检查有无变动。对于重要厂房和重要设备基础的观测，要求能反映出 1～2 mm 的沉降量。因此，必须应用 S_1 级以上精密水准仪和精密水准尺进行往返观测，其观测的闭合差不应超过 ±0.6 mm（n 为测站数），观测应在成像清晰、稳定的时间内进行。对于一般厂房建筑物，精度要求可放宽些，可以使用四等水准测量的水准仪进行往返观测，观测闭合差应不超过 ±1.4 mm。

3. *沉降观测的成果整理*

(1) 整理原始记录

每次观测结束后，应检查记录的数据和计算是否正确，精度是否合格，然后调整高差闭合差，推算出各沉降观测点的高程，并填入“沉降观测表”（表 6-4）中。

(2) 计算沉降量

计算内容和方法如下：

① 计算各沉降观测点的本次沉降量

沉降观测点的本次沉降量=本次观测所得的高程－上次观测所得的高程 (6-4)

② 计算累积沉降量

累积沉降量=本次沉降量+上次累积沉降量 (6-5)

将计算出的沉降观测点本次沉降量、累积沉降量和观测日期、荷载情况等记入“沉降观测表”(表6-4)中。

表6-4 沉降观测记录手簿

日期	荷重/t	观测点											
		50			51			52			53		
		高程/m	沉降量/mm	累计沉降量/mm	高程/m	沉降量/mm	累计沉降量/mm	高程/m	沉降量/mm	累计沉降量/mm	高程/m	沉降量/mm	累计沉降量/mm
1986.1.10		44.624			44.522			44.652			44.666		
1986.2.10		44.621	3	3	44.519	3	3	44.651	1	1	44.661	5	5
1986.3.10	400	44.613	8	11	44.513	6	9	44.646	5	6	44.651	10	15
1986.4.10	800	44.603	10	21	44.505	8	17	44.644	2	8	44.643	8	23
1986.5.10		44.595	8	29	44.501	4	21	44.641	3	11	44.639	4	27
1986.6.10	1 200	44.589	6	35	44.497	4	25	44.635	6	17	44.638	1	28
1986.7.10		44.585	4	39	44.494	3	28	44.634	1	18	44.636	2	30
1986.8.10		44.582	3	42	44.492	2	30	44.631	3	21	44.635	1	31
1986.9.10		44.58	2	44	44.49	2	32	44.629	2	23	44.632	3	34
1986.10.10		44.577	3	47	44.488	2	34	44.626	3	26	44.627	5	39
1986.11.10		44.574	3	50	44.487	1	35	44.623	3	29	44.625	2	41
1986.12.10		44.572	2	52	44.486	1	36	44.622	1	30	44.623	2	43
1987.1.10		44.571	1	53	44.485	1	37	44.621	1	31	44.622	1	44
1987.2.10		44.57	1	54	44.485	0	37	44.62	1	32	44.621	1	45
1987.3.10													
1987.4.10		44.569	1	55	44.484	1	38	44.619	1	33	44.62	1	46
1987.6.10													
1987.8.10		44.569	0	55	44.484	0	38	44.619	0	33	44.62	0	46
1987.10.10													
1987.12.10		44.569	0	55	44.484	0	38	44.619	0	33	44.62	0	46

(3) 绘制沉降曲线

图6-38所示为沉降曲线图，沉降曲线分为两部分，即时间与沉降量关系曲线和时间与荷载关系曲线。

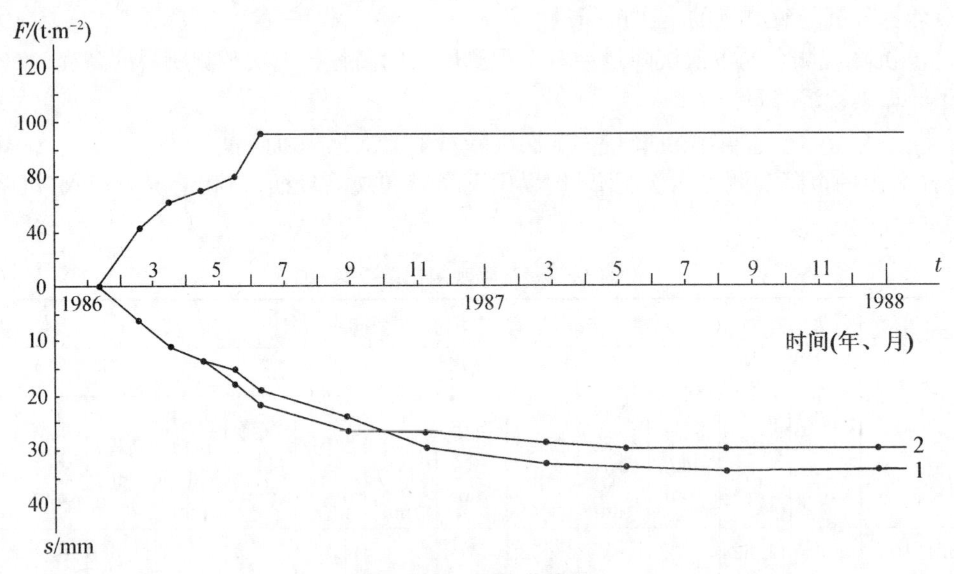

图 6-38　沉降曲线图

6.4.3　建筑物倾斜观测

基础不均匀的沉降将使建筑物倾斜，对于高大建筑物影响更大，严重的不均匀沉降会使建筑物产生裂缝甚至倒塌。因此，必须及时观测、处理，以保证建筑物的安全。根据建筑物高低和精度要求不同，倾斜观测可采用一般性投点法、倾斜仪观测法和激光铅垂仪法等。

1. 一般投点法

(1) 一般建筑物的倾斜观测

对需要进行倾斜观测的一般建筑物，要在几个侧面观测。如图 6-39 所示，在距离墙面大于墙高的地方选一点 A 安置经纬仪瞄准墙顶一点 M，向下投影得一点 M_1，并作标志。过一段时间，再用经纬仪瞄准同一点 M，向下投影得 M_2 点。若建筑物沿侧面方向发生倾斜，M 点已移位，则 M_1 点与 M_2 点不重合，于是量得水平偏移量 a。同时，在另一侧面也可测得偏移量 b，以 H 代表建筑物的高度，则建筑物的倾斜度为

$$i=\tan\alpha=\frac{\Delta D}{H}=\frac{\sqrt{a^2+b^2}}{H} \qquad (6-6)$$

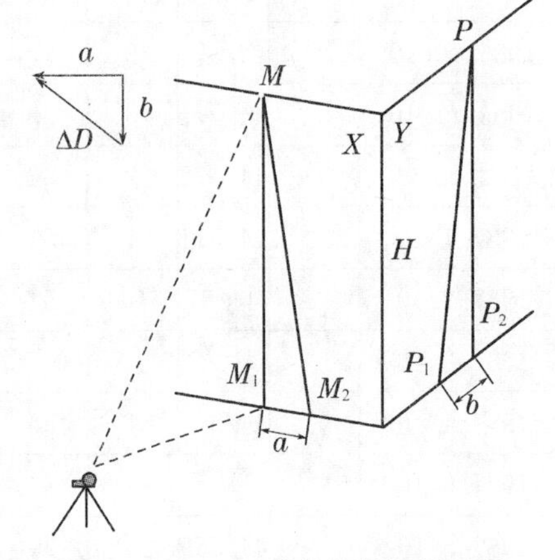

图 6-39　一般建筑物的倾斜观测

(2) 锥形建筑物的倾斜观测

当测定圆形建筑物，如烟囱、水塔等的倾斜度时，首先要求得顶部中心 O' 点对底部中心 O 点的偏心距，如图 6-40 中的 OO'。其做法如下：

如图 6-40 所示，在烟囱底部边沿平放一根标尺，在标尺的垂直平分线方向上安置经纬仪，使经纬仪距烟囱的距离不小于烟囱高度的 1.5 倍。用望远镜瞄准底部边缘两点 A、A' 及顶部边缘两点 B、B'，并分别投点到标尺上，设读数为 y_1、y_1' 和 y_2、y_2'，则烟囱顶部中心 O' 点对底部中心 O 点在 y 方向的偏心距：

$$\delta_y=(y_2+y_2')/2-(y_1+y_1')/2 \quad (6-7)$$

同法，再安置经纬仪及标尺于烟囱的另一垂直方向（方向），测得底部边缘和顶部边在标尺上投点读数为 x_1、x_1' 和 x_2、x_2'，则在 x 方向上的偏心距为

$$\delta_x=(x_2+x_2')/2-(x_1+x_1')/2 \quad (6-8)$$

烟囱的总偏心距为

$$\delta=\sqrt{(\delta_x^2+\delta_y^2)} \quad (6-9)$$

烟囱的倾斜方向为

$$\alpha_{oo'}=\arctan(\delta_y/\delta_x) \quad (6-10)$$

式中：α 为以 x 轴作为标准方向线所表示的方向角。

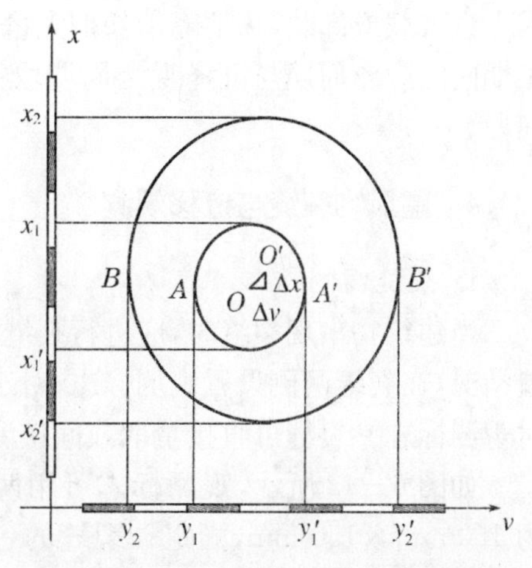

图 6-40　圆形建(构)筑物的倾斜观测

以上观测，要求仪器的水平轴应严格水平。因此，观测前仪器应进行检验与校正，使观测误差在允许误差范围以内，观测时应用正倒镜观测两次取其平均数。

(3) 建筑物基础倾斜观测

建筑物的基础倾斜观测一般采用精密水准测量的方法，定期测出基础两端点的沉降量差值 Δh，再根据两点间的距离 L，即可计算出基础的倾斜度。

对整体刚度较好的建筑物的倾斜观测，亦可采用基础沉降量差值，推算主体偏移值。如图 6-41所示，用精密水准测量测定建筑物基础两端点的沉降量差值 Δh，再根据建筑物的宽度 L 和高度 H，推算出该建筑物主体的偏移值 ΔD，即

$$\Delta D=\frac{\Delta h}{L}H \quad (6-11)$$

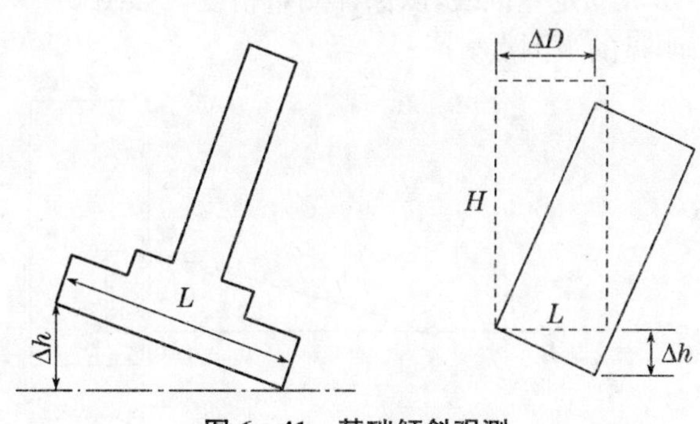

图 6-41　基础倾斜观测

2. 激光铅垂仪法

激光铅垂仪法是在顶部适当位置安置接收靶，在其垂线下的地面或地板上安置激光铅垂仪或激光经纬仪，按一定的周期观测，在接收靶上直接读取或量出顶部的水平位移量和位移方向。作业中仪器应严格置平、对中。

当建筑物立面上观测点数量较多或倾斜变形比较明显时，也可采用近景摄影测量的方法进行建筑物的倾斜观测。

建筑物倾斜观测的周期，可视倾斜速度的大小，每隔 1～3 个月观测一次。如遇基础附近

因大量堆载或卸载，场地降雨长期大量积水而导致倾斜速度加快时，应及时增加观测次数。施工期间的观测周期与沉降观测周期取得一致。倾斜观测应避开强日照和风荷载影响大的时间段。

6.4.4 建筑物裂缝与位移观测

1. 裂缝观测

当建筑物出现裂缝时，应进行裂缝变化的观测，并画出裂缝的分布图，根据观测裂缝的发展情况，在裂缝两侧设置观测标志；对于较大的裂缝，至少应在其最宽处及裂缝末端各布设一对观测标志。裂缝可直接量取或间接测定，分别测定其位置、走向、长度、宽度和深度的变化。

如图 6－42 所示，观测标志可用两块白铁皮制成，一片为 150 mm×150 mm，固定在裂缝的一侧，并使其一边和裂缝边缘对齐；另一片为 50 mm×200 mm，固定在裂缝的另一侧，并使其一部分紧贴在 150 mm×150 mm 的白铁皮上，两块白铁皮的边缘应彼此平行。标志固定好后，在两块白铁皮露在外面的表面涂上红色油漆，并写上编号和日期。标志设置好后如果裂缝继续发展，白铁皮将逐渐拉开，露出正方形白铁皮上没有涂油漆的部分，它的宽度就是裂缝加大的宽度，可以用尺子直接量出。

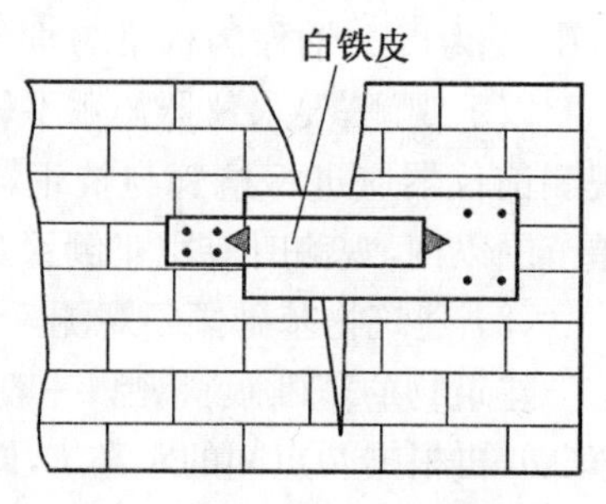

图 6－42 建筑物的裂缝观测

2. 位移观测

位移观测是根据平面控制点测定建筑物在平面上随时间而移动的大小及方向。首先，在建筑物纵横方向上设置观测点及控制点。控制点至少 3 个，且位于同一直线上，点间距离宜大于 30 m，埋设稳定标志，形成固定基准线，以保证测量精度。如图 6－43 所示，A、B、C 为控制点，M 为建筑物上牢固、明显的观测点。

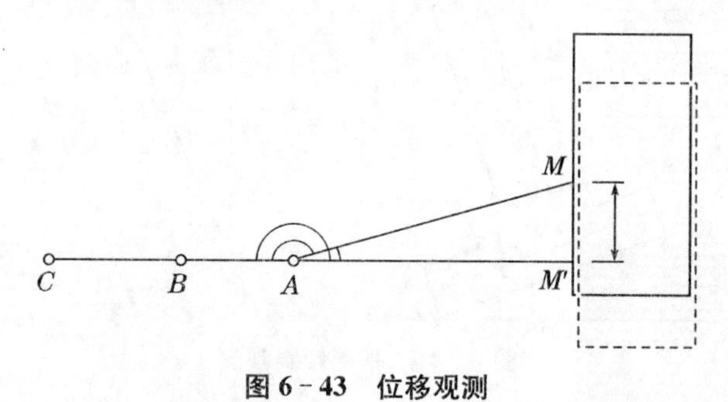

图 6－43 位移观测

水平位移观测可采用正倒镜投点的方法求出位移值，亦可用测水平角的方法。设在 A 点第一次所测角度为 β_1，第二次测得角度为 β_2，两次观测角度的差为

$$\Delta\beta=\beta_2-\beta_1 \tag{6-12}$$

则有建筑物的水平位移值为

$$\delta=D\times\frac{\Delta\beta}{\rho} \tag{6-13}$$

观测精度视需要而定，通常观测误差的容许值为±3 mm。

在测定大型工程建筑物的水平位移时，也可利用变形影响范围以外的控制点，用前方交会或后方交会法进行测定。

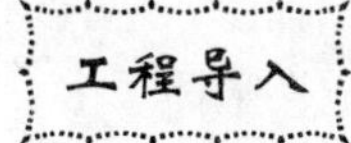

竣工测量不仅是验收和评价工程是否按设计施工的基本依据，更是工程交付使用后，进行管理、维修、改建及扩建的依据。因此，竣工图和竣工资料是国家基本建设工程的重要技术档案资料，必须按规定绘制和整理，并长期保存。为此，施工单位必须认真、负责做好这项工作，按照国家有关规定，编制所承包工程范围内的竣工文件材料。设计单位必须提供编制竣工图所需的施工图，配合施工单位完成编制竣工文件材料的任务。建设单位负责督促检查和验收，并汇总本单位和施工单位负责提供的竣工档案，按期报送各有关单位和档案部门。

6.5　竣工总平面图编绘

6.5.1　编制竣工总平面图的目的

工业与民用建筑工程是根据设计总平面图施工的。在施工过程中，由于种种原因，建(构)筑物竣工后的位置与原设计位置不完全一致，所以需要编绘竣工总平面图。

编制竣工总平面图一是为了全面反映竣工后的现状；二是为以后建(构)筑物的管理、维修、扩建、改建及事故处理提供依据；三是为工程验收提供依据。

竣工总平面图的编绘包括竣工测量和资料编绘两方面内容。

6.5.2　竣工测量

建(构)筑物竣工验收时进行的测量工作称为竣工测量。

在每一个单项工程完成后，必须由施工单位进行竣工测量，并提出该工程的竣工测量成果，作为编绘竣工总平面图的依据。

1. 竣工测量的内容

(1) 工业厂房及一般建筑物

测定各房角坐标、几何尺寸，各种管线进出口的位置和高程，室内地坪及房角标高，并附注房屋结构层数、面积和竣工时间。

(2) 地下管线

测定检修井、转折点、起终点的坐标，井盖、井底、沟槽和管顶等的高程，附注管道及检修井的编号、名称、管径、管材、间距、坡度和流向。

(3) 架空管线

测定转折点、结点、交叉点和支点的坐标，支架间距、基础面标高等。

(4) 交通线路

测定线路起终点、转折点和交叉点的坐标，路面、人行道、绿化带界线等。

(5) 特种构筑物

测定沉淀池的外形和四角坐标，圆形构筑物的中心坐标，基础面标高，构筑物的高度或深度等。

2. 竣工测量的方法与特点

竣工测量的基本测量方法与地形测量相似,区别在于以下几点:

(1) 图根控制点的密度

一般竣工测量图根控制点的密度,要大于地形测量图根控制点的密度。

(2) 碎部点的实测

地形测量一般采用视距测量的方法,测定碎部点的平面位置和高程;而竣工测量一般采用经纬仪测角、钢尺量距的极坐标法测定碎部点的平面位置,采用水准仪或经纬仪视线水平测定碎部点的高程。亦可用全站仪进行测绘。

(3) 测量精度

竣工测量的测量精度要高于地形测量的测量精度。地形测量的测量精度要求满足图解精度,而竣工测量的测量精度一般要满足解析精度,应精确至厘米。

(4) 测绘内容

竣工测量的内容比地形测量的内容更丰富。竣工测量不仅测地面的地物和地貌,还要测底下各种隐蔽工程,如上、下水及热力管线等。

6.5.3 竣工总平面图的编绘概述

1. 编绘竣工总平面图的依据

(1) 设计总平面图,单位工程平面图,纵、横断面图,施工图及施工说明。

(2) 施工放样成果,施工检查成果及竣工测量成果。

(3) 更改设计的图纸、数据、资料(包括设计变更通知单)。

2. 竣工总平面图的编绘方法

(1) 在图纸上绘制坐标方格网。绘制坐标方格网的方法、精度要求,与地形测量绘制坐标方格网的方法、精度要求相同。

(2) 展绘控制点。坐标方格网画好后,将施工控制点按坐标值展绘在图纸上。展点对所临近的方格而言,其容许误差为±0.3 mm。

(3) 展绘设计总平面图。根据坐标方格网,将设计总平面图的图面内容,按其设计坐标,用铅笔展绘于图纸上,作为底图。

(4) 展绘竣工总平面图。对凡按设计坐标进行定位的工程,应以测量定位资料为依据,按设计坐标(或相对尺寸)和标高展绘。对原设计进行变更的工程,应根据设计变更资料展绘。对凡有竣工测量资料的工程,若竣工测量成果与设计值之比差不超过所规定的定位容许误差,按设计值展绘;否则,按竣工测量资料展绘。

3. 竣工总平面图的整饰

(1) 竣工总平面图的符号应与原设计图的符号一致。有关地形图的图例应使用国家地形图图示符号。

(2) 对于厂房应使用黑色墨线,绘出该工程的竣工位置,并应在图上注明工程名称、坐标、高程及有关说明。

(3) 对于各种地上、地下管线,应用各种不同颜色的墨线,绘出其中心位置,并应在图上注明转折点及井位的坐标、高程及有关说明。

(4) 对于没有进行设计变更的工程,用墨线绘出的竣工位置,与按设计原图用铅笔绘出的设计位置应重合，但其坐标及高程数据与设计值比较可能稍有出入。

随着工程的进展，逐渐在底图上将铅笔线都绘成墨线。

4. 实测竣工总平面图

对于直接在现场指定位置进行施工的工程、以固定地物定位施工的工程及多次变更设计而无法查对的工程等，只好进行现场实测，这样测绘出的竣工总平面图，称为实测竣工总平面图。

拓展与实训

一、填空题

用高程为 24.397 m 的水准点，测设出高程为 25.000 m 的室内地坪±0.000，在水准点上水准尺的读数为 1.445 m，室内地坪处水准尺的读数应是________。

二、选择题

1. 根据工程设计图纸上待建的建筑物相关参数将其在实地标定出来的工作是(　　)。

A. 导线测量　　B. 测设　　C. 图根控制测量　　D. 采区测量

2. 施工放样的基本工作包括测设(　　)。

A. 水平角、水平距离与高程　　B. 水平角与水平距离

C. 水平角与高程　　D. 水平距离与高程

3. 在下列方法中，(　　)是点的平面位置测设方法。

A. 经纬仪测设法　　B. 极坐标法

C. 直角坐标法　　D. 水准仪测设法

E. 角度、距离交会法

4. 沉降观测宜采用(　　)方法。

A. 三角高程测量　　B. 水准测量或三角高程测量

C. 水准测量　　D. 等外水准测量

5. 沉降观测的特点是(　　)。

A. 一次性　　B. 周期性　　C. 随机性

6. 一般塔式建筑物的倾斜观测有(　　)。

A. 纵横轴线法　　B. 沉降量计算法　　C. 直接投影法

三、判断题

1. 变形观测只有基础沉降与倾斜观测。　　(　　)

2. 对高层建筑主要进行水平位移和倾斜观测。　　(　　)

四、名词解释

1. 沉降观测

2. 位移观测

五、简答题

1. 测设点的平面位置有哪几种方法？各适用于什么情况？

2. 建筑场地上水准点 A 的高程为 138.416 m，欲在待建房屋近旁的电杆上测设出±0 的标高，±0 的设计高程为 139.000 m。设水准仪在水准点 A 所立水准尺上的读数为 1.034 m，

试说明测设的方法。

3. 什么是变形测量？简述建筑物变形监测的目的与意义。

4. 变形测量的主要内容有哪些？

5. 建筑物变形的种类有哪些？变形测量的主要方法有哪些？

6. 简述变形观测精度确定的基本原则。

7. 简述变形监测周期的确定方法。

8. 变形监测点分哪几类？各有什么要求和作用？

9. 测量水平位移的常用方法有哪几种？

10. 简述倾斜观测的常用方法。

六、计算题

1. 设 A 点高程为 15.023 m，欲测设设计高程为 16.000 m 的 B 点，水准仪安置在 A、B 两点之间读得 A 尺读数 a=2.340 m。B 尺读数 b 为多少时，才能使尺底高程为 B 点高程？

2. 地面上 A 点的高程为 50.52 m，A、B 之间的水平距离为 120 m。现要求在 B 点打一木桩，使 A、B 两桩间的坡度为下坡 2%。试计算用水准仪测设 B 桩所需的数据。

3. 某项工程为开挖管槽，已知±0.000 设计标高为 44.600 m，槽底设计相对标高为 −1.700 m。现根椐已知水准点 A(H_a=44.039 m)测设距槽底 50 cm 的水平桩 B。

(1) 试求：B 点的绝对高程为多少？

(2) 用视线高法测设 B 点时，A 点尺读数 a=1.125，问：B 点尺的读数 b 为多少？

4. 已知 MN 的方位角为 $\alpha_{MN}=300°04'$；M 点的坐标 x_M=114.22 m，y_M=186.71 m；待定点 A 的坐标 x_A=142.34 m，y_A=185.00 m。若将仪器安置在 M 点，请计算用极坐标法测设 A 点所需的数据，并绘出测设示意图。

5. 设 A、B 为已知控制点，P 为欲测设点。各点坐标分别为

A 点：X_A=193.960 m，Y_A=65.798 m；

B 点：X_B=100.000 m，Y_B=100.000 m；

P 点：X_P=128.978 m，Y_P=107.765 m。

(1) 算出用角度交会法测设 P 点所需的放样数据。

(2) 试绘出测设略图。

6. 设已知点 A 的坐标 X_A=50.00 m，Y_A=60.00 m，AB 的方位角 $\alpha_{AB}=30°00'00''$。由设计图上查得 P 点的坐标 X_P=40.00 m，Y_P=100.00 m，求用极坐标法在 A 点用经纬仪测设 P 点的测设数据和测设的步骤。

7. 假设某建筑物室内地坪的高程为 50.000 m，附近有一水准点 BM2，其高程 H_2=49.680 m。现要求把该建筑物地坪高程测设到木桩 A 上。测量时，在水准点 BM2 和木桩 A 间安置水准仪，在 BM2 上立水准尺上，读得读数为 1.506 m。求测设 A 桩的所需的数据和测设步骤。

职业技能训练

1. 选定两个相互通视的平面控制点 A、B，查得其坐标值分别为 $A(x_A, y_A)$、$B(x_B、y_B)$。待测设点 P 坐标为 $P(x_P, y_P)$。根据 A、B 两点，用极坐标法测设 P 点，要求上交计算测设数据。

评分标准：教师检查其测设数据，角度和距离有错直接为不合格，不进入放样检核；记录操

作时间，最快的组 40 分，最慢的组 24 分但不得长于规定时间，其余按插值法计分；精度分满分 60 分，分别以 A 和 B 为测站点和后视点，用全站仪测定学生放样点坐标，其值与 (x_P, y_P) 相差 5 mm 内不扣分，5～10 mm 扣 5 分，10～15 mm 扣 10 分，15～20 mm 扣 15 分，20 mm 以上为不合格。

2. 选定两个相距不超过 100 m 的水准点 A、B，查得其高程分别为 H_A、H_B。待测设点 P 高程为 H_P。以 A 为后视点，在 A、B 之间指定桩侧标记出待放样高程。

评分标准：记录操作时间，最快的组 40 分，最慢的组 24 分但不得长于规定时间，其余按插值法计分；精度分满分 60 分，以 B 为后视点，用电子水准仪以“后—前—前—后”的观测程序测定 B 与学生放样点高差，两次测量高差之差绝对值不得大于 0.6 mm，以免影响成绩，以两次高差平均值为最终结果并计算学生放样点位高程，其值与 H_P 相差 1 mm 内不扣分，1～3 mm 扣 5 分，3～5 mm 扣 10 分，5～8 mm 扣 15 分，8 mm 以上为不合格。

3. 某工程沉降观测记录手簿如下表，对成果进行整理，并绘制沉降曲线。

日期	荷重/t	观测点											
		27			28			29			30		
		高程/m	沉降量/mm	累计沉降量/mm	高程/m	沉降量/mm	累计沉降量/mm	高程/m	沉降量/mm	累计沉降量/mm	高程/m	沉降量/mm	累计沉降量/mm
2012.1.15		43.258			43.437			43.359			43.623		
2012.2.15		43.253			43.434			43.356			43.621		
2012.3.15	600	43.245			43.43			43.351			43.612		
2012.4.15	1 200	43.238			43.425			43.347			43.608		
2012.5.15		43.234			43.419			43.342			43.601		
2012.6.15	1 600	43.229			43.413			43.338			43.596		
2012.7.15		43.226			43.41			43.335			43.593		
2012.8.15		43.223			43.406			43.332			43.591		
2012.9.15		43.221			43.403			43.33			43.588		
2012.10.15		43.219			43.401			43.327			43.587		
2012.11.15		43.217			43.399			43.325			43.586		
2012.12.15		43.216			43.398			43.323			43.584		
2013.1.15		43.215			43.396			43.322			43.583		
2013.2.15		43.214			43.395			43.321			43.582		
2013.3.15													
2013.4.15		43.213			43.394			43.321			43.581		
2013.6.15													
2013.7.15		43.213			43.394			43.321			43.581		
2013.10.15													
2013.12.15		43.213			43.394			43.321			43.581		

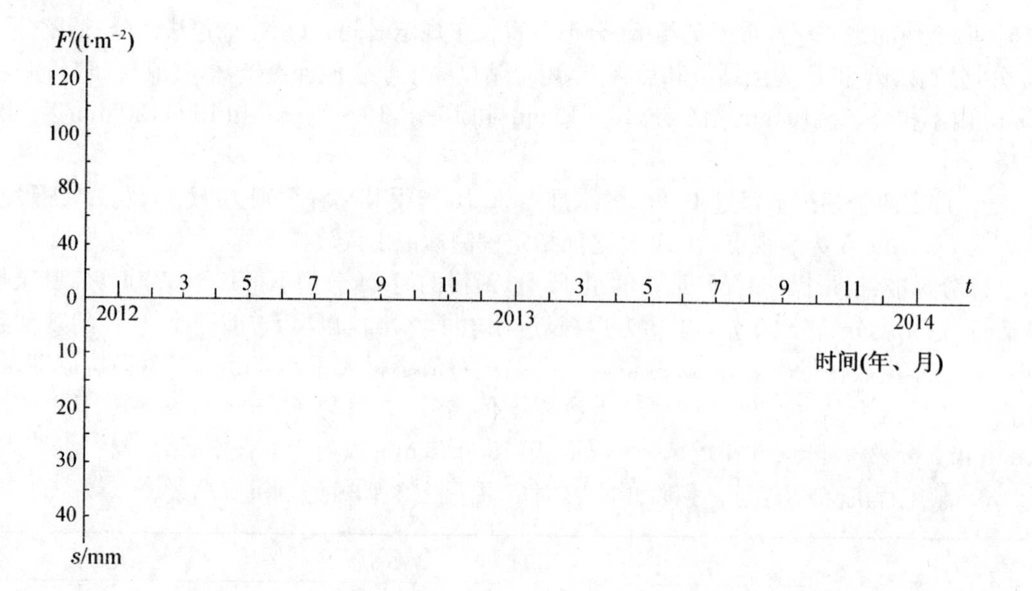
F/(t·m⁻²)
120
100
80
40
0
10
20
30
40
s/mm
2012
3
5
7
9
11
2013
3
5
7
9
11
2014
t
时间(年、月)

附录:《工程测量规范》(GB 50026—2007)节选

8 施工测量

8.1 一般规定

8.1.1 本章适用于工业与民用建筑、水工建筑物、桥梁及隧道的施工测量。

8.1.2 施工测量前,应收集有关测量资料,熟悉施工设计图纸,明确施工要求,制订施工测量方案。

8.1.3 大中型的施工项目,应先建立场区控制网,再分别建立建筑物施工控制网;小规模或精度高的独立施工项目,可直接布设建筑物施工控制网。

8.1.4 场区控制网,应充分利用勘察阶段的已有平面和高程控制网。原有平面控制网的边长,应投影到测区的主施工高程面上,并进行复测检查。精度满足施工要求时,可作为场区控制网使用。否则,应重新建立场区控制网。

8.1.5 新建立的场区平面控制网,宜布设为独立网。控制网的观测数据,不得进行高斯投影改化,可将观测边长归算到测区的主施工高程面上。

新建场区控制网,可利用原控制网中的点组(由三个或三个以上的点组成)进行定位。小规模场区控制网,也可选用原控制网中一个点的坐标和一条边的方位进行定位。

8.1.6 建筑物施工控制网,应根据场区控制网进行定位、定向和起算;控制网的坐标轴,应与工程设计所采用的主副轴线一致;建筑物的±0 高程面,应根据场区水准点测设。

8.1.7 控制网点,应根据设计总平面图和施工总布置图布设,并满足建筑物施工测设的需要。

8.2 场区控制测量

(Ⅰ)场区平面控制网

8.2.1 场区平面控制网,可根据场区的地形条件和建构筑物的布置情况,布设成建筑方格网、导线及导线网、三角形网或 GPS 网等形式。

8.2.2 场区平面控制网,应根据工程规模和工程需要分级布设。对于建筑场地大于1 km^2 的工程项目或重要工业区,应建立一级或一级以上精度等级的平面控制网;对于场地面积小于 1 km^2 的工程项目或一般性建筑区,可建立二级精度的平面控制网。

场区平面控制网相对于勘察阶段控制点的定位精度不应大于 5 cm。

8.2.3 控制网点位,应选在通视良好、质地坚硬、便于施测、利于长期保存的地点,并应埋设标石。标石的埋设深度,应根据地冻线和场地设计标高确定。

8.2.4 建筑方格网的建立,应符合下列规定:

1 建筑方格网测量的主要技术要求,应符合表 8.2.4-1 的规定。

表 8.2.4-1　建筑方格网的主要技术要求

等级	边长/m	测角中误差/(″)	边长相对中误差
一级	100～300	5	≤1/30 000
二级	100～300	8	≤1/20 000

2　方格网点的布设，应与建构筑物的设计轴线平行，并构成正方形或矩形格网。

3　方格网的测设，可采用布网法或轴线法。当采用布网法时，宜增测方格网的对角线；当采用轴线法时，长轴线的定位点不得少于3个，点位偏离直线应在180°±5″以内，格网直角偏差应在90°±5″以内，轴线交角的测角中误差不应大于2.5″。

4　方格网点应埋设顶面为标志板的标石，其规格见《工程测量规范》(GB 50026—2007)附录E。

5　方格网的水平角观测可采用方向观测法，其技术要求应符合表8.2.4-2的规定。

表 8.2.4-2　水平角观测的主要技术要求

等级	仪器型号	测角中误差/(″)	测回数	半测回归零差/(″)	一测回内2c互差/(″)	各测回方向较差/(″)
一级	1″级	5	2	≤6	≤9	≤6
	2″级	5	3	≤8	≤13	≤9
二级	2″级	8	2	≤12	≤18	≤12
	6″级	8	4	≤18	—	≤24

6　方格网的边长宜采用电磁波测距仪器往返观测各一测回，并应进行气象和仪器加、乘常数改正。

7　观测数据经平差处理后，应将测量坐标与设计坐标进行比较，确定归化数据，并在标石标志板上将点位归化至设计位置。

8　点位归化后，必须进行角度和边长的复测检查。角度偏差值，一级方格网不应大于90°±8″，二级方格网不应大于90°±12″；距离偏差值，一级方格网不应大于D/25 000，二级方格网不应大于D/15 000。(D为方格网的边长)

8.2.5　当采用导线及导线网作为场区控制网时，导线边长应大致相等，相邻边的长度之比不宜超过1∶3，其主要技术要求应符合表8.2.5的规定。

表 8.2.5　场区导线测量的主要技术要求

等级	导线长度/km	平均边长/m	测角中误差/(″)	测距相对中误差	测回数		方位角闭合差/(″)	导线全长相对闭合差
					2″级仪器	6″级仪器		
一级	2.0	100～300	5	1/30 000	3	—	$10\sqrt{n}$	≤1/15 000
二级	1.0	100～200	8	1/14 000	2	4	$16\sqrt{n}$	≤1/10 000

8.2.6　当采用三角形网作为场区控制网时，其主要技术要求应符合表8.2.6的规定。

表 8.2.6　场区三角形网测量的主要技术要求

等级	边长/m	测角中误差/(″)	测边相对中误差	最弱边边长相对中误差	测回数		三角形最大闭合差/(″)
					2″级仪器	6″级仪器	
一级	300～500	5	≤1/40 000	≤1/20 000	3	—	15
二级	100～300	8	≤1/20 000	≤1/10 000	2	4	24

8.2.7　当采用 GPS 网作为场区控制网时,其主要技术要求应符合表 8.2.7 的规定。

表 8.2.7　场区 GPS 网的主要技术要求

等级	边长/m	固定误差 A/mm	比例误差系数 B/mm·km^{-1}	边长相对中误差
一级	300～500	≤5	≤5	≤1/40 000
二级	100～300			≤1/20 000

8.2.8　场区导线网、三角形网及 GPS 网的其他技术要求,可按本规范第 3 章的有关规定执行。

(Ⅱ) 场区高程控制网

8.2.9　场区的高程控制网,应布设成闭合环线、附合路线或结点网。

8.2.10　大中型施工项目的场区高程测量精度,不应低于三等水准。其主要技术要求应按本规范第 4.2 节的有关规定执行。

8.2.11　场区水准点,可单独布置在场地相对稳定的区域,也可设置在平面控制点的标石上。水准点间距宜小于 1 km,距离建(构)筑物不宜小于 25 m,距离回填土边线不宜小于 15 m。

8.2.12　施工中,当少数高程控制点标石不能保存时,应将其高程引测至稳固的建(构)筑物上,引测的精度,不应低于原高程点的精度等级。

8.3　工业与民用建筑施工测量

(Ⅰ) 建筑物施工控制网

8.3.1　建筑物施工控制网,应根据建筑物的设计形式和特点,布设成十字轴线或矩形控制网。施工控制网的定位应符合本章 8.1.6 条的规定,民用建筑物施工控制网也可根据建筑红线定位。

8.3.2　建筑物施工平面控制网,应根据建筑物的分布、结构、高度和机械设备传动的连接方式、生产工艺的连续程度,分别布设一级或二级控制网。其主要技术要求应符合表 8.3.2 的规定。

表 8.3.2　建筑物施工平面控制网的主要技术要求

等　级	边长相对中误差	测角中误差
一级	≤1/30 000	$7''/\sqrt{n}$
二级	≤1/15 000	$15''/\sqrt{n}$

注:n 为建筑物结构的跨数。

8.3.3　建筑物施工平面控制网的建立,应符合下列规定:

1　控制点应选在通视良好、利于长期保存、便于施工放样的地方。

2　控制网加密的指示桩,宜选在建筑物行列线或主要设备中心线方向上。

3　主要的控制网点和主要设备中心线端点应埋设固定标桩。

4　控制网轴线起始点的定位误差,不应大于 2 cm;两建筑物(厂房)间有联动关系时,不应大于 1 cm,定位点不得少于 3 个。

5　水平角观测的测回数,应根据表 8.3.2 中测角中误差的大小,按表 8.3.3 选定。

表 8.3.3　水平角观测的测回数

仪器等级	测角中误差				
	2.5″	3.5″	4.0″	5″	10″
1″级	4	3	2	—	—
2″级	6	5	4	3	1
6″级	—	—	—	4	3

6　矩形网的角度闭合差不应大于测角中误差的4倍。

7　边长测量宜采用电磁波测距的方法，其主要技术要求应符合本规范表3.3.18的规定。当采用钢尺量距时，一级网的边长应两测回测定；二级网的边长一测回测定。长度应进行温度、坡度和尺长改正。钢尺量距的主要技术要求应符合本规范表3.3.21的规定。

8　矩形网应按平差结果进行实地修正，调整到设计位置。当增设轴线时，可采用现场改点法进行配赋调整；点位修正后，应进行矩形网角度的检测。

8.3.4　建筑物的围护结构封闭前，应根据施工需要将建筑物外部控制转移至内部。内部的控制点，宜设置在浇筑完成的预埋件上或预埋的测量标板上。引测的投点误差，一级不应超过2 mm，二级不应超过3 mm。

8.3.5　建筑物高程控制，应符合下列规定：

1　建筑物高程控制应采用水准测量。符合路线闭合差不应低于四等水准的要求。

2　水准点可设置在平面控制网的标桩或外围的固定地物上，也可单独埋设。水准点的个数不应少于2个。

3　当场地高程控制点距离施工建筑物小于200 m时，可直接利用。

8.3.6　当施工中高程控制点标桩不能保存时，应将其高程引测至稳固的建筑物或构筑物上，引测的精度不应低于四等水准。

（Ⅱ）建筑物施工放样

8.3.7　建筑物施工放样，应具备下列资料：

1　总平面图；

2　建筑物的设计与说明；

3　建筑物的轴线平面图；

4　建筑物的基础平面图；

5　设备的基础图；

6　土方的开挖图；

7　建筑物的结构图；

8　管网图；

9　场区控制点坐标、高程及点位分布图。

8.3.8　放样前，应对建筑物施工平面控制网和高程控制点进行检核。

8.3.9　测设各工序间的中心线，宜符合下列规定：

1　中心线端点，应根据建筑物施工控制网中相邻的距离指标桩以内分法测定；

2　中心线投点，测角仪器的视线应根据中心线两端点决定；当无可靠校核条件时，不得采用测设直角的方法进行投点。

8.3.10　在施工的建(构)筑物外围，应建立线板或控制桩。线板应注记中心线编号，并测设标高。线板和控制桩应注意保存，必要时，可将控制轴线标示在结构的外表面上。

8.3.11　建筑物施工放样，应符合下列要求：

1　建筑物施工放样的偏差，不应超过表8.3.11的规定。

表 8.3.11　建筑物施工放样的允许偏差

项目	内容		允许偏差/mm
基础桩位放样	单排桩或群桩中的边桩		±10
	群桩		±20
各施工层上放线	外廓主轴线长度 L/m	$L \leqslant 30$	±5
		$30 < L \leqslant 60$	±10
		$60 < L \leqslant 90$	±15
		$L > 90$	±20
	细部轴线		±2
	承重墙、梁、柱边线		±3
	非承重墙边线		±3
	门窗洞口线		±3
轴线竖向投测	每层		3
	总高 H/m	$H \leqslant 30$	5
		$30 < H \leqslant 60$	10
		$60 < H \leqslant 90$	15
		$90 < H \leqslant 120$	20
		$120 < H \leqslant 150$	25
		$H > 150$	30
标高竖向传递	每层		±3
	总高 H/m	$H \leqslant 30$	±5
		$30 < H \leqslant 60$	±10
		$60 < H \leqslant 90$	±15
		$90 < H \leqslant 120$	±20
		$120 < H \leqslant 150$	±25
		$H > 150$	±30

2　施工层标高的传递,宜采用悬挂钢尺代替水准尺的水准测量方法并应进行温度、尺长和拉力改正。

传递点的数目,应根据建筑物的大小和高度确定。规模较小的工业建筑或多层民用建筑宜从两处向上传递,规模较大的工业建筑或高层民用建筑宜从 3 处向上传递。

传递的标高校差小于 3 mm 时,可取其平均值作为施工层的标高基准,否则,应重新传递。

3　施工层的轴线投测,宜使用 2 秒级激光经纬仪或激光铅直仪进行,控制轴线投测至施工层后,应在结构平面上按闭合图形对投测轴线进行校核。合格后,才能进行本施工层上的其他测设工作;否则,应重新进行投测。

4　施工的垂直度测量精度,应根据建筑物的高度、施工的精度要求、现场观测条件和垂直度测量设备等综合分析确定,但不应低于轴线竖向投测的精度要求。

5　大型设备基础浇筑过程中,应及时监测。当发现位置及标高与施工要求不符时,应立即通知施工人员,及时处理。

8.3.12 结构安装测量的精度,应分别满足下列要求:

1 柱子、桁架或梁安装测量的偏差,不应超过表 8.3.12-1 的规定。

表 8.3.12-1 柱子、桁架或梁安装测量的允许偏差

测量内容		允许偏差/mm
钢柱垫板标高		±2
钢柱±0 标高检查		±2
混凝土柱(预制)±0 标高检查		±3
柱子垂直度检查	钢柱牛腿	5
	柱高 10 m 以内	10
	柱高 10 m 以上	$H/1\,000 \leqslant 20$
桁架和实腹梁、桁架和钢架的支承结点间相邻高差的偏差		±5
梁间距		±3
梁面垫板标高		±2

注:H 为柱子高度。

2 构件预装测量的偏差,不应超过表 8.3.12-2 的规定。

表 8.3.12-2 构件预装测量的允许偏差

测量内容	测量的允许偏差/mm
平台面抄平	±1
纵横中心线的正交度	$\pm 0.8\sqrt{l}$
预装过程中的抄平工作	±2

注:l 为自交点起算的横向中心线长度的米数。长度不足 5 m 时,以 5 m 计。

3 附属构筑物安装测量的偏差,不应超过表 8.3.12-3 的规定。

表 8.3.12-3 附属构筑物安装测量的允许偏差

测量项目	测量的允许偏差/mm
栈桥和斜桥中心线的投点	±2
轨面的标高	±2
轨道跨距的丈量	±2
管道构件中心线的定位	±5
管道标高的测量	±5
管道垂直度的测量	$H/1\,000$

注:H 为管道垂直部分的长度。

8.3.13 设备安装测量的主要技术要求,应符合下列规定:

1 设备基础竣工中心线必须进行复测,两次测量的较差不应大于5 mm。

2 对于埋设有中心标板的重要设备基础,其中心线应由竣工中心线引测,同一中心标点的偏差不应超过±1 mm。纵横中心线应进行正交度的检查,并调整横向中心线。同一设备基准中心线的平行偏差或同一生产系统的中心线的直线度应在±1 mm以内。

3 每组设备基础均应设立临时标高控制点。标高控制点的精度,对于一般的设备基础,其标高偏差应在±2 mm以内;对于与传动装置有联系的设备基础,其相邻两标高控制点的标高偏差应在±1 mm以内。

9 竣工总图的编绘与实测

9.1 一般规定

9.1.1 工业与民用建筑工程、桥梁、隧道、大坝等工程项目施工完成后,应根据工程需要编绘或实测竣工总图。竣工总图,宜采用数字竣工图。

9.1.2 竣工总图的比例尺,宜选用1∶500;坐标系统、图幅大小、图上注记、线条规格,应与原设计图一致;图例符号,应采用现行的国家标准《总图制图标准》GB/T 50103。

9.1.3 竣工总图应根据设计和施工资料进行编绘。当资料不全无法编绘时,应进行实测。

9.1.4 竣工总图编绘完成后,应经原设计及施工单位技术负责人审核、会签。

9.2 竣工总图的编绘

9.2.1 竣工总图的编绘,应收集下列资料:

1 总平面布置图;

2 施工设计图;

3 设计变更文件;

4 施工检测记录;

5 竣工测量资料;

6 其他相关资料。

9.2.2 编绘前,应对所收集的资料进行实地对照检核。不符之处,应实测其位置、高程及尺寸。

9.2.3 竣工总图的编绘,应符合下列规定:

1 竣工总图,应与竣工项目的实际位置、轮廓形状相一致;

2 地下管道及隐蔽工程,应根据回填前的实测坐标和高程记录进行编绘;

3 施工中,应根据施工情况和设计变更文件及时编绘;

4 对实测的变更部分,应按实测资料绘制;

5 当平面布置改变超过图上面积1/3时,不宜在原施工图上修改和补充,应重新编制。

9.2.4 竣工编绘总图的绘制,应符合下列规定:

1 应绘出地面的建(构)筑物、道路、铁路、地面排水沟渠、树木及绿化地等;

2 矩形建(构)筑物的外墙角,应注明两个以上点的坐标;

3 圆形建(构)筑物,应注明中心坐标及接地外半径;

4 主要建筑物,应注明室内地坪高程。

10 变形监测

10.1 一般规定

10.1.1 本章适用于工业与民用建(构)筑物、建筑场地、地基基础、水工建筑物、地下工程建构筑物、桥梁、滑坡等的变形监测。

10.1.2 重要的工程建(构)筑物,在工程设计时,应对变形监测的内容和范围作出统筹安排。首次观测,应获取监测体初始状态的观测数据。

10.1.3 变形监测的等级划分及精度要求,应符合表 10.1.3 的规定。

表 10.1.3 变形监测的等级划分及精度要求

等级	垂直位移监测		水平位移监测	适用范围
	变形观测点的高程中误差/mm	相邻变形观测点的高差中误差/mm	变形观测点的点位中误差/mm	
一等	0.3	0.1	1.5	变形特别敏感的高层建筑、高耸构筑物、工业建筑、重要古建筑、大型坝体、精密工程设施、特大型桥梁、大型直立岩体、大型坝区地壳变形监测等
二等	0.5	0.3	3.0	变形比较敏感的高层建筑、高耸构筑物、工业建筑、古建筑、特大型和大型桥梁、大中型坝体、直立岩体、高边坡、重要工程设施、重大地下工程、危害性较大的滑坡监测等
三等	1.0	0.5	6.0	一般性的高层建筑、多层建筑、工业建筑、高耸构筑物、直立岩体、高边坡、深基坑、一般地下工程、危害性一般的滑坡监测、大型桥梁等
四等	2.0	1.0	12.0	观测精度要求较低的建(构)筑物、普通滑坡监测、中小型桥梁等

注:(1) 变形观测点的高程中误差和点位中误差,是指相对于邻近基准点的中误差;(2) 特定方向的位移中误差,可取表中相应等级点位中误差的 $1/\sqrt{2}$作为限值;(3) 垂直位移监测,可根据需要按变形观测点的高程中误差或相邻变形观测点的高差中误差,确定监测精度等级。

10.1.4 变形监测网点,宜分为基准点、工作基点和变形观测点。其布设应符合下列要求:

1 基准点,应选在变形影响区域之外稳固可靠的位置。每个工程至少应有 3 个基准点。大型的工程项目,其水平位移基准点应采用观测墩,垂直位移基准点宜采用双金属标或钢管标。

2 工作基点,应选在比较稳定且方便使用的位置。设立在大型工程施工区域内的水平位移监测工作基点宜采用观测墩,垂直位移监测工作基点可采用钢管标。对通视条件较好的小型工程,可不设立工作基点,在基准点上直接测定变形观测点。

3 变形观测点,应设立在能反映监测体变形特征的位置或监测断面上,监测断面一般分为关键断面、重要断面和一般断面。需要时,还应埋设一定数量的应力、应变传感器。

10.1.5 监测基准网,应由基准点和工作基点构成。监测基准网应每半年复测一次;当对变形监测成果发生怀疑时,应随时检核监测基准网。

10.1.6 变形监测网,应由部分基准点、工作基点和变形观测点构成。监测周期,应根据监测体的变形特征、变形速率、观测精度和工程地质条件等因素综合确定。监测期间,应根据变形量的变化情况适当调整。

10.1.7 各期的变形监测,应满足下列要求:

1 在较短的时间内完成;

2 采用相同的图形(观测路线)和观测方法;

3 使用同一仪器和设备;

4 观测人员相对固定;

5 记录相关的环境因素,包括荷载、温度、降水、水位等;

6 采用统一基准处理数据。

10.1.8 变形监测作业前,应收集相关水文地质、岩土工程资料和设计图纸,并根据岩土工程地质条件、工程类型、工程规模、基础埋深、建筑结构和施工方法等因素,进行变形监测方案设计。

方案设计,应包括监测的目的、精度等级、监测方法、监测基准网的精度估算和布设、观测周期、项目预警值、使用的仪器设备等内容。

10.1.9 每期观测前,应对所使用的仪器和设备进行自检、校正,并作出详细记录。

10.1.10 每期观测结束后,应及时处理观测数据,当数据处理结果出现下列情况之一时,必须即刻通知建设单位和施工单位采取相应措施:

1 变形量达到预警值或接近允许值;

2 变形量出现异常变化;

3 建(构)筑物的裂缝或地表的裂缝快速扩大。

参考文献

[1] 王先恕. 建筑工程测量[M]. 南京:南京大学出版社,2011.

[2] 周建郑. 建筑工程测量[M]. 第3版. 北京:中国建筑工业出版社,2013.

[3] 覃辉. 土木工程测量[M]. 第4版. 上海:同济大学出版社,2013.

[4] 中国有色金属工业协会. 工程测量规范(GB 50026—2007)[M]. 北京:中国计划出版社,2008.

[5] 李井永. 建筑工程测量[M]. 北京:清华大学出版社,2010.

[6]《建筑工程测量放线》编委会. 建筑工程测量放线[M]. 北京:中国建筑工业出版社,2011.

[7] 邓学才. 复杂建筑施工放线[M]. 第3版. 北京:中国建筑工业出版社,2007.

[8] 陶本藻. 全站仪测量技术[M]. 第2版. 郑州:黄河水利出版社,2010.

[9] 匡书谊. 建筑工程测量[M]. 北京:北京理工大学出版社,2011.

[10] 杨凤华. 建筑工程测量实训[M]. 北京:北京大学出版社,2011.

[11] 徐绍铨. GPS测量原理及应用[M]. 第3版. 武汉:武汉大学出版社,2008.

[12] 李生平. 建筑工程测量[M]. 武汉:武汉理工大学出版社,2008.